［荷］霍弗特·席林（Govert Schilling）著　胡奂晨　译

时空的秘密

Ripples in Spacetime

大爆炸、黑洞、引力波，一部宇宙探索的大历史

Einstein, Gravitational Waves,
and the Future of Astronomy

U0258552

中信出版集团·北京

图书在版编目（CIP）数据

时空的秘密 /（荷）霍弗特·席林著；胡奂晨译
. -- 北京：中信出版社，2018.8
　　书名原文：Ripples in Spacetime: Einstein,
Gravitational Waves, and the Future of Astronomy
　　ISBN 978-7-5086-9062-9

　　Ⅰ .①时… Ⅱ .①霍…②胡… Ⅲ .①天文学－普及
读物 Ⅳ .① P1-49

中国版本图书馆 CIP 数据核字（2018）第 122345 号

时空的秘密

著　　者：[荷]霍弗特·席林
译　　者：胡奂晨
出版发行：中信出版集团股份有限公司
　　　　　（北京市朝阳区惠新东街甲 4 号富盛大厦 2 座　邮编　100029）
承 印 者：三河市西华印务有限公司

开　　本：787mm×1092mm　1/16　　印　　张：18　　字　　数：278 千字
版　　次：2018 年 8 月第 1 版　　　印　　次：2018 年 8 月第 1 次印刷
京权图字：01-2018-2260　　　　　　广告经营许可证：京朝工商广字第 8087 号
书　　号：ISBN 978-7-5086-9062-9
定　　价：65.00 元

目录
contents

序言

一

爱因斯坦在科学的殿堂中地位独特，且当之无愧。他对时间和空间的洞见彻底改变了我们对引力和宇宙的理解。每个人都能认出海报和 T 恤上那位和善而又蓬头垢面的智者。不过，爱因斯坦最出色的工作是在他年轻的时候完成的。年仅 30 岁时，他便享有国际声誉。1919 年 5 月 29 日，发生了一场日食。由天文学家阿瑟·爱丁顿（Arthur Eddington）带领的团队观测了日食期间太阳附近的恒星。观测数据表明，这些恒星偏离了它们原有的位置，其发出的光线在太阳引力场的作用下发生弯曲。这验证了爱因斯坦的重要预言。当该结果被汇报给伦敦的英国皇家学会时，全世界的媒体都对这一新闻进行了报道。"天空中所有的光都是弯曲的，爱因斯坦理论取得巨大成功"成为《纽约时报》最醒目的头条。

爱因斯坦于 1915 年提出的广义相对论，是纯粹理性思考和深彻领悟的结果。其影响对地球上的我们来说是很微小的。现代导航系统中对时钟的轻微调节会用到爱因斯坦的理论，而对于发射和追踪空间探测器来说，牛顿的理论就够用了。

相比之下，爱因斯坦将空间和时间联结起来的想法——"空间告诉物质如何运动，物质告诉空间如何弯曲"——对很多宇宙学现象都至关重要。但我们很难检验这个理论，它的影响距离我们太遥远了。因此，在提出后将近半个世纪的时间里，广义相对论一直被主流物理学拒之门外。不过，20 世纪 60 年代以来，有关开创宇宙膨胀学说的"大爆炸理论"以及黑洞的证据越来越多，而这二者都是爱因斯坦的关键性预言。

2016 年 2 月，在著名的英国皇家学会会议对这次日食考察的报道约 100 年后，另一份声明进一步证实了爱因斯坦的理论，这一次是在美国华盛顿特区的新闻俱乐部。LIGO（激光干涉引力波天文台，Laser Interferometer Gravitational-Wave Observatory）探测到引力波的存在，这正是霍弗特·席林这本书的主题。他有一个绝妙的故事要讲，其跨度超越一个世纪。

爱因斯坦大胆地设想引力源自空间的弯曲。当受到引力作用的物体改变自己的形状时，它们在空间中激起了阵阵涟漪。当这些涟漪经过地球时，我们的局部空间随之发生"抖动"：被拉伸和挤压。但是这种效应非常微弱，因为引力是一个弱作用力。日常物品间的引力拉伸程度极其微小。如果你挥动两个哑铃，你也会发射出引力波，但仅具有无穷小的能量。即使是行星围绕恒星的运动，或者是一对恒星的相互绕转，它们所发射出的引力波都达不到可探测水平。

天文学家认为，LIGO 可以探测到的源一定比普通恒星和行星具有更强大的引力。最好的选择就是涉及黑洞的事件。我们知道黑洞的存在已经将近50 年了，大部分黑洞都是比太阳重 20 倍以上的恒星的残骸。这些恒星明亮地燃烧，在它们爆炸的死亡剧痛中（这是由超新星发出的信号），它们的内部坍缩成一个黑洞。组成这颗恒星的物质与宇宙的其他部分隔绝，在空间中留下一个引力的印记。

两个黑洞在形成一个双黑洞系统的过程中，它们将会逐渐地旋进在一起。随着它们不断地靠近，周围的空间越发扭曲，直到它们合并成一个自旋的黑洞。这个黑洞搅动着空间并发出"鸣叫"，产生更多的波动，直至平静下来成为一个孤独的、静止的黑洞。正是这声"啁啾"——空间摆动加速和增强直到黑洞合并，然后渐渐消失——能够被 LIGO 探测到。这些"灾难"在我们星系中发生的概率小于每百万年一次，但却能够产生可被 LIGO 探测到的信号，即使它发生在距地球 10 亿光年那么远的地方——数百万个星系都比它要近。要探测到最佳信号事件需要灵敏度极高当然也极为昂贵的仪器。在 LIGO 探测器中，强激光束沿着 4 公里长的真空管前行，再被管道末端的镜子反射回来。通过分析激光束，我们便有可能测量出镜子间距离的改变，它随着空间的膨胀和收缩而交替地增长和缩短。这个振动的振幅非常之小，约为 0.000 000 000 000 1 厘米——是一个单原子尺寸的几百万分之一。LIGO 项目有两台大约相距 3 000 公里远的相似的探测器，一台在华盛顿州，另一台在路易斯安那州。单台探测器会记录下微地震事件、驶过的车辆等。为了排除这些假信号，实验人员仅关注同时出现在两台探测器中的信号事件。

许多年来，LIGO 没有探测到任何东西。但是科学家们对它进行了改进，并使之于 2015 年 9 月再次上线。历经几十年的挫败，这一探索成功了：它探测到了来自 10 亿光年外的双黑洞合并所发出的那声"啁啾"，这开启了一个全新的科学领域——探测空间自身的动力学。

遗憾的是，令人兴奋的科学主张被误解和夸大是众所周知的，而这本书将讲述这一领域中的这些主张。我自认为是一个很难被说服的怀疑论者，然而 LIGO 项目团队所宣布的内容——高水准科学家和工程师们数十年努力的成果——是极有说服力的，我期望这一次的理论能够完全令人信服。

这次探测的的确确是一项重大突破，它和 2012 年引起巨大轰动的希格斯粒子的发现一样，是这个年代最伟大的发现之一。希格斯粒子是粒子物理标准模型的拱顶石，发展了数十年。同样，引力波——空间结构的轻微振动——是爱因斯坦广义相对论的至关重要且独特的结果之一。

彼得·希格斯（Peter Higgs）在 55 年前预言了希格斯粒子的存在，但是对该粒子的探测及性能的确认必须等待技术的进步。这需要一台巨大的机器——位于日内瓦的大型强子对撞机（Large Hadron Collider，简称 LHC）。引力波被预言得甚至更早，但对它的探测却一再推迟，因为这项探索需要检测的效应非常难以捉摸，同样需要规模巨大且精度超高的仪器。

除提供了对爱因斯坦理论的全新的辩护外，这些探测结果也加深了我们对恒星和星系的理解。黑洞和大质量恒星方面的天文学证据是有限的，以至于我们很难预测有多少事件处在可探测范围之内。悲观主义者认为，这些事件太过罕见，以至于改进过的新 LIGO 探测器在至少一两年之内也探测不到什么。但是实验者们遇到了运气极佳的"开门红"，他们看上去发现了一种新型的天文学，它揭示了空间自身的而非其间所弥漫的物质的动力学。位于欧洲、印度和日本的其他探测器也是引力波探测项目的一部分，另外，还有一些向太空发射探测器的计划。

但是太多的科学家都试图回避解释他们的想法和发现，认为它们神秘且晦涩。的确，专业的科学家们使用数学语言表达观点，可这对于很多人来说简直是一门"外语"。不过，那些关键性的想法却能够被一些技巧娴熟的作家用简单的语言表达出来。霍弗特·席林就是其中很优秀的一位，他在这本书中超越了自己。他所讲述的故事跨越了一个多世纪。这本书用清晰、有趣的语言解释了其中的关键性概念，并将其置于历史背景之中。他还描述了其间形形色色的人物。有的人有点儿强迫症，但这没什么好奇怪的——这种执念的确是任何人在一项可能没有回报的实验挑战上付出数年甚至数十年努力的前提。而且，这份努力是由团队中数百位专家的协作支撑起来的。霍弗特·席林向我们讲诉了这些为了实现超凡精确性而奋斗几十年的科学家和工程师们激烈的争辩、遭遇的挫折，以及惊人的技术成就。这群人如何成功地揭露了时间和空间本质的线索。这是一个精彩的故事，动听且扣人心弦。

马丁·里斯（Martin Rees）

剑桥大学天文系荣休教授、前英国皇家学会主席

前言

一

在旋涡星系的"郊外"，有颗绕着一颗黄矮星运转的小小行星。它在大约33亿年前由尘埃和鹅卵石积聚而成。来自外太空的有机化合物降落到这颗蓝色行星温暖的海洋中，排列成自我复制的分子。到目前为止，这片水域布满了单细胞生命体。过不了多久，生命便会找到办法扎根于这颗行星贫瘠的大陆。

与此同时，在这个辽阔宇宙的另一端，两颗超大质量的恒星以超新星爆发的方式结束了它们短暂的一生。这起灾难性的爆炸事件遗留下一对紧密环绕的黑洞，每个黑洞的质量都比那颗与它们相距遥远的黄矮星大数十倍。引力将敢于靠近的气体和尘埃拉入黑洞，并且弯曲了附近光线的路径。没有任何东西可以逃离这些宇宙深渊强劲的引力拉扯。

双黑洞的相互绕转形成了阵阵波动，时空中的小小涟漪以光速向外传播。这些波带走了能量，使得两个黑洞不断地靠近。最终，它们以每秒几百次的速度环绕着彼此，速度为光速的一半。时空被拉伸和挤压着，这些微小的扰动逐渐形成了大的波动。接着，在最终的纯能量爆发中，两个黑洞相撞并合二为一。场面复归于平静，而最后的那股强大的波涛却如同海啸一般蔓延到了太空之中。

这对双黑洞死亡的哭声传播13亿年后，来到我们的旋涡星系——银河系的郊外。那时，它们的振幅已经极大地减弱了。它们仍旧在拉扯着前进路上的一切物质，却没有人注意到。在这颗蓝色行星上，蕨类植物和树木覆盖着它的表面；小行星的撞击导致这里的巨型爬行动物灭绝，而哺乳动物中的一支演化成一种充满好奇心的双腿生物。

穿过银河系的外围，这些来自遥远黑洞合并的引力波仅花了大约 10 万年就到达了太阳和地球附近。当它们以每秒 30 万公里的速度向地球奔跑时，这里的人们开始探索自己身处的宇宙。他们研磨望远镜的镜片，借此发现新的行星和卫星，并绘制出银河系的图景。

在这些引力波抵达地球的 100 年前，它们已历经了这场 13 亿年光速旅行的 99.999 99%，一位名叫阿尔伯特·爱因斯坦（Albert Einstein）的 26 岁的科学家预言了它们存在的可能性。半个世纪之后，人们才开始认真地探测引力波。终于，在 21 世纪早期，探测器变得足够灵敏。就在启动探测器的几天之后，它们记录下了这些微小的振动，其振幅远小于一个原子核的尺寸。

2015 年 9 月 14 日，星期一，世界时 09:50:45，天文学家终于发现了来自遥远星系中黑洞碰撞的一个引力信号，爱因斯坦的百年预言得到证实。

引力波的第一次直接探测被誉为新世纪最伟大的科学发现之一，而且当之无愧。随着设备的灵敏度不断提高，进一步的探测将为天文学家提供一种全新的方式来研究这个强大的宇宙，而物理学家也有可能最终揭开时空的奥秘。

在高新 LIGO 探测器开始运行的几年前，我首次考虑写这本书。我想，如果第一次探测到引力波刚好发生在我完成手稿之时，岂不是很棒？那样的话，这本书就可以在消息发布不久后出版，并附上带有新结果的尾章。

然而，科学的进展比我预想的要快。几乎没有人想到，高新 LIGO 探测器会在运行伊始就赢得大奖。因此，我大部分的调研和全部的撰写工作都不得不在这个巨大的发现之后进行。现在这本书终于完成了，我对这个时机感到满意——这个发现如今是故事的一部分，而非事后的补充。

引力波天文学的历史我已经介绍过了。然而，在这本书中，这仅仅是故事的一半。《时空的秘密》关注更多的是科学的进程，关于发现的方式、今日发生的事件，以及对未来的憧憬——当引力波研究成为天文学的成熟领域时的景象。在那个难忘的星期一被科学家们探测到的引力波信号——GW150914，不仅是长达一个世纪的追寻成果，也是开启全新宇宙探索篇章的起点。

第1章　关于时空的开胃菜

　　乔·库珀穿上了他的 NASA（National Aeronautics and Space Administration，美国国家航空航天局）宇航服，并戴上了宇航帽。为了防止发射时发生意外，他需要氧气的保护。技术人员帮助他迈进宇宙飞船，坐在高耸的火箭顶上。通过收音机，他听到倒计时的声音，感受到肾上腺素在自己的静脉中流淌。库珀从来就不是胆小鬼，但坐在柱体结构的顶端被发射到太空里，难免让他有些紧张。

　　很快，库珀和他的三位宇航员同事就上路了。一切都很顺利。在飞船的小小窗户外面，蓝色的天空被黑色的虚空所取代。发动机停止运作，失重开始了。现在，他们要做的就是追上以高于每秒 8 公里的速度环绕着地球的巨型宇宙飞船，然后与其对接。这听起来好像不难。

　　这仿佛一次通往装载着俄罗斯联盟号火箭的国际空间站（International Space Station，简称 ISS）的常规旅行。跟以往一样……或者，真的是这样吗？你不可能听说过一个叫乔·库珀的 NASA 宇航员，库珀也不可能有三位机组同事。每个宇航员都可以告诉你，联盟号其实小到不可能装下 4 个人，即使三个人也会很拥挤。

接下来请听听这个故事的后半部分：他们所对接的宇宙飞船叫作永恒号（Endurance），它和国际空间站长得一点也不像。最后，宇航员们驾驶永恒号飞船去了土星，他们从一个虫洞消失，紧接着出现在另一个星系里，绕着一个叫作"卡冈都亚"（Gargantua）的巨型黑洞转动，还拜访了外星人的行星。库珀甚至掉进了高维空间。很明显，出事儿了。

这一电影脚本来自 2014 年的好莱坞大片《星际穿越》（*Interstellar*）[1]，由克里斯托弗·诺兰执导，马修·麦康纳饰演宇航员库珀。如果你是一个狂热的太空迷，你也许知道乔·库珀这个名字。而且，你可能已经看过很多遍《星际穿越》了，这部电影真的很精彩。

令《星际穿越》从众多科幻电影中脱颖而出的因素之一是它的监制阵容：乔丹·戈德堡（代表作是《蝙蝠侠》《盗梦空间》），杰克·迈尔斯（代表作是《荒野猎人》），托马斯·塔尔（代表作是《侏罗纪世界》），以及加州理工学院理论物理费曼讲席教授基普·索恩（Kip Thorne）（已荣誉退休）。要知道，几乎没几个理论物理学家会兼职做一部电影的制片人。

如果科学家参与到一部科幻电影的制作中，会怎么样呢？你或许会期待这部电影能呈现出正确的科学。它做到了，而且做得不错。索恩帮助创作了故事大纲。他向电影编剧、导演、视觉效果团队和演员们介绍了天文学和广义相对论的相关知识，他甚至为电影中的约翰·布兰德教授（由迈克尔·凯恩饰演）写下了黑板上的公式。遗憾的是，索恩没有在电影中客串角色。不过，其中有个机器人名叫 KIPP，很明显是因他而得名。

几乎没有人比基普·索恩更有能力担任一部关于黑洞的电影的科学顾问了。如果说有什么人理解时空的古怪性质，那非他莫属。1990 年，索恩在与他的英国同人及好友史蒂芬·霍金（Stephen Hawking）的一场长达 15 年的赌约中获胜（奖品是男性杂志 *Penthouse* 一年的订阅），赌约的内容是一个名为天鹅座 X–1 的天文 X 射线源的真实性质。索恩 1994 年出版的著作《黑洞与时间弯曲》（*Black Holes and Time Warps*）成为年度畅销书。

2016 年年初，索恩的名字再度传遍世界。2 月 11 日，科学家宣布第一次直接探测到引力波。在宇宙深处，两个黑洞相互碰撞，合二为一，并向时空传送着涟漪。在历经十几亿光年的旅行之后，这些波于 2015 年 9 月 14 日到达地球。位于美国的两台巨大的 LIGO 探测器记录下了这个极为微小的振动。LIGO 是索恩和他的同事物理学家雷纳·韦斯（Rainer Weiss）和罗纳德·德雷弗（Ronald Drever）的智慧结晶。

❂

没有人像电影里的主角那样靠近过黑洞，也没有人知道虫洞是否真的存在。如果没有那些超高灵敏度的仪器，引力波实在是弱到难以探测。空间弯曲，时间变慢这些都太过复杂，远远超出我们的日常经验。想真正理解这些现象，你需要掌握阿尔伯特·爱因斯坦的广义相对论。

有一件关于英国天文学家亚瑟·爱丁顿的著名逸事。在 20 世纪早期，爱丁顿是爱因斯坦新时空理论的主要宣传者之一，我们将在第 3 章与他再次见面。在一场公众讲座结束后，有位观众问他，"爱丁顿教授，世界上真的只有三个真正理解广义相对论的人吗？"爱丁顿想了一会儿，答道，"谁是那第三个人呢？"

当然，广义相对论并没有那么难理解。世界上有千千万万名理论物理学家理解广义相对论的基本原理。接着，新理论不断涌现，特别是在黑洞这一领域，量子效应变得很重要。比如，史蒂芬·霍金的黑洞蒸发理论，基普·索恩的虫洞捷径，赫拉德·特·霍夫特（Gerard't Hooft）的全息原理，还有莱昂纳特·萨斯坎德（Leonard Susskind）的火墙理论。

在此，我不会讲述那些细节。即便是世界上的聪明头脑继续发现新奇的理论（并不断地进行论证），广义相对论的全貌也无疑会超出他们的掌控。我在此给出的例子只是一些不太牵强的想法。《物理评论快报》（*Physical Review Letters*）杂志也发表了关于十一维时空、时间旅行以及多重宇宙的论文。你还觉得《星际穿越》只是猜想吗？

或许这就是很多人对这类知识感兴趣的原因，尽管它们看起来没什么用处。竞选总统用不着知道黑洞，引力波探测也无法解决全球变暖。我们无须关心广义相对论就能活得潇潇洒洒。（有一个引人注目的例外，但我会留到第3章来讲。）尽管如此，它令我们激动而着迷，而且毫无疑问地激发了我们的想象力。也许这个理由就足够了。

此外，广义相对论向我们解释了世界是如何在最根本的层面上运转的。难道不正是对真理的追求，才把人类与其他动物区分开的吗？

坦诚地讲，几千年来，人类并不擅长理解这个世界。最早的农业社会出现在 12 000 年前的中东地区。当时，人们清楚地意识到太阳和月球的周期运动，看到了星星组成的图案，甚至注意到有几颗明亮的星星缓慢地在星座间移动。不过这就是他们了解的全部了。他们没有关于天体真实本源的线索，甚至没有了解的欲望。太阳、月球和行星被视为神灵，高于且超出他们的日常生活。

直到约 2 500 年前伟大的希腊哲学家时期，人类对宇宙的认知都没有发生太大的变化。其间经历了 9 500 年——几百代人——却始终没有什么显著的进步。如果我们把 12 000 年的历史压缩成只有 24 小时的一天，从午夜开始算起，到亚里士多德提出第一个宇宙模型——嵌套水晶球的时候，已经过了晚上 7 点了。我们的祖先当然也拥有智慧，归根结底，他们和我们同为智人，只不过对这些不够在意。

而古希腊人却十分在意这些。他们准确地推断出地球是一个圆球，甚至测定了它的周长，其精确度令人惊讶。（一些教科书依然告诉你克里斯托弗·哥伦布是第一个发现地球的真实形状的人，但那很明显是错的。）尽管古希腊人并不知道太阳、月球、行星或恒星是什么，但他们至少尝试去理解它们错综复杂的运动。

克罗狄斯·托勒密（Claudius Ptolemy）的"地心说"将这些认识推向高潮，他生活在大约 19 个世纪以前的埃及北部地区。（在从农业社会算起的 24

小时的时间轴上，这大概是晚上 8 点 10 分。）正如"地心说"所暗示的一样，托勒密把地球置于世界的中心，太阳、月球和行星在地球周围，共处于一个复杂的二级轨道系统中。托勒密的世界观甚至解释了为什么行星看上去会不时地向后移动。

这是很好的尝试，可惜错了。但人们没有意识到它有什么不对，直到波兰天文学家尼古拉·哥白尼（Nicolaus Copernicus）发表了他的"日心说"，这中间经过了很长时间。日心说将太阳而非地球视为宇宙的中心，它诞生于 1543 年（在 24 小时的时间轴上刚过晚上 11 点）。在此之前的 12 000 年的大部分时间里，对世界的理解是一个令人沮丧的缓慢过程。

在哥白尼提出"日心说"之后不久，认知世界的速度加快了。很多科学家发现大自然这本书是用数学语言写成的，正如意大利物理学家伽利略·伽利雷（Galileo Galilei）所说的那样。伽利略研究了物体的运动，证明亚里士多德理论的错误基于一系列的假设，他还使用数学公式来表述自己的发现。不久后，约翰尼斯·开普勒（Johannes Kepler）在德国提出了著名的行星运动定律。

这段历史和黑洞、引力波以及时空的奥秘有什么关系呢？关系很大。哥白尼、伽利略，还有开普勒，他们共同为艾萨克·牛顿（Isaac Newton）于 1687 年首次发表的万有引力定律打下了基础。而阿尔伯特·爱因斯坦的广义相对论——《星际穿越》背后的理论——则取代了牛顿理论。我们对世界的理解只有通过改善他人的工作才能实现。亚里士多德的水晶球和基普·索恩的虫洞是由一个理性思考和发现的大圆弧联系起来的。

另一个发生在 17 世纪早期的变革是工具的变革。荷兰的眼镜制造商汉斯·利伯希（Hans Lipperhey）发明了望远镜，随后这个新仪器被伽利略开发升级为天文望远镜。伽利略由此发现了月球上的环形山和山脉、太阳上的黑子、木星的卫星，以及银河系中不计其数的恒星。最终，更大的天文望远镜为我们带来了双星、小行星、星云和星系，当然还有黑洞。如果没有望远镜，天文学研究恐怕还处于婴儿阶段。[2]

◎

现在，让我们来一场虚拟的快速宇宙旅行，以确保我们对全局的理解是正确的。

地球是一颗行星，和其他 7 颗行星一样，围绕着太阳转动。4 颗靠近中心的行星（水星、金星、地球和火星）都非常小，由金属和岩石构成。而外面的 4 颗行星（木星、土星、天王星和海王星）则要大得多，主要由气体和冰构成。在火星和木星的轨道之间，是一条小行星带——太阳系诞生时所遗留的岩状物。在海王星之外，还有一条碎片带，主要是冰球和结冰的矮行星，冥王星是其中最大的一个。

在白天抬头望向天空看，你会看到一个巨大的非常耀眼的气体球状物——太阳。太阳系里的行星接收的所有光和热都来自太阳。在夜晚抬头望天，你则会看到千千万万个太阳——恒星。它们看起来很小，光线暗淡且寒冷，但那仅仅是因为它们离我们实在太遥远了。如果把太阳放到同样的距离上，你同样会看到一个光线微弱的小点。

在第 5 章，我会告诉你更多关于恒星的事。现在，你只需记住每个恒星都是一个太阳，它们中的大部分都可能有一个家族的行星来陪伴。事实上，在我写这本书的时候，人们已经发现了超过 3 000 颗系外行星。

很遗憾我们无法到那里一睹为快，至少在可预见的未来我们还做不到。即使是每秒可传播 30 万千米的光，也要花费 4.3 年才能从太阳飞到距其最近的恒星——比邻星（Proxima Centauri）。这就是为什么天文学家说比邻星距我们 4.3 光年（1 光年 =300 000 × 60 × 60 × 24 × 365.25 千米，约为 9.5 万亿千米）。

你有没有试过数清夜空中的星星？你的裸眼所能看到的只是其中的几千颗而已，而且能看到的星星的数量还取决于你那里的天空有多暗。它们中的大多数都在几十光年或者几百光年之外，对于大部分人来说，这是一个远到难以想象的距离。但在天文学家眼中，它们已经很近了，是我们在宇宙中的后院。

在银河系中，很大一部分恒星都比我们肉眼可见的那些星星遥远得多。要看见它们，你必须使用一台天文望远镜。这些恒星颜色不同、大小各异，名字也五花八门——红矮星、白矮星、黄色的亚巨星、蓝超巨星……让人不禁想起童话森林里的栖居者。如今，天文学家认为银河系中有几千亿颗恒星，其中一颗便是我们的太阳。

我们的银河系并不孤独，因为宇宙里还布满其他星系：像银河系和仙女星系一样壮丽的旋涡星系，汇集年老恒星的巨大椭圆星系，小而不规则的矮星系。它们各式各样，数量庞大，在横跨上百亿光年距离的空间里铺展开来。

1995 年 12 月，天文学家第一次将哈勃空间望远镜（Hubble Space Telescope）对准极小的、看似空无一物的一小块天空。他们将照相机的快门连开了 10 天，得到了一张令人惊叹的照片，照片上呈现出数千个暗淡而遥远的星系，当你用手臂远远地举起一枚大头针直指照片时，大头针的针头所遮盖的区域中就有上千个星系。沿着一个针头的直径向左或者向右移，数千个遥远的星系便会显露出来。

这就是我们目前所能看到的宇宙景象：辽阔、黑暗、寒冷而空虚。但是，散布在这片空间里有大约两万亿个星系，聚集成星系群或者星系团。在太空中很远的地方想找到回家的路？那你最好给自己买一个超精确的导航系统——宇宙的高速公路上可没有路标。找到传说中掉入干草堆的那根针恐怕都比这容易得多。

如果你能成功找到银河系的位置，并在那里停留几秒钟，你就会看到几千亿颗"太阳"排列在美丽的旋臂上，被星团、明亮的星云以及暗淡的尘埃云团所环绕。其中的一颗非常不显眼的、位于路中央的恒星便是太阳。它栖居在银河系的一个宁静的郊区，位于一条旋臂的内侧边缘，这里大部分时间都没有什么事情发生。

围绕着那团小小的光点转动的是 8 颗很小的行星。4 颗小行星中的一颗就是地球。在这片尘土的尘埃之上，仅仅历经几个世纪，人类便开始揭开神秘宇宙的面纱。

嗯，或者说至少我们在尝试这样做。

这是一个谦虚的想法。在无垠的空间中寻找智人几乎是不可能的，在宇宙的舞台上，我们也只是新人。

让我们借助一个比喻来理解。假设宇宙的全部历史被记录在一套 14 册的百科全书中。这套书的厚度为 14 英寻①，每册有 1 000 页，印刷精美。大爆炸会出现在这套书第一册第一页的第一行，第一代恒星和星系的形成会出现在第一册中间的某个地方。但是，太阳及其行星的诞生却出现在第十册中，恐龙的灭绝出现在第十四册的第 935 页，智人的出现是在这一册的最后 55 页中，我们所有可书写的历史则都挤在最后一行的后半部分。[3]

天文学的视角是我们理解世界的方式之一。很多物理学家会另辟蹊径，不同于简单地描述我们所看到的一切（星系、恒星、行星），他们想找出万物是由什么构成的，以及它们是如何运转的。

假设一个天文学家和一个物理学家同时研究托尔金（J. R. R. Tolkien）的《指环王》。天文学家在展示其发现时会描述三部曲的故事线、主要角色、隐含的意思、写作风格等。而物理学家则会描述字母表、字母出现的频率、标点符号的规则以及语法。

但是，对于那些有很多特别之处的书也是一样吗？"没错！"物理学家

---

① 海洋测量中的深度单位，1 英寻约为 1.8 米。——译者注

会热烈地呼喊道。这是这种方法的迷人之处：你会停止关注这些事物的特性，而开始寻找其中的共同原理，从而实现更大限度的理解。当然，这两种方法都各有优点和缺点，它们互为补充。

因此，正如每本书都是由数目有限的不同字母组成，而且必须遵守语法规则一样，宇宙中的所有物体也均由几种基本粒子组成，它们通过自然界的基本力而结合在一起。

令人吃惊的是，围绕着你的世界——大头针的头部、人类、行星，还有原星系团——仅由三种基本粒子组成：上夸克、下夸克和电子。而且就像字母可以组成单词、句子、段落、书籍一样，这三种粒子可以组成原子、分子、化合物，以及你所能想到的任何物体。

至于自然界的基本力，物理学家们已知的有 4 种。两种力仅在非常小的范围里发生作用，即它们仅在原子核的尺度上有所作为。这就是为什么它们叫作强核力和弱核力。剩下的两种——电磁力和引力——则可以在宏观世界中被感受到，每个人都能察觉到有人打开了一盏电灯，或是摔碎了一个酒杯。

在这里我就不叙述过多的细节了。中微子、不稳定的基本粒子、反物质、携带力的粒子、著名的希格斯玻色子、暗物质、超对称粒子、四夸克粒子、可能存在的第五作用力……这个列表没有止境。如果感兴趣，你可以找一本关于粒子物理学的科普书，我就不在这个话题上花费篇幅了，尽管在这本书的后面我还会回到中微子和暗物质的讨论上来。

有一个特殊的细节对我们的时空故事和引力波非常重要，那就是引力的怪诞。我们对它明显的效应都已经很熟悉了，但不知为什么，和自然界的其他基本力相比，引力表现得尤其不同。在阿尔伯特·爱因斯坦看来，这是由于引力和时空有着紧密的联系。

现在让我们试图把这些解释给艾萨克·牛顿听。诚然，牛顿从来就不清楚引力的真正本质。他只是推导出了一个万有引力公式，可用于描述两个相距一定距离的质量体间的吸引力。和他那个时代的其他人一样，牛顿把空间和时间看作两个独立的、绝对的概念。

实际上，牛顿对于空间和时间的看法和我们普通人的直观思维一样。空间这个三维的虚空就在那里，直到永远。一个物体（比如一个基本粒子或者一颗行星）可以待在空间中的某一点，或者从一个地方移动到另一个地方。如果我们选择一个特殊的参考点，那么其他所有位置都可以用三个坐标表示。从参考点出发，这三个数字可以告诉你应该向前或向后、向左或向右、向上或向下移动多远才能到达另一个位置。空间有点儿像一张三维的图纸，正是这幅空白不变的背景幕布衬托着宇宙万物的表演。

那么时间呢？在大自然虚构的时钟里，组成枯燥一天的时间无时无刻不在流逝，同样，自宇宙诞生以来的每分每秒也在流逝。时间是绝对的、从不犯错的宇宙节拍器，为每一个事件留下印记。哦，还有，它是一维的：如果你选择了一个参考时刻，你只需要一个数字就能知道某件事发生于哪个时刻。

我相信，你不费吹灰之力就能像牛顿一样想象空间和时间，我们的大脑很容易想到这些场景。

不过，这可是错的。

爱因斯坦展现给我们的事实是：空间和时间是相关联的。三维的空间和一维的时间实际上交织在一个四维时空中。

爱因斯坦还向我们揭示：空间和时间并非绝对的，而是相对的。这正是他的革命性理论被命名为相对论的原因。空间中两点之间的距离是多少呢？答案取决于你问的对象。对于以一半光速的速度在旅行的人来说，两点间的距离要比静止（即相对于两点静止）的观测者所看到的要短得多。这同样适用于两个事件的时间间隔。你飞行得越快，你的时钟流逝得就越慢。唯一绝对的——对所有观测者都一样，独立于他们的运动——就是时空中两个事件（在两个位置）之间的四维距离。

最后，爱因斯坦表示，质量（还有能量）在四维时空中施加了影响。直线在大质量物体（如恒星或者黑洞）的影响下会轻微地弯曲。（对于更小更轻的物体，比如小行星或者苹果来说，这个效应则完全可以忽略不计。）结果就是，沿着直线运动的任何东西，比如一束光或者一颗行星，在大质量物体的作用下开始沿着弯曲的轨迹移动。我们认为，引力的确是时空弯曲对其他物体运动的影响。既然我们在谈论时空弯曲，那么时间自然也会受到大质量物体的影响——越靠近黑洞，你的时钟就会走得越慢。

如果你觉得这些听起来太疯狂了，就去问问《星际穿越》里虚构的宇航员乔·库珀吧。与同伴艾米莉亚·布兰德和多伊尔一起，他们在一个叫作米勒的行星世界仅待了几个小时，这是一颗围绕着巨型"卡冈都亚"黑洞运动的行星。由于行星轨道离黑洞太近了，时空弯曲得很厉害，时间像蜗牛爬行一样缓慢。当库珀、布兰德和多伊尔回到"永恒号"飞船上时，第四位宇航员尼古拉·罗米利已经变老了 23 岁。

同样，在"卡冈都亚"的表面，时空弯曲得也很明显。围绕黑洞的是一个扁平的、靠近其赤道的圆盘，由高密度气体组成，物质从这里落入黑洞。在一般情况下，你只能看到靠近你这一侧的圆盘。毕竟，远的那一侧是在黑洞后面。但是，多亏时空弯曲，来自远的一侧的光弯曲后包围了"卡冈都亚"。结果就是，黑洞看起来被一个明亮的圆环所包围。

有时候，我在想，基普·索恩的参与一定给视觉特效工作室 Double Negative 的视觉特效艺术家和电脑动画师们带来不少烦恼，这家公司必须把索恩的时空公式变成电影中的精彩片段。有时这位加州理工学院的物理学家不得不在科学的准确性上做出让步，正如索恩在他 2014 年出版的《星际穿越中的科学》一书中所说，电影导演克里斯托弗·诺兰不想给他的观众带来太多困扰。但最后，索恩对这部电影非常满意。"第一次看到这些画面时，我觉得这真是一种享受！"他写道，"这是史上第一次，在好莱坞电影里，黑洞及其圆盘被刻画得好像我们在实现星际旅行时真正能看到的一样。"[4]

由此，我们能够描述和想象在光路偏折和时间流逝上的时空弯曲效应。但是，我们应该如何想象这个四维结构呢？更别提它的曲率了。

1917 年，阿尔伯特·爱因斯坦写了一本关于他的新理论的书，即《狭义与广义相对论浅说》。之后，其他人也开始写相对论方面的书籍。其中最有趣的一本是《物理世界奇遇记》（*Mr. Tompkins in Wonderland*，1940 年），是由宇宙学家乔治·伽莫夫（George Gamow）写的。由于口碑很好，这本书现在依然在发行。像一个孩子一样，我如饥似渴地阅读了《空间和时间之旅》（*A Guided Tour through Space and Time*，1959 年）一书，它的作者是匈牙利物理学家伊娃·芬优（Eva Fenyo）。而如果你真的想要了解这个话题，你应该读一读基普·索恩于 1994 年出版的一本令人难忘的书——《黑洞与时间弯曲：爱因斯坦的幽灵》（*Black Holes and Time Warps: Einstein's Outrageous Legacy*）。它总共有 600 多页，是写给普通读者的。

让四维空间可视化的诀窍非常简单：忽略其中的一维。当然，我们并不想忽略时间维度。但是我们可以将其中一个空间维度抛到水里，然后就剩下了二维空间和一维时间。结果是，时空变成了我们熟悉的三维空间。

在二维空间里，物体只能前后左右移动，这里没有上下。下面我们看一下在二维空间（一个水平面上）发生的运动。

请想象两种在这个水平面上沿直线运动的物体：一种是一束星光，以每秒 30 万千米的速度运动；另一种是一颗行星，与光束沿着同一个方向运动，但速度是光束的万分之一，仅为每秒 30 千米。如果不受外界影响，二者都会沿着相同的直线路径运动，尽管速度相差很大。

现在，我们再把太阳也放在这个水平面上，距那条直线路径 1.5 亿千米远。众所周知，太阳的质量造成了时空弯曲。因此，光束和行星的运动路径都（受到影响而）弯曲。这时，奇怪的事情发生了：光束的路径只被弯曲了很小的角度（我们会在第 3 章讲述太阳的光线偏折效应）。但是，行星（让我们称之为地球）的路径却弯曲得很厉害，直到成为一个圆形轨道。这是为什么？如果两者都受到同样的曲率影响，难道它们不应该沿着同样的轨迹弯曲吗？

不，这样想就错了。原因在于，我们所讨论的弯曲路径不是在空间里，而是在时空中。如果我们真的想知道发生了什么，就应该把时间维度和二维空间加在一起，即考虑三维时空中的运动。在这里，时间取代了第三个空间维度（上／下）的位置。事实上，我们已经创造了一个新的三维坐标系。x 坐标轴和 y 坐标轴——在水平面上——在每 30 万千米（光每秒经过的距离）处有一个刻度线。纵坐标 z 轴也有相同的刻度线。

让我们来看光束。在零点时，光束位于空间中的一点。一秒过后，它移动了 30 万千米——水平面上的一个刻度。但在三维时空中，它还向上运动了一个刻度。毕竟，已经过去了一秒钟。因此在时空中，光束是沿着一条倾角为 45 度的路径运动的。

现在，让我们来看地球。一秒过后，它运动了 30 千米。我们的行星需要花费 1 万秒（也就是 2 小时 47 分钟）才能移动 30 万千米的距离。因此地球在三维时空中的运动路径（它的世界线）比光束的倾斜角度要小得多，仅为 20 角秒[①] 左右。对于一位漫不经心的观测者来说，光束很明显是在沿对角线移动，而行星则沿直线上升——几乎是垂直的。

到目前为止，一切情况都很好。现在，我们让太阳加入其中，会发生什么呢？在这个简化的故事里，太阳在空间中是不动的——速度为每秒钟 0 千米。所以，它在三维时空中的移动路径正好是垂直的。但是，由于太阳的质量在时空中制造了一个很小的弯曲，因此，光束的世界线和行星的世界线都被轻微地弯曲了一点儿。

---

① 1 角秒 =1/3 600 度。——译者注

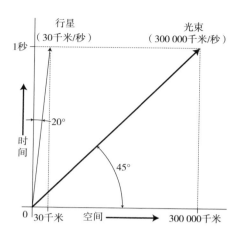

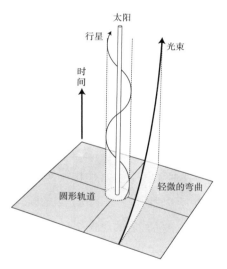

图 1-1　在时空中，一束以每秒 30 万千米的速度移动的光，它的世界线 ① 倾斜了 45 度；而以每秒 30 千米的速度移动的行星的世界线则几乎是垂直的（见上图，角度不按比例）。两条世界线都仅被太阳造成的时空曲率弯曲了一点儿（如下图所示），但如果投影到空间坐标系（水平面）上，行星的偏离角度就显得比光束大得多

---

① "世界线"（World line）是爱因斯坦在他 1905 年发表的论文《论动体的电动力学》中提及的概念。他将时间和空间合称为四维时空，粒子在四维时空中的运动轨迹即世界线。此处我们将其简化为三维时空。——译者注

光束的对角世界线被轻微地弯曲了，但不会持续很久，因为它的速度很快。几乎是立刻，光束便离开了这个被太阳质量所弯曲的时空。和之前一样，它沿着直线路径运动，保持 45 度的倾角，尽管这个倾角在一个与之前略微不同的方向上。投影到二维空间的水平面上，我们看到光束的轨迹有了轻微的改变。

然而，地球仍停留在弯曲的时空区域中。它在时空中沿着几乎垂直的路径运动，保持 20 角秒的倾角。但由于太阳质量场的曲率，这个小倾角的方向一直在缓慢地变化。经过大概 800 万秒（三个月左右）后，倾角的方向改变了 90 度整。把它投影到二维空间的水平面上，我们会发现行星走过了绕日轨道的 1/4。

不过，这个曲率一点儿也不大。在 800 万秒中，行星在时空中"向上"移动了 800 万个刻度线。与此同时，它在空间中仅移动了 2.36 亿千米，在水平面上还不到 800 个刻度线。想要用肉眼看到行星在时空中的轨迹弯曲是极其困难的，因此它依然是一条近乎完美的垂直线。

一年之后，地球走完了绕日轨道的一周，对应空间中不过 9.4 亿千米的距离，而这花费了 3 150 万秒的时间。地球在时空中的螺旋形世界线几乎很难和直线区分开来。这是因为太阳并不是特别"重"，它所引起的时空弯曲也就很小。尽管如此，如果我们忽略时间维度而只关注二维空间，地球的轨迹可以说被弯曲得很厉害，直到变成我们熟知的圆形轨道。与此同时，那束超高速运动的光，已经飞过了到最近的恒星将近 1/4 的距离。

◎

如果你是第一次听到这些，恐怕很难理解——我甚至还没有让你想象四维时空的样子。（如果你已经迷惑不解了，那么你可以在明天早晨或者下个礼拜，重新阅读前一页。）无论如何，你现在应该明白了，为什么我们日常的直觉在试图去理解时空的特性和广义相对论时令人失望。

这是很好的一课。当我们在和碰撞的黑洞、超强时空弯曲以及引力波打交道的时候，我们不能相信自己的直觉。取而代之，我们必须依靠超级计算机基于广义相对论的运算。如果我们相信爱因斯坦的理论，我们就必须接受这些计算结果。

这也是基普·索恩对《星际穿越》这部电影如此满意的原因之一。一个像 Double Negative 这样的视觉特效公司，在这方面的处理上，拥有比加州理工学院的理论物理学家们更强大的计算机。最终生成的电影镜头，将全新的、宝贵的见解展现给像索恩这样的科学家们。正如他在《星际穿越》①里所写的那样，"对我来说，那些电影片段就像实验数据。它们展示了我绝不可能没有模拟靠自己弄明白的东西，要是没有那些模拟的话"。

今天，当科学家们有了新想法或新发现时，他们会怎么做？发表一篇论文，这正是索恩所做的。实际上，他发表了两篇论文：一篇是关于《星际穿越》中的虫洞，另一篇是关于电影里的巨型"卡冈都亚"黑洞。你可以从互联网上找到这两篇论文，第一篇名叫"将《星际穿越》中的虫洞可视化"（*Visualizing Interstellar's Wormhole*），发表在颇具声望的《美国物理学杂志》（*American Journal of Physics*）上；另一篇名叫"自旋黑洞所引起的引力透镜效应：在天体物理学和电影《星际穿越》中"（Gravitational Lensing by Spinning Black Holes in Astrophysics, and in the Movie *Interstellar*），发表在《经典和量子引力》（*Classical and Quantum Gravity*）期刊上。两篇论文的合作者都有奥利弗·詹姆斯（Oliver James）、欧仁妮·冯图兹曼（Eugénie von Tunzelmann）及保罗·富兰克林（Paul Franklin）。詹姆斯是 Double Negative 公司的首席科学家，冯图兹曼是该公司的计算机图像主管，富兰克林是该公司的联合创始人及视觉特效主管。对于一名理论物理学家来说，在 IMDb 电

---

① 索恩所著这本书的英文原名为 *The Science of Interstellar*，中文引进版译为《星际穿越》。——编者注

影资料库中名列监制队伍是一件很棒的事。对于一位特效专家而言，跻身 arXiv.org（世界上最大的物理学论文的电子信息库）中同样令人愉快。[5]

◎

不过，索恩必须承受一个小小的失望。一开始，他希望《星际穿越》能够提到引力波，毕竟他是 LIGO 项目的发起者之一，而且据他所知，这些难以捉摸的时空涟漪可能会在电影上映的那一年被首次直接探测到。遗憾的是，克里斯托弗·诺兰认为这会把电影的故事线变得太过复杂。好在直到电影正式上映 323 天后，人类才第一次成功探测到引力波。

据我了解，基普·索恩可能会写一部续集。

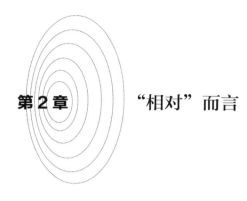

第2章 "相对"而言

莱顿是一座诗意的城市。

在新莱茵河 36 号的房子一侧，是一首用大字涂写的卡明斯（E. E. Cummings）的诗，整首诗有 7 米多高。

> 时间上升 湮没星辰 此刻
>
> 黎明
>
> 进入天空的街道 光线漫步 诗句飘零

虽然我不确定它的意思是什么，但它读起来很棒。

卡明斯的诗并不孤独，它是一本诗集中的第 23 首。在古老的莱顿城中心还有上百首题壁诗[6]。莱顿位于荷兰首都阿姆斯特丹南边 40 多公里处。

有一首诗从众多诗歌中脱颖而出，它被题在布尔哈夫博物馆（荷兰国家科学和医学史博物馆）的东墙上。但是，你很难把它大声地读出来。它由一门很多人都不熟悉的语言写就，而且只有一行：

$$R_{\mu\nu} - \frac{1}{2} R g_{\mu\nu} + \Lambda g_{\mu\nu} = \frac{8\pi G}{c^4} T_{\mu\nu}$$

也许它并不像一首诗，它是爱因斯坦广义相对论的场方程。你会注意到，这个方程由两部分组成，被一个等号分开，这意味着左边的部分等于右边的部分。左边部分描述了时空的弯曲，而右边部分描述了物质（和能量）的分布。如果改变物质的分布情况，时空的弯曲程度也会随之改变。改变时空曲率，物质运动也会随之改变，正如我们在第 1 章所讲的那样。

爱因斯坦的场方程是用数学语言表达的。该方程最好的英文翻译则出自美国物理学家约翰·阿奇博尔德·惠勒（John Archibald Wheeler）之手。他是一位才华横溢的物理学家，也是基普·索恩的导师。他写道："物质告诉时空如何弯曲，时空告诉物质如何运动。"归根结底还是一首诗。

布尔哈夫博物馆外墙上的公式是为了纪念爱因斯坦理论诞生 100 周年而涂写上去的，它亮相于 2015 年 11 月的纪念典礼，揭幕者是荷兰物理学家罗贝特·迪格拉夫（Robbert Dijkgraaf）。他是美国新泽西州普林斯顿高等研究院的院长，爱因斯坦人生的最后 21 年都在那里度过，所以由迪格拉夫揭幕再合适不过了。

从布尔哈夫博物馆到位于拉姆斯地 2 号的布尔哈夫仓库步行只需 15 分钟 [7]。博物馆的修复主管鲍尔·斯蒂霍斯（Paul Steenhorst）有些东西想展示给我看。他带我爬了一层楼来到 N1.01 房间，这是一个温度完全可调控的房间，很多物理学藏品都被摆放在一排排松木橱柜里。鲍尔打开 J410 号抽屉，取出 V34180 号物品。这是一个很小的深蓝色纸盒。盒盖上写着"威迪文牌（Waterman）理想钢笔"几个字。

一分钟后，我手中握着阿尔伯特·爱因斯坦的钢笔，这是他在 1912—1921 年用来书写一切的钢笔，包括 1915 年那篇关于广义相对论的论文的手稿。时空的弯曲、场方程、引力波……这些都出自这支精美的 *"Füllfeder"* [①]，爱因斯坦喜欢这样称呼它。

"六度分隔"（six degrees of separation）这个概念听起来是不是有些耳熟？

---

① 德语中"钢笔"一词。——译者注

这种观点认为，你和地球上任意一个人之间隔着的人不会超过 6 个。钢笔当然不是人，但从某种意义上讲，我和有史以来最伟大的物理学家之间仅隔着一个人。

当然，我并不是第一个这么评价爱因斯坦的人，他被公认为有史以来最伟大的物理学家。至少，这也是 1999 年《物理世界》（*Physics World*）杂志发起的 100 位重要的科学家评选的结果。同年，《时代周刊》（*Time*）将爱因斯坦评选为"世纪人物"——请注意，这里的中心词不是物理学家，而是人物，后者的评选范围要大得多。

人人都知道阿尔伯特·爱因斯坦是谁。大胡子、蓬乱的头发、松松垮垮的毛衣、露趾凉鞋……他已经成为偶像级科学家。没有几位科学家能令自己的面孔在明信片、咖啡杯和 T 恤衫上永存。是的，这样的声望让爱因斯坦在自己的 72 岁寿辰庆典上，忍不住对着合众国际社的摄影师亚瑟·塞西（Arthur Sasse）吐出了舌头。不过，的确是天赋助爱因斯坦平步青云，成为科学界的明星。

如果我告诉你，你对宇宙的了解其实比爱因斯坦创建广义相对论时对宇宙的了解要多得多，你也许会感到很惊讶。然而在那时，没人见过月球的背面，冥王星尚未被发现，天文学家们也不知道太阳的能量来源是什么，旋涡星云的本质——像银行系一样的星系——还不清楚。而且，大多数科学家认为宇宙已经存在永恒的时间了。距离脉冲星、类星体及系外行星的发现还有几十年。反物质、中微子、夸克、星系团、伽马射线暴以及暗物质等词语对于 1915 年的爱因斯坦来说没有任何意义。

1915 年，科学家确知的是，宇宙是由引力控制的，尽管事实上引力是一种极为微弱的作用力。相比之下，电磁力要强得多。但是，电磁力可正可负，即为吸引力或者排斥力。在浩瀚的宇宙中，这些相反的力相互抵消。然而引力却总是起到吸引作用（反引力仍属于科幻小说范畴内的事物）。因此，恒星和行星的运动——当然还有旅行的人们和掉落的苹果——都受引力这一虚弱的力的掌控。

图 2-1　阿尔伯特·爱因斯坦在普林斯顿，新泽西州，1947 年

为了避免你怀疑引力是一个极弱作用力的观点，我们做一个简单的实验来证明它。请把一张小纸片撕成碎片，松手后它们会落在你的桌子上。是地球引力让它们飘落下来，也是地球引力防止你慢慢飘到天花板上。现在拿起一把小的塑料梳子，在你的头发或羊毛衫上摩擦后，再把梳子放到桌上纸屑上方几厘米处。猜猜会发生什么？纸屑立刻会被梳子上的静电荷吸引。你看，一把带静电荷的小梳子上的电磁力比一颗行星的引力还要大！这说明，引力的确是自然界中比较微弱的力。

古希腊人对电磁力的了解不是很多（他们对强核力和弱核力一无所知），对引力也知道得不多。亚里士多德认为，所有物体都有一种向宇宙中心移动的趋势。他还认为，宇宙的中心为地球所占据。因此，物体下落就是这么简单。另外，亚里士多德确信，重的物体要比轻的物体掉落得更快。谁知道呢，也许他是用羊皮纸或者古希腊双耳陶罐的碎片做的实验。

很可惜，亚里士多德从未看过阿波罗 15 号飞船指挥官戴维·斯科特（David Scott）在月球上同时松开羽毛和锤子的视频（你可以很容易地从视频网站 YouTube 上找到）[8]。月球上是没有大气的，也就没有空气阻力。没有了空气阻力，羽毛下落的速度就和锤子一样——这看上去很古怪。（它们的掉落速度仅为锤子在地球上掉落速度的 1/6，因为月球上的重力仅为地球的 1/6。）

传说伽利略曾于 1589 年在意大利的比萨斜塔做了一个类似的实验。这个实验的步骤非常简单明了。先准备两个重量不同的圆球，可能一个是铅做的，另一个是木头做的。它们应该足够大和重，以避免空气阻力的干扰。然后他爬到塔顶，将两个球同时松开。哪一个球会先落地呢？如果它们同时到达地面，就能证明亚里士多德的观点是错误的。

然而，并没有可靠的记录证明伽利略的确做过这个实验。是的，他自己是这样描述的，但这很有可能只是一个思想实验。而且就算伽利略真的在塔顶上抛下了圆球，那他也并非第一个做这个实验的人。1585 年，佛兰德斯的科学家和数学家西蒙·斯泰芬（Simon Stevin）和他的朋友扬·科奈特·德格鲁特（Jan Cornets de Groot，后成为荷兰代尔夫特市市长）在代尔夫特新教堂的塔楼上做了这个实验。这件事被记录在斯泰芬于 1586 年出版的书中，我对它印象深刻，因为这座新教堂离我父亲的出生地很近。

不管怎么说，到 16 世纪晚期，亚里士多德的观点终于被证明是错误的。（当你阅读第 1 章时，亚里士多德的地心说已经被哥白尼在几十年前否定了。）但是，无论是斯泰芬还是伽利略，都没有比古希腊人更好的关于重力本质的看法。和亚里士多德一样，他们从未想过宇宙中掌控恒星和行星运动的力，与主宰地球上铅球和苹果运动的力是一样的。之后又过了几十年，艾萨克·牛顿才意识到这个问题。（顺便提一下，牛顿被从树上掉落的苹果砸到脑袋的故事也只是一个传说。）

牛顿在 1687 年发表了他的万有引力理论，不过不是在一篇科学论文中，而是在一本包罗万象的三卷拉丁文书中，这部著作就是《自然哲学的数学原理》（*Philosophiae Naturalis Principia Mathematica*，简称《原理》）。该书的第一个英文版直到 1728 年才面世，在作者离世一年以后。《原理》出版不到两个世纪后的 1879 年 3 月 14 日，在乌尔姆市（今德国），保利娜·爱因斯坦-科赫（Pauline Einstein-Koch）生下了她的第一个孩子——阿尔伯特。阿尔伯特·爱因斯坦将证明，牛顿理论是错误的。

现在，你已经听过了关于伽利略的传说，以及一个关于牛顿的传说。而关于阿尔伯特·爱因斯坦的传说则有无数个，简直可以填满这本书。幸运的是，他生命中的真实故事至少和这些传说一样令人振奋。简直就是传奇，听完后你也许会有这样的感慨。

当阿尔伯特的犹太裔父母从乌尔姆搬到慕尼黑时，他只有一岁。阿尔伯特的父亲赫尔曼（Hermann）和他的叔叔一起开了一家生产电子仪器的小型工厂。他的母亲则负责照看房子和家庭，并在 1881 年 11 月生下了阿尔伯特的妹妹玛雅。阿尔伯特的姨妈范妮时常带着她的女儿赫敏、艾尔莎和宝拉前来做客。小阿尔伯特在姐妹的陪伴下长大；他很喜欢自己的妹妹，也很乐意和表姐艾尔莎玩耍。

阿尔伯特是一个特别与众不同的孩子吗？并没有。不过他很安静，也很内向。在很小的时候，他便开始学小提琴，而且拉得不错。阿尔伯特同时痴迷于其他孩子毫不在意的一些事物，比如父亲在他 5 岁时送给他的指南针。无论你如何转动它，指南针的指针都会指向同一个方向，看起来是受到了时空中的某些东西的影响，这太神奇了！但是，赫尔曼从未想过自己的儿子可能会成为史上最伟大的科学家。

阿尔伯特的父亲有其他更需要操心的事情。他的公司于 1894 年破产，不得已举家迁往米兰——也许幸运会在意大利降临到他头上。同时，因为 15 岁的阿尔伯特还在慕尼黑的路易博德文理中学读书，所以他留了下来。那时，他已经对物理学产生了浓厚兴趣，他的目标是考取苏黎世著名的瑞士联邦理工学院。

　　阿尔伯特对女孩也有强烈的兴趣。（如我所说，他并没有那么特别——大多数那个年纪的男孩子都对女生有强烈的兴趣。）女孩子们也对阿尔伯特有着浓厚的兴趣，毕竟他是一个帅气的男孩，有一头黑色的卷发和一双美丽的黑眼睛。玛丽·温特勒（Marie Winteler）就是被他迷住的女孩之一。玛丽是鸟类学家约斯特·温特勒（Jost Winteler）的女儿，温特勒是瑞士阿劳阿尔戈夫州立学校的一名老师。阿尔伯特在温特勒的房子里度过了他在阿劳的两年学习时间。很快，他便和玛丽坠入爱河。

　　1896 年 9 月，阿尔伯特以优异的成绩通过了大学入学考试，至少在物理科学方面成绩优异。"不怎么懂历史……会说的法语也不太多"，山姆·库克（Sam Cooke）1960 年的单曲《多美妙的世界》（*Wonderful World*）中的部分歌词，可以说是对爱因斯坦的贴切写照。但在物理、代数以及几何几门课上，他获得了最高分。17 岁时，阿尔伯特被这所著名的理工学院录取了。

　　一个 17 岁的少年能想到自己会成为解决物理学领域一系列棘手问题的人吗？我觉得不会，但阿尔伯特·爱因斯坦的确意识到了。一个谜团已经困扰人们数十年了，而且它很有可能对牛顿的万有引力理论构成挑战。

　　牛顿理论的美好之处在于，它使得天文学家们终于理解了太阳系中行星的运动。利用牛顿的公式，我们可以比较容易地预测出行星在 20 年后的位置，或者描绘出一颗行星半个世纪前的状态——这二者基本上是同一类计算。

　　我说"比较容易"是因为太阳系是一个复杂场景的切入点。如果只有一个太阳和一颗行星，运用牛顿公式就能把这类计算变成小菜一碟。而在真实情况下，行星的运动会受到系统中其他行星引力的轻微干扰。举个例子，为了预测土星的运动路径，你必须考虑木星的引力作用。有时，土星的运动会因木星的引力作用而减慢；其他时候，又会加速。计算所有这些干扰并不是一小块蛋糕，而是一整个面包房。

牛顿理论遭遇的一个重要考验发生于 1781 年。那一年，英国的天文学家威廉·赫歇尔（William Herschel）发现土星轨道外有一颗新行星——天王星。天文学家们马上利用牛顿公式来预测这颗新行星未来的轨迹。当然，他们考虑了其他大行星的引力影响。但是很快地，天王星明显偏离了天文学家们所预测的路径。牛顿的万有引力定律居然是错的？或者可能还有一颗行星，它拉了天王星一把？

19 世纪 40 年代，数学家们扭转了牛顿公式所面对的局面。在一般情况下，如果你知道所有行星的位置，就可以精确计算出它们的运行轨道。但如果做逆向运算会怎样呢？也就是说，你可以从天王星的异常轨道入手，计算在哪里可以找到那颗造成天王星偏离预期轨道的未知行星。法国数学家奥本·勒维耶（Urbain Le Verrier）接受了这个挑战。

如今，我们可以很容易地利用计算机软件来解决这个难题，这是任何一个天文系学生在一天内就能完成的事情。然而，1840 年还是写字桌、铅笔和纸，以及对数表的时代。勒维耶花费了几个月的时间，才得到一个可靠的答案。

他的付出得到了回报。1846 年 9 月，在勒维耶计算出的位置附近，科学家们发现了一颗新行星。勒维耶曾将自己的预测写信告知他在柏林天文台的同事约翰·加勒（Johann Galle）。在收到信后的几个小时之内，加勒及其助手海因里希·达赫斯特（Heinrich d'Arrest）就发现了海王星 [9]。

现在你大概明白为什么海王星有时也被称为"笔尖上的行星"了吧，因为它是基于数学计算而被找到的。这些计算运用了牛顿公式，因此海王星的发现，被视为牛顿万有引力定律的胜利。

这确实是科学的一般运行方式，它始于观测，比如掉落的苹果与行星的运动。一些天才想出一些可以巧妙地解释观测结果的理论，比如艾萨克·牛顿和他的万有引力定律。随着越来越多的理论预测得到证实，科学家便更加相信该理论的正确性。

在发现海王星的大约 10 年后，勒维耶又开始搜寻太阳系的第九颗行星。他没有选择在海王星轨道外搜寻，而是选择在太阳系最内侧的行星——水星的轨道内搜寻。原因在于，和海王星一样，水星也有些异常。

水星绕太阳的公转轨道并不是完美的圆圈。水星与太阳的距离呈现出周期性变化的特点，这确实很古怪。更诡异的是，轨道自身也在缓慢地转动，水星离太阳最近的点（近日点）会随着时间的流逝而移动。在 19 世纪中期，这个被称为"近日点进动"的效应已经有很精确的测量结果了：大约每个世纪变化 1/6 度，这个幅度比牛顿理论的预测要大得多。正如勒维耶所计算的，92.5% 的水星近日点进动归因于其他行星的引力干扰，但还有 7.5%（每个世纪变化 43 角秒）原因不明。海王星的发现对研究水星的异常未能提供什么帮助，它实在太远了，而且移动得很慢。

因此勒维耶提出，水星轨道内部一定有一颗尚未被探测到的行星。一颗离我们如此近的行星难道有可能不被我们探测到吗？绝对有可能。一颗离太阳非常近的行星几乎总是与太阳同升同落，结果就是，它只在白天出现在天空中，以至于你无法看到它。只有在两种罕见的情况下，你才有可能看到它：一种是在日全食期间，当明亮的太阳光彻底被月球遮挡时；另一种是在凌日的情况下，当这颗行星从太阳圆盘上经过的时候，从地球上观测它。

由于勒维耶凭借天王星的反常成功地预测了海王星的存在，他确信水星轨道的进动也可以用一颗此前未知的水星内行星来解释。勒维耶甚至为这颗假想的被太阳"拥抱"的行星起了一个名字——伏尔甘（Vulcan）[10]，这也是罗马神话中火神的名字。

问题出现了，没有人找到伏尔甘——日食时没有，行星凌日的时候也没有。（现在，我们确定它并不存在。）因此，在 19 世纪末期，当阿尔伯特·爱因斯坦开始在苏黎世学习物理和数学时，他意识到牛顿的万有引力定律遇到了麻烦：它不能完全解释水星轨道的缓慢进动。是哪里出了问题呢？

年轻的阿尔伯特也很清楚另一个棘手的问题，它和光的速度有关。

光的移动快得难以想象，以至于科学家们很难测量它的速度。这意味着什么呢？如果有人站在纽约打开激光笔，这束光只需 0.013 秒就能到达洛杉矶（不考虑地球表面的弯曲）。直到 17 世纪后半叶，丹麦天文学家奥利·罗默（Ole Rømer）才对光速做出了很好的估测。如今，我们知道光速大约是每秒 30 万千米。（在完全真空的环境中，精确的光速是每秒 299 792.458 千米。）我们恰好幸运地选择了一个米制单位，使得光速与一个完美的整数如此接近。

1690 年，荷兰物理学家克里斯蒂安·惠更斯（Christiaan Huygens）出版了著名的《光论》（*Treatise on Light*）。他是那个时代最杰出的科学家之一，发现了土星环的本质和土星最大的卫星——泰坦（Titan），他还是第一个看到火星表面有暗斑的人。惠更斯极大地提高了力学和光学的研究水平，并发明了摆钟。

在《光论》（初版为法语版）一书中，惠更斯证明光是一种波现象，并把光看作池塘水面上传播的波。就像水波或者声波（以及我们即将看到的引力波）一样，光波有很多性质。因此，着手研究任意形式的波的一般属性，是一个不错的创意。

首先，我们看一下波的振幅。对于水波来说，振幅是浪尖和浪谷高度差的一半；对于声波或者光波来说，振幅是能量的量度——声音的音量或者光的亮度；对于引力波而言，它的振幅是波的强度——越强大的波，对时空弯曲的影响就越大。

其次，我们看一下波的速度。池塘中的细浪以每秒大约 1 米的速度传播；空气中的声波以每秒 330 米的速度传播；光波和引力波以光速传播。

最后，我们看一下波的频率，即在一个静止的点上所观测到的每秒经过的波峰的数量。让一只橡皮鸭漂浮在池塘的水面上，水波的频率可以告诉你鸭子上下晃动得有多快。如果波峰挨得非常近（波长很短），频率就会相对快一些，鸭子也会晃动得快一些。如果波长长一些，波浪伸展得大一些，则对应较慢的频率及鸭子较慢的晃动。

通过观察我们周围的世界，我们可以得出一个结论：波需要通过媒介来传播，池塘的细浪通过水来传播，声波通过空气来传播。由此，科学家们想到了"以太"——一种可以布满整个空白空间的神秘物质，并视其为光波的传播介质。

但问题在于，19 世纪末的物理学家们无法找到以太存在的证据。如果这种物质存在，我们的星球在绕着太阳运动时就会从各个方向穿过它，地球相对于以太便会有一个运行速度。而且，这个速度在光速的测量中应该会表现得很明显。

想象一下，来自遥远恒星的光以每秒 30 万千米的速度在以太中传播，地球绕太阳公转的速度差不多是每秒 30 千米。如果地球"向上游"（逆着光的传播方向），光波应该以每秒 300 030 千米的速度到达。如果地球"向下游"（顺着光的传播方向），光的速度则应该是每秒 299 970 千米。（如果太阳系也在以太中运动，情况就会变得更复杂，不过大致情况如上所述。）

现在我们回溯至美国物理学家阿尔伯特·迈克尔逊（Albert Michelson）和爱德华·莫雷（Edward Morley）的时代。1887 年春天，阿尔伯特·爱因斯坦刚度过他的 8 岁生日，这两位科学家就在俄亥俄州的克利夫兰完成了一个精密的实验。我们没有必要讨论该实验的细节，只需要知道他们使用了一台干涉仪，正是这类设备于 2015 年 9 月第一次探测到引力波。

迈克尔逊和莫雷的设备足够灵敏，可以测量出光速在各个方向上的细微差别。但他们并没有什么发现，无论对着哪个方向测量，光波总是以同样的速度移动。这就好比地球拖拽着假想中的以太在空间中移动。那时，没人可以就这个观测结果给出令人满意的解释。

由此，爱因斯坦明白，有两个观测结果不能用当时的任何理论来解释：一是水星近日点的过度进动；二是光速的不变性。

既然如此，就只有一种解决办法了：相对论。

◎

1896 年秋天，时年 17 岁的阿尔伯特·爱因斯坦，于苏黎世理工学院开始攻读为期 4 年的数学和物理课程。最初他还和他的女朋友玛丽保持着联系，但在他认识了米列娃·玛丽克（Mileva Marić）之后一切都变了。塞尔维亚人米列娃是阿尔伯特班里唯一的女生。和玛丽一样，米列娃比阿尔伯特大几岁。但跟玛丽不同的是，米列娃理解物理学中的复杂细节。就这样，她和阿尔伯特相恋了。

4 年后，阿尔伯特完成学业并被授予学位，拥有了到中学教数学和物理课的资格。然而，比起教书，他更乐意创作他的博士论文，最好是在荷兰的莱顿。莱顿大学是亨德里克·洛伦兹（Hendrik Lorentz）的家乡，这位当时最伟大的物理学家之一备受爱因斯坦的钦佩。洛伦兹的工作为爱因斯坦的相对论奠定了基础。

1901 年，抱着靠近洛伦兹的期望，爱因斯坦申请了另一位科学巨匠——海克·卡末林·昂内斯（Heike Kamerlingh Onnes）领导的莱顿大学低温实验室的一份工作。然而，卡末林·昂内斯根本没有回复爱因斯坦。这不仅对爱因斯坦来说是一个损失，也是荷兰物理界的损失。爱因斯坦最终成为一名专利局职员，供职于瑞士伯尔尼的联邦专利局。好友兼同学米歇尔·贝索（Michele Besso）的父亲热心地为爱因斯坦安排了这个职位。这不是一份令人兴奋的工作，但却为他提供了充足的空闲时间来研究他的物理理论。

与此同时，命运对阿尔伯特并不算友好。1901 年春天，米列娃意外怀上了阿尔伯特的孩子。他们的女儿莉赛尔（Lieserl）在次年 1 月出生，但是关于这个小女孩的更多细节仍不为公众所知，爱因斯坦的传记作者们直到 1986 年才知道莉赛尔的存在。她可能患有精神疾病，而且可能于 1903 年秋天因患猩红热而夭折，那是阿尔伯特的父亲赫尔曼离世的一年后（也有些人认为莉赛尔被米列娃的一个朋友收养，一直活到了 20 世纪 90 年代）。但无论如何，爱因斯坦似乎从未见过他的这个女儿。

阿尔伯特和米列娃于 1903 年 1 月在伯尔尼登记结婚，他们的长子汉斯·阿尔伯特（Hans Albert）出生于 1904 年 5 月。爱因斯坦并未在养育孩子方面投入太多时间，更别提做家务了。在那个时代，这些都被看作女人的任务，为此米列娃不得不放弃她在物理上的抱负。而阿尔伯特则开始了对水星轨道谜题和光速不变性的探索。

这个过程分为两个阶段。1905 年，狭义相对论诞生，这开启了第一个阶段。基于赫尔曼·闵可夫斯基（Hermann Minkowski）发展出的四维时空概念研究，爱因斯坦指出，空间和时间都是相对的概念。两点间的距离是多少，这取决于你提问的对象。关于事件发生的时间同样如此。两个做相对运动的观测者会给出不同的答案，而且他们都是对的。让我们对牛顿理论说再见吧，世界上不存在绝对的空间或者绝对的时间。

狭义相对论不是一个简单的理论，要想完全理解它的内涵，你需要掌握复杂的变换公式。不过，结果却很容易理解。以接近光的速度旅行，旁观者会看到你的飞船缩小了——在它旅行的方向上变短了，这叫作"洛伦兹收缩"。此外，当你移动得足够快时，你的家人会看到你的时钟变慢了，这叫作"时间膨胀效应"。我们在日常生活中没有注意到这些现象的唯一原因在于，光移动得实在太快了。即使是 F1（一级方程式）赛车手也不能明显感受到洛伦兹收缩和时间膨胀效应的影响。

狭义相对论的基本假设之一是，光速对任何观测者都是一样的，不依赖于其自身的运动或速度。这正是迈克尔逊和莫雷观察到的，爱因斯坦把他们的结果视作真实有效的。从爱因斯坦的公式来看，它同样遵循了没有任何物体的运动速度超过光速的原则，这是大自然中最重要也是最基本的速度限制。

在 1905 年发表的第二篇论文中，爱因斯坦推导出闻名于世的公式 $E=mc^2$，毫无疑问这是史上最著名的公式。该公式表明，能量 E 可以转换为质量 m，反之亦然。这是狭义相对论的必然结果，同样与光速 c 有着紧密联系。顺便说一下，我们的生命取决于这个方程的正确性。我们将会在第 5 章中看到，太阳发光是因为质量转化为能量——这一点爱因斯坦当时还不知道——地球上的所有生命，包括人类，如果没有太阳的能量都将无法生存。

爱因斯坦发表于 1905 年的其他两篇论文则讨论了其他话题。一篇研究了分子的运动，另一篇则讨论了光子（即光的粒子）的存在性，后者为爱因斯坦赢得了 1921 年的诺贝尔物理学奖。总之，1905 年是爱因斯坦的"奇迹年"，他还获得了苏黎世大学的博士学位。那一年，他只有 26 岁。

爱因斯坦第二个阶段的研究重点是广义相对论。爱因斯坦使用"广义"一词，是为了表明它适用于所有情况，而不只是匀速直线运动这一特殊情况。广义相对论关注的是加速运动，这种情况发生在某些种类的力（比如引力或者敲击火箭的引擎）造成速度或者方向改变的时候。广义相对论的研究花费了爱因斯坦 10 年的时间，在此期间，他从伯尔尼搬到苏黎世，从苏黎世搬到布拉格，从布拉格搬回苏黎世，后来又迁往柏林。在此期间，他的第二个儿子（爱德华）出生了，他给他的初恋女友玛丽写了一封令人断肠的情书（当时米列娃正怀着爱德华），他还迷恋上了他的表姐艾尔莎。当爱因斯坦在 1914 年搬到柏林的时候，第一次世界大战爆发了，米列娃和两个儿子待在苏黎世，阿尔伯特则与艾尔莎和她的女儿伊尔泽、玛格特生活在一起。

那时，爱因斯坦已经成了一位受人尊重的物理学家。1911 年，他终于在第一次抵达莱顿大学的时候与亨德里克·洛伦兹见了面。乌特勒支大学向他伸出橄榄枝，提供了一个职位。然而，爱因斯坦却选择了布拉格。1912 年，他与奥地利出生的物理学家保罗·埃伦费斯特（Paul Ehrenfest）相识并成为朋友。大约从那个时候开始，他用上了"威迪文"牌钢笔，那支我曾在布尔哈夫博物馆的仓库中手握片刻的钢笔。之后在柏林，爱因斯坦成为洪堡大学的理论物理教授，并担任了新成立的威廉皇帝学会理论物理研究所的所长，以及德国物理学会主席（1916 年）。

◎

广义相对论是一个关于引力的新理论。这或许听起来很古怪，但实际上不是。这归因于爱因斯坦于 1907 年首次提出的"等效原理"。根据该原理，引力和加速运动之间确实没什么区别。

假设你抬脚走进一间没有窗户的屋子，你被地球引力拉到房间的地板上。现在，请想象你的朋友走进一艘飞船中的一间相似的无窗房间，飞船正在虚无的空间中向上加速运动。周围没有行星施加引力，但是他同样被拉到了地板上。这是因为整个房间作为飞船的一部分，正在向上做加速运动。

爱因斯坦的等效原理指出，这两种情况没有本质区别。换句话说，对你和你的宇航员朋友来说，所有可能的实验都会得到相同的结果。因此，如果时间在一艘加速的宇宙飞船上变慢了，那它在一个强引力的环境中也会变慢。正如爱因斯坦在 1911 年拜访洛伦兹时所解释的一样，你的手表在一幢楼的二楼走得要比地下室略快一点儿，因为二楼的地球引力场稍弱。

在接下来的几年间，爱因斯坦竭尽全力解决这一难题。后来，在他的朋友及同学马赛尔·格罗斯曼（Marcel Grossmann）的帮助下，他发展出复杂的数学运算以推动这个问题的解决。1915 年秋天，爱因斯坦专注于疯狂的脑力活动，几乎没有离开过艾尔莎在哈柏兰大街 5 号的房子的阁楼。老旧的电话机（还有钢笔）摆放在桌上，地板上铺着破旧的地毯，墙上挂着艾萨克·牛顿的肖像。

1915 年 11 月，爱因斯坦完成了 4 篇在广义相对论的不同方面具有深远意义的论文[11]：四维几何，质量、能量和时空弯曲，著名的场方程（如今涂写在莱顿布尔哈夫博物馆外墙上），水星轨道近日点过度进动的准确预测。这些都可以用巨大的太阳附近的时空弯曲来解释。

任务终于完成了。

　　爱因斯坦在普鲁士科学院连续 4 周的"周四会议"上报告了他的论文，分别是 1915 年 11 月的 4、11、18 和 25 日。报告过程中，他会偶尔停下来，在黑板上涂写公式。在场的每个资深物理学家都能正确理解爱因斯坦的工作吗？答案可能是否定的。他们是否意识到广义相对论将会革新物理学？也许吧，但只是一部分人。他们钦佩这位年轻同行的天赋吗？这几乎毫无疑问。

　　这一年，阿尔伯特·爱因斯坦 36 岁。

◎

　　又过了 4 年，爱因斯坦成了偶像级人物。此时他已经和米列娃（于 1919 年 2 月 14 日）离婚了，16 个星期后他娶了艾尔莎。1920 年，他被授予莱顿大学客座教授职务，此后的很多年里，他每年都会和埃伦费斯特（于 1912 年继任洛伦兹的职位）共度至少一个月的时光。之后，爱因斯坦成为荷兰科学院及皇家学会的一名外籍成员。他获得了诺贝尔物理学奖，参观了纽约，环游亚洲，还成了查理·卓别林（Charlie Chaplin）的朋友。

　　1933 年年初，阿尔伯特和艾尔莎第三次从美国访问归来后，他们决定不再回德国，因为阿道夫·希特勒（Adolf Hitler）当选德国总理。毕竟，爱因斯坦有犹太血统。在德国，他的名字出现在敌人名单上；他写的书被烧毁了；他们一家人在普斯（离柏林不远）的夏季度假小屋被夺走，变成了希特勒的青年营。在比利时停留了 9 个月后，爱因斯坦夫妇搬到英格兰，后来又去了美国。1933 年秋，爱因斯坦接受了普林斯顿高等研究院的一个职位。就在几周前，他的好朋友保罗·埃伦费斯特饱受抑郁症的折磨而自杀。

　　阿尔伯特·爱因斯坦的生命在 1955 年 4 月 18 日走到尽头。在普林斯顿医院里，爱因斯坦死于腹部的大动脉肿瘤破裂，享年 76 岁。他临终前给他的好友米歇尔·贝索（1955 年 3 月逝世）的家人写了一封信。他在信中说："像我们这样信奉物理学的人，知道过去、现在和未来的区别只是一个顽固而持续的错觉罢了。"终究，时间是相对的。

　　爱因斯坦的亲笔书信依然可以在埃伦费斯特的家中找到，地址是莱顿威特罗诗大街（Witte Rozenstraat）57 号。参观期间，来自全世界的同人被邀请在二楼客房外大厅的墙上签名。这些签名就像物理学界的名人录：尼尔斯·玻尔（Niels Bohr）、保罗·狄拉克（Paul Dirac）、沃尔夫冈·泡利（Wolfgang Pauli）、埃温·薛定谔（Erwin Schrödinger）……

　　离埃伦费斯特家不远，在 Groenhovenstraat 大街 18 号，有另一首题壁诗，出自阿根廷作家豪尔赫·路易斯·博尔赫斯（Jorge Luis Borges）之手。这首诗的结尾是：

> Tu materia es el tiempo, el incesante
> Tiempo. Eres cada solitario instante.

> （你的肉体只是时光，不停流逝的时光
> 你是每一个孤独的瞬息。）

第3章　检验爱因斯坦

耗资 7.5 亿美元来证明大家都信服的东西是正确的，这笔钱花得值吗？这正是 NASA 花费在"引力探测器 B"卫星[12] 身上的金额。该项目于 2015 年测量到了"测地岁差"和"参考系拖拽"两个较为微弱的相对论效应，从而证实了爱因斯坦的部分预言。

然而，在 1963 年项目启动时，有很多人争论道，宇宙中有如此多的新鲜事物等待我们发现，仅为了证实那些已经显而易见的事情而花费巨额资金，实在是太浪费了。

"引力探测器 B"首席研究员弗朗西斯·艾维特（Francis Everitt）闻言不禁叹了口气；他已经听到过很多次这样的说法了。在斯坦福大学的办公室里，他向我悉数这个项目的曲折历史，当然也有来自同事们的羡慕眼光。[13] 在科学界，如果你得到了钱，你就有了敌人——这是一定的。

82 岁的艾维特在资金问题上有更长远的考虑。从官方第一次公布构想到产出科学成果，"引力探测器 B"项目历时约半个世纪，这即使对一个空间科学项目来说用时也是非常长的。所以，如果把总花费平摊开来，你会发现每年的开支仅为 1 400 万美元，还不到 NASA 2016 年全年预算的 0.001%。此外，关于爱因斯坦理论的定量检验一度可谓非常罕见。总而言之，艾维特认为，在"引力探测器 B"身上花的每一分钱都是值得的。

不过，还有一个问题需要回答：为什么一定要检验爱因斯坦理论的正确性呢？毕竟他是有史以来最伟大的物理学家。那么，有人确定他的相对论理论是正确的吗？

事实上，并没有。

换言之，科学家们对任何事都不会持百分之百确定的态度。明天可能有关于宠物理论的新的测量结果，正如当初对水星的轨道测量与牛顿万有引力定律的预测不完全一致一样。请记住科学是这样工作的：观测为理论所解释，理论做出预测，实验检验预测。如果结果一致，理论的可信度便得到增强。如果不同，其中一定有什么地方出了差错，你应该改进理论或者提出一个新理论，重新做一遍实验。这就是科学研究的方法。

因此，检验预言是科学的"谋生之道"。弗朗西斯·艾维特喜欢引用伦纳德·希夫（Leonard Schiff，斯坦福大学物理学家，提出"引力探测器 B"项目设想的第一人）的一句话："没有实验支持的理论，又有什么意义呢？"

在本章的结尾，我会回到"引力探测器 B""测地岁差""参考系拖拽"上来，并提供更多的细节。现在，让我们先回溯到一个世纪之前。阿尔伯特·爱因斯坦刚刚建立了广义相对论。它完美地解释了我们身边的一切：下落的苹果、绕转的行星，以及水星近日点的过度进动。简直棒极了！但是，广义相对论真的是关于引力和时空的终极理论吗？爱因斯坦是对的吗？

爱因斯坦提出了三种检验新理论的方法。第一种方法是看它能否成功解释曾激励爱因斯坦创建新理论的观测现象：水星的那个比牛顿理论的预测要旋转得快一些的椭圆轨道。的确，广义相对论完全解决了水星的进动问题。

另外两种检验方法，则基于广义相对论独有的预言：一是星光的偏折；二是引力的红移。"试试吧，"爱因斯坦说，"如果我是对的，星光会被大质量物体所偏折，光的波长在强引力场中会发生变化。如果没有发生任何变化，那我就是错的，我们必须从头再来。"

让我们从星光的偏折出发。想象一下，从地球上看向太阳，太阳的身后是无数恒星。当然，你无法看到它们，因为太阳太过耀眼，但它们的确存在。一年中的每一天，我们都知道太阳具体在哪一片天空。

现在请想象一束从某颗恒星发出的光，在太阳边缘附近被我们观测到。这颗恒星的光在宇宙中笔直地穿行了几十或者几百年，正对着我们望远镜的方向而来。然后光从太阳附近经过。如我们在第 1 章所见，由于太阳是一个大质量物体，它在时空中造成了局域弯曲。因此，光束的路线变弯了。这束光轻微地偏移至另一个方向，从我们的望远镜中消失了。

不过，如果这束光没有到达我们的望远镜，我们还能看见那颗恒星吗？答案是：当然可以。这颗恒星的其他光束被发射至空间中略微不同的方向上，笔直而来。在其他情况下，那些光束可能擦过我们望远镜的边缘。而一旦从太阳身边经过，它们的路线也会被时空曲率所弯曲，最终出现在我们的视野里。

这正是爱因斯坦广义相对论的预言：我们可以观测到被时空曲率弯曲了传播路线的星光。如果没有时空曲率，从太阳身边经过的星光会令我们看到恒星位于太阳边缘。但是，由于穿行在太阳附近的光的确较之前偏转了一个微小的角度，所以我们看到恒星离太阳边缘比实际情况要远一点儿。也就是说，我们看到的恒星实际上处于一个"错误"的位置上。

从某种意义上说，太阳就像个透镜，放大了它周围的星域。表面上，离太阳越远的地方，这个效应越会小到难以观测。但在太阳边缘附近，所有的恒星看起来都像被往外推了一点儿。这就是由时空曲率引起的星光偏折。

奇怪的是，这个故事被人们曲解了。没有多少人知道，牛顿的万有引力理论同样预言了星光的偏折。这听起来很奇怪，光不是没有质量吗？一个没有质量的物体怎么会被如太阳一样的大质量物体吸引并偏转呢？好吧，让我们想象两个以同样距离绕太阳公转的物体：地球和苹果。地球的质量远大于苹果，因此，苹果产生的引力要比地球小得多。然而，对于小质量物体而言，微弱的引力足够产生同样的加速度。事实上，这就是西蒙·斯泰芬和扬·科奈特·德格鲁特所得到的实验结果，当他们在代尔夫特新教堂的塔楼上松开几个不同质量的圆球之后。对不同质量的圆球成立的规律，对地球和苹果也同样适用。它们被赋予了同样的加速度，所以，它们以同样的路径绕着太阳运动。

由此可见，在牛顿理论中，引力加速度是不依赖于质量的。[①] 苹果被加速到与行星一样的速度水平。即使是质量极小的基本粒子（如电子），也会有同样的引力加速度。而行星、苹果及电子的质量根本没有出现在公式中。所以，即使光的质量真为零，牛顿理论也预言了引力加速度。（由于光的速度很快，所造成的偏转自然很小。）

1911 年，爱因斯坦第一次预言星光会被太阳偏折。令人沮丧的是，他得到了和牛顿一样的结果：刚好小于一个角秒。如果两个理论的预测值相同，那就没有实验能够只支持其中一个。不过在 1916 年，爱因斯坦意识到他犯了一个数学错误。实际上，广义相对论的预测值是一个两倍于牛顿理论预测值的值：1.75 角秒。

在日常生活中，1.75 角秒的偏折根本不算大。想象你的朋友站在 120 米远处将手电筒的光照向你。你仔细地测量光的方向，然后你的朋友将手电筒移动了 1 毫米，也就是在方向上改变了 1.75 角秒。我打赌你很难测量出这个变化。

这里还有一个问题，这个效应仅发生在太阳的可见边缘。我们都不曾试过在明亮的白天观测恒星，更别提测量它们的位置了。这有点儿像试图研究

① 引力加速度公式为 $a = \frac{GM}{R^2}$，a 取决于太阳的质量 M，与运动物体的质量无关。——译者注

在前景泛光灯背后很远的地方飞舞的萤火虫一样，你会希望有人关掉泛光灯，或者至少以某种方式遮住它的光。

我们可以用类似的方法解决星光偏折的测量问题。太阳会被月球暂时遮挡住。在日全食发生期间，太阳明亮的表面完全被月球遮挡住，其周围的恒星变得可见。

所以，可行性计划是这样的：在日全食期间，对太阳周围的恒星进行拍照观测，此时没有能够弯曲时空、弯曲光线的太阳挡在前面。然后与此前几个月或之后几个拍摄的照片做对比，从而测量出恒星在日食期间的位置偏转程度。

英国天文学家亚瑟·斯坦利·爱丁顿在将这个计划变成现实的过程中起到了关键性作用。1916 年年初，由于战乱不断，有关爱因斯坦广义相对论的消息隔了一段时间才传到英格兰。但是在莱顿，物理学家们对这个新理论了解得很清楚。莱顿的一位才华横溢的天文学家兼数学家威廉·德西特（Willem de Sitter）在英国的《皇家天文学会月刊》（*Monthly Notices of the Royal Astronomical Society*）中提到了它。爱丁顿恰好是皇家天文学会的秘书，因此他成为第一个得知爱因斯坦最新理论的英国科学家，并因此成为爱因斯坦理论最狂热的粉丝和宣传大使之一。

早些时候，德国的研究团队测量了发生于 1914 年 8 月 21 日的日全食期间的星光偏折，但是没有成功，主要原因在于战争。不过，爱丁顿相信自己会成功，并得到弗兰克·戴森（Frank Dyson）——伦敦东部格林威治天文台台长及英格兰皇家天文学家［名誉职位，设于 1675 年，约翰·弗兰斯蒂德（John Flamsteed）任首任台长］——的帮助。

我可以轻松地想象出这两位天文学家是如何论证爱因斯坦的理论的。（特别提示：以下对话是我虚构的。）

"最佳时机是 1919 年 5 月 29 日的日全食。"戴森说道。

"这次日全食有什么特别之处吗？"爱丁顿问道。

"嗯，它持续的时间较长，大约有 7 分钟，所以我们有充足的时间拍摄照片。另外，日全食期间，太阳位于金牛座，被有名的毕星团（Hyades）中较亮的恒星所包围。所以，我们有很好的机会观测这些恒星的位置。"

"所有这些听起来都不错，有什么需要注意的吗？"

"嗯……"戴森说，"大部分的全食带是在亚马孙热带雨林和非洲的热带丛林，而只有两处容易到达的观测地点：巴西东北部的索布拉尔镇，以及几内亚湾的普林西比小岛。"

"太棒了！"爱丁顿答道。"那么我们组织两支考察队吧。即使其中的一个地点在日全食期间遇到了乌云，也没有关系。如果两个地点都碰上了好天气，得到了相同的观测结果，我们就会得到一个更令人信服的论据。"

当然，说比做容易得多。那时候商业航空还没有普及，人、望远镜还有照相机都只能靠轮船运输，旅途长达几周时间。在巴西，望远镜在高温下无法工作，格林威治天文台的天文学家查尔斯·戴维斯（Charles Davidson）和安德鲁·克劳姆林（Andrew Crommelin）不得不使用一台小得多的仪器。与此同时，在普林西比，爱丁顿和钟表匠埃温·科廷汉姆（Edwin Cottingham）遭遇了多云天气，他们带回来的唯一一张有用的照片是他们设法在日全食的最后一分钟曝光得到的。

很可能你从未见过日全食，大部分人都没有。但很多人都看过日偏食——太阳表面仅有一部分被月球遮掩，不过日偏食完全无法与日全食相提并论。如果你目睹过一次日全食，我确信你会同意我的看法。天空变成了钢青色，昼行性动物变得安静，黑暗降临，天空中的行星和恒星显露出来，太阳银白色的日冕包围在月球的黑色轮廓之外，这是大自然馈赠给我们的一份珍贵的礼物。无比神奇！

我看过大概 12 次日全食（它们太让人上瘾了，只要看过一次，你就会想看更多次），所以我理解爱丁顿和科廷汉姆的感受。1998 年 2 月，在阿鲁巴的加勒比岛上，天空阴沉了将近一整天，直到日全食开始的时候。所有聚集在那里的人都紧张坏了：如果乌云没有及时散开该怎么办？（很幸运，乌云终究还是散开了。）一年半之后，在 1999 年 8 月的日全食发生前，我带家人赶往土耳其，那里天气晴朗的可能性比法国和德国大。尽管如此，我记得自己在日全食前一天看到一小朵白云出现在地平线上时，我还是紧张得不得了，虽然我不是去证实爱因斯坦的理论的。

无论如何，在 1919 年日全食期间，科学家们成功地拍到了照片，从而测定了恒星的位置。同年 11 月 6 日，星期四，英国皇家天文学会和伦敦皇家学会联合举办了一场会议，爱丁顿在会上公布了观测结果。没错，那张照片上的毕星团恒星都从被遮挡住的太阳边缘移走了。而且，偏折角度的大小和爱因斯坦的预言表现出很好的一致性。（爱因斯坦的一位研究生伊尔泽·施耐德后来问他，如果他的预言没有在 1919 年的实验中被证实，他会有何感想。"我会为上帝感到遗憾，"爱因斯坦自信地回答道，"这个理论最终是正确的。"）

第二天，《伦敦时报》把这一结果写成了一个故事，标题为"科学的革命：宇宙的新理论"。两天之后，即 1919 年 11 月 9 日，《纽约时报》在头版刊登了这则新闻，所起的 4 个标题是我见过的最有纪念意义的标题了。

LIGHTS ALL ASKEW IN THE HEAVENS

（天空中的光都是歪的）

MEN OF SCIENCE MORE OR LESS AGOG OVER

RESULTS OF ECLIPSE OBSERVATIONS

（研究科学的人或多或少地都在渴盼日全食的观测结果）

EINSTEIN THEORY TRIUMPHS

（爱因斯坦理论取得巨大成功）

STARS NOT WHERE THEY SEEMED OR WERE
CALCULATED TO BE, BUT NOBODY NEED WORRY
（星星并不位于它们看起来或科学家计算出的位置，
但谁也不必担心）

我尤其喜欢"但谁也不必担心"这句话，没错，宇宙一片混沌，但我们都不必为此忧虑得夜不能寐。

终于，在阿尔伯特·爱因斯坦建立广义相对论的 4 年后，世界上的人普遍认识了它，而且喜爱着它。那时第一次世界大战刚结束一年，在经历了战争的恐惧之后，人们渴望听到一些好消息。有什么能比人类揭开了宇宙的奥秘更美好的事呢？德国和英格兰之间不再交战，一个德国科学家提出的理论被英国的天文学家所证实，这不是很棒吗？爱因斯坦和爱丁顿都是和平主义者，而且很多人希望同他们一起，证明国际科学合作将成为一种消除战争的手段。几乎一夕之间，爱因斯坦举世闻名。

很久之后，一些科学家开始怀疑爱丁顿观测结果的准确性，甚至怀疑他的科学诚信度。毕竟在很早的时候，他就成了广义相对论的坚定信徒，还非常急切地去证明爱因斯坦是对的。他会不会有点儿太着急了？他会不会删去了与爱因斯坦预言不符的数据，低估了测量的误差，只为了得到一个自己想要的结果？

我并不这样认为。我承认，1919 年的胶片的成像质量的确非常低。位置的不确定性很大，大概是一角秒的 1/5。今天的天文学家们要求结果必须具有统计学意义，才会被说服。但研究者于 1979 年对索布拉尔和普林西比的照片进行分析，得到的结果和爱丁顿相同，即观测数据和爱因斯坦的理论是相容的。[14]

之后的日全食观测在更高的可信度下也得出了相同的结论。此外，多亏空间探测的极高灵敏性，我们不再需要借助日全食来测量星光的偏折。欧洲于 2013 年 12 月发射的"盖亚"（Gaia）卫星 [15]，对恒星位置的测量精度可达到 1/40 000 角秒。这相当于你的朋友站在距你大约 8 500 千米（而不是 120 米）处，将手电筒移动 1 毫米的改变。"盖亚"实在是太灵敏了，它能测量出全天空中太阳所引起的光线弯曲效应，它甚至还能测量木星和土星这种巨行星造成的极为微小的影响。

由此，今天的天文学家们得以时常观测由大质量星系和星系团引起的引力透镜效应。和太阳一样，它们弯曲了时空，也弯曲了来自背景源（在这种情况下，是非常遥远的星系）的光线的传播路径。星光的偏折停留于此。爱因斯坦终究是对的，至少在这个方面。

广义相对论的第二个可检验的预言是引力红移。还记得爱因斯坦曾告诉洛伦兹，他的手表在二楼要比在地下室走得快一点儿吗？这是因为广义相对论预测钟表的走时在强引力场中会变慢。想象一下，你站在曼哈顿下城区的地面上，你的妹妹站在 540 米高的自由塔塔顶上。现在拿出你的激光笔，它的波长通常是 532 纳米（1 纳米是 1 米的 10 亿分之一，所以 532 纳米等于 0.000 532 毫米）。请将激光笔指向你的妹妹。（提醒一下，这仅是一个思想实验。永远不要将激光笔指向别人的脸，它对眼睛有害。）她看到的波长是多少呢？不是 532 纳米，而是一个比 532 纳米略长的波长，而且颜色偏红。原因在于，时间对于她来说走得更快。

正如我们在第 2 章看到的，波长与频率相关。在地面上，激光笔所发出的光的波长是 532 纳米，对应频率为 563.5 万亿赫兹（每秒经过的波峰数目）。（想自己算一下吗？方法很简单，用波长除以光速，就可以得到对应的频率。）

在自由塔的顶端，激光仍保持着相同的速度。毕竟，根据爱因斯坦的理论，光速是不变的。但是塔顶的引力要比地面上弱一点儿，因此时间走得稍快一点儿。在 564.3 万亿个波峰全部通过前，一秒钟已经过去了。换句话说，你妹妹观测到的光频率略低、波长略长、能量略低，而且颜色偏红。这就是引力红移。

不用说，这个效应微弱到难以想象。它并不意味着当你从一座高塔向下望的时候，你脚下的世界看起来会有些发红。这个效应有多小呢？要知道，即使是珠穆朗玛峰的顶峰，那里的时间相较海平面每年才快 1/30 000 秒。你的妹妹可能需要一个超级灵敏的测量仪，来测量这支激光笔的光的非常微小的波长增量，它可能要小于 0.000 000 000 01%。

哈佛大学的罗伯特·庞德（Robert Pound）和格伦·雷布卡（Glen Rebka）就建造了一台这样的测量仪。1959 年，在爱因斯坦逝世 4 年后，他们进行了第一次测量引力红移的对照实验。那时，纽约的帝国大厦是世界上最高的建筑，但庞德和雷布卡并不需要在那里做实验。他们的设备非常灵敏，即使在只有 22.5 米高的杰斐逊实验室，也能探测到微弱到 400 万亿分之一水平的引力红移效应。

我不会在此赘述庞德－雷布卡实验的细节。该实验过程非常复杂，用到了放射性铁、充满氦气的聚酯薄膜袋、锥形喇叭、伽马射线吸收器、闪烁计数器等物品。我们需要了解的关键信息是，实验很成功，其结果与爱因斯坦的广义相对论相当吻合。

因此，庞德和雷布卡证实了爱因斯坦的时间随着引力的增强而变慢的预言。在相对论看来，没有什么是绝对的，包括时间的流逝。而且，不仅是你手表里的齿轮由于引力效应而需要更长的时间绕转一周，时间本身也变慢了。每个物理过程在强引力场中都需要更长的时间才能完成。

当我还是青少年的时候，我可以想象我手表上的指针出于一些原因走得慢了，但我很难相信自己的心率会变慢，体内的细胞会放慢步伐，我甚至会活得更久。这听起来就像魔法或者幻想，而非科学。不过，这确实正在发生。

话说回来，在某种意义上，我的怀疑也是有道理的。当时间本身在一个强引力场（如黑洞附近）中慢下来，每一秒比往常更长一点儿。外太空中处于一个不同参考系的人的确会注意到我的心脏跳得更慢了，我也会活得更久。但是，我本人完全不可能意识到这些变化，也没有任何方法能让我注意到。我的心率依然是标准的每分钟 80 次，预期寿命依然是 80 多岁。变慢的时间对我没有任何好处。我的大脑也会慢下来，所以这并不意味着我能拥有多余的时间来读更多的书或者学习语言。

无论如何，在我 15 岁的时候，我对万物都存在概念理解上的困难，我猜很多人也如此。所以，当我读到一个激动人心的实验时，我大吃一惊。1971 年秋天，物理学家约瑟夫·哈费勒（Joseph Hafele）和天文学家理查德·基廷（Richard Keating）乘飞机进行环球旅行，他们携带着非常特殊的旅行伴侣——原子钟，试图测量时间延迟效应。费用总计 8 000 美元，包括观测者的餐饮在内。这一实验不仅令人兴奋，还很便宜。

哈费勒和基廷先将两台原子钟放在一架绕地球向东飞行的飞机上，同地球的自转方向一致。然后他们又将原子钟放在一架绕地球向西飞行的飞机上，与地球的自转方向相反。关于这个实验有一张非常有名的照片，照片上两位科学家和他们的仪器占据着一整排座椅，一位年轻的空姐正在查看她的手表，仿佛它会露出任何时间延迟的迹象。到我创作这本书的时候，哈费勒和基廷已经与世长辞，但这名空姐可能依然在世，只可惜我没能找到她。

在空中，引力要比在地面上弱一点儿，我们期待看到原子钟走得快一点儿。引力时间延迟效应已经被庞德和雷布卡以引力红移的形式令人信服地证明了。但运动上的时间延迟效应——爱因斯坦 1905 年建立的狭义相对论所预言的一种效应——还有待验证。简单地说，就是你移动得越快，你的钟表走得就越慢。

引力时间延迟效应对于向东和向西的飞机是相同的。毕竟，两架飞机都在几乎一样的高度上飞行，因此这一效应是相同的。但运动上的时间延迟效应则不同。向东和向西的飞机以几乎相同的速度飞行，而这只是相对于下方的地面而言。在这种情形下，我不需要考虑相对于地球中心的速度。想象一个三维坐标系，原点是地球中心，行星在坐标系中自转，地球表面上的每个纬度都有一个确定的转动速度。如果你向东飞行，同地球的自转方向一致，那么你相对于坐标系的速度会快一点儿。相反，如果你向西飞行，速度则会慢一点儿。不同的飞行速度产生了不同的钟表速率。

当哈费勒和基廷在华盛顿降落时，他们将实验用的原子钟与美国海军天文台的原子钟进行对比。不出所料，这两台原子钟在高速飞行中分别增加和减少了几十纳秒，与爱因斯坦的预言完美吻合。

原子钟依靠原子中电子能级跃迁时的共振频率来测量时间。哈费勒—基廷实验巧妙地证明了一个事实：大自然中的每个物理过程都会因时间延迟效应而减慢。物理学家们可能仍然不知道时间的本质，但他们知道：对于高速移动或者处于强引力场中的观测者来说，时间变慢了。

对宇航员来说，这是一个好消息。国际空间站在地球上空几百千米处环绕地球运动，由于引力时间延迟效应，那里的引力变弱意味着宇航员的时钟变快了。但是，空间站的飞行速度是每秒约 8 千米，它使得时钟因运动上的时间延迟效应而变慢。对于轨道上的宇宙飞船来说，后一个效应比前一个效应大。所以实际效果是，当你在飞船上的时候，年龄的增长会比在地面上慢一点儿。一个在空间站待了 6 个月的宇航员可以赢得 7 毫秒的时间。

你也许会好奇，为什么这些效应很重要？这些毫秒、纳秒、角秒，会对我们的日常生活产生怎样的影响呢？难道这些不只是喜爱多维空间、黑洞和奇怪数字的书呆子们的深奥游戏吗？

从某种意义上说，爱因斯坦广义相对论的重要性超出日常生活中的任何事，因为它告诉我们的是世界的基本性质。感受到想要知道、理解的冲动，是我们生而为人的重要部分。

不过，日常生活中还有其他可测量的效应。虽不是很多，但依然存在。比如，如果技术人员没有将广义相对论效应考虑进来，你车上的 GPS（Global Positioning System，全球定位系统）就无法正常工作，致使你可能驶入一条沟渠或者小溪，而非你想去的餐厅。

你的 GPS 只有先知道你在哪儿，才能指导你从纽约如何驾车到旧金山，或者穿过一个陌生小镇纵横交错的街道"迷宫"。为了测算出你的位置，需要从若干卫星上提取信号。在大约 2 万公里的高空，约有 30 个这种卫星正绕着地球运行。每一颗卫星都载有一台原子钟，通过比较来自三颗或更多颗卫星的原子钟信号，GPS 可以计算出你到每一颗卫星的距离，然后通过三角几何测算出你的位置——经度、纬度和高度。

正因为这些卫星在高空中运行，原子钟会受到时间延迟效应的影响。如果 GPS 没有考虑这些效应，测算出的位置就会在一个小时内偏离很多米。所以，这就是仅溜走几纳秒的爱因斯坦时间确实会产生重要影响的生活情境。下一次当你使用 GPS 时，你可以想一想。

⟲

庞德－雷布卡实验和哈费勒－基廷实验是比较有名的相对论检验实验，此外，还有很多，比如伊维斯－史迪威（Ives-Stilwell）实验、肯尼迪－桑代克（Kennedy-Thorndike）实验、罗西－霍尔（Rossi-Hall）实验、弗里希－史密斯（Frisch-Smith）实验。它们中的大部分都是以两位白人男性实验者的名字命名的，然而，也有一些例外。比如，Eöt-Wash 实验并不是以物理学家 Eöt 和 Wash 命名的，而是以罗兰大学（Eötvös Loránd University）和华盛顿大学（University of Washington）的名字命名的。我不会在这里具体描述每个实验，但无论是涉及快速移动的介子的寿命，还是月球的轨道加速度，这些结果都一遍又一遍地证实了狭义相对论和广义相对论，而且精确度更高。

所以，再花费 7.5 亿美元做另一个检验可能会遭到非议，尤其考虑到哈费勒和基廷只花了 8 000 美元就做了一个成功的同类实验。

不过话说回来，设计与建造"引力探测器 B"卫星的初衷是验证一些从未有人检验过的效应：不是时间膨胀、引力红移、星光偏折，而是"测地岁差"和"参考系拖拽"。（为了避免你产生疑惑，在此补充一下，没错，之前还有一个"引力探测器A"，这个1976年启动的项目是为了得出比庞德和雷布卡的实验结果更加精确的关于引力红移效应的观测结果。)

图3-1 "引力探测器B"卫星是首个检验爱因斯坦广义相对论预言的太空实验。图中右上方是它的望远镜，在4个太阳能板上的扁圆锥形结构是装有陀螺仪的杜瓦瓶

"测地岁差"有时也叫作"德西特岁差"，得名于在1916年首次描述它的荷兰数学家威廉·德西特。（你或许还记得，德西特也是将爱因斯坦的广义相对论写入文章并传播到英格兰的人。）它本质上是在大质量物体附近时空弯曲的直接结果。

想象一个孤立的圆球在空无一物的空间中旋转，在没有外力的条件下，球的自转轴总是指向同一个方向。现在，让这个旋转的球绕着地球公转。牛顿理论预言球的自转轴依然保持原来的方向，如果它指向一颗遥远的恒星，它将保持下去，一圈又一圈。但是，爱因斯坦理论的预言与之不同。由于地球的存在，行星附近的时空被弯曲。这个圆球的自转轴的确在这片弯曲的时空中指向某个固定的方向，但如果从时空平坦的远处看，你会发现缓慢的漂移现象。自转轴可能刚开始指向一颗遥远的恒星，但在转了很多圈之后，便不再指向那颗恒星了。这就是测地岁差效应。

参考系拖拽效应也很容易想象出来。你可能见过以蹦床上的保龄球来比喻时空弯曲的例证。蹦床平坦的表面代表时空，保龄球代表太阳或者黑洞之类的大质量物体。正如保龄球将蹦床的表面压弯了一样，大质量物体在时空中造成了局域弯曲。

蹦床的比喻并不完美，但没有一个比喻是完美的。而且，这个比喻在解释参考系拖拽效应方面是合适的。想象你正站在蹦床旁，保龄球造成的凹陷是完美对称的。现在将你的手放在保龄球上，并使之旋转。蹦床的表面也会随之旋转，尽管它无法与保龄球保持同步旋转。因此，这个凹陷不再对称，所有的坐标线将扭成螺旋形图案。这就是参考系拖拽效应。

参考系拖拽中的参考系是指惯性参考系，也就是时空坐标系（蹦床的表面）。将一颗行星（保龄球）放在时空坐标系中，时空变得弯曲。旋转行星时，弯曲的时空也会被一起拖拽，从而产生一个额外的、非常小的旋转体自转轴的进动。这种特别的参考系拖拽，被称为"转动的参考系拖拽"，于1918 年由奥地利数学家约瑟夫·兰斯（Josef Lense）和物理学家汉斯·蒂林（Hans Thirring）首次提出，因此也被称为兰斯 – 蒂林效应。

在斯坦福大学，物理学家列奥那多·希夫（Leonard Schiff）和威廉·费尔班克（William Fairbank）自 1960 年起就萌生了测量这两种效应的想法。1962 年，28 岁的弗朗西斯·艾维特加入了他们。在伦敦，艾维特被培养成一名地质学家。但在古地磁学领域度过 5 年的时光之后，他认为物理学更有意思。于是，他在宾夕法尼亚大学额外花了两年时间，专门学习低温物理学。

希夫和费尔班克提出在实验中使用超精确的陀螺仪——乒乓球大小的完美球体——它可以被磁化和冷却到接近绝对零度，从而得出最佳测量值。

这个项目的启动花费了多年时间。一开始，资金非常少，艾维特甚至担心希夫和费尔班克无法支付自己的薪水。而且，项目几乎没有什么进展。之后NASA 加入进来，这既是好事也是坏事：项目得到了推动，但有几次却差点儿被 NASA 扼杀掉。20 世纪 70 年代末，航天飞机项目启动，NASA 决定将"引力探测器 B"卫星装载到飞机上。1986 年，挑战者号航天飞机爆炸，7 名宇航员不幸遇难。NASA 因此不再愿意把财力投入到一个有潜在风险的物理实验上，就连一次计划好的航天飞机上的演示活动也被取消了。

之后的几年里，NASA 的负责人换了又换，致使该项目的预算起起落落，在国会山召开了一次又一次听证会。终于，在 20 世纪 90 年代初，这一项目得到了批准，这主要归功于项目管理人布兰德·帕金森（Brad Parkinson）。艾维特始终坚信，20 世纪 80 年代中期帕金森的参与是"引力探测器 B"项目的不确定历史中的关键性一步。帕金森不是一名科学家，而是空军上校、发明家和工程师，他在 GPS 的实现上功劳很大，他知道该如何操控这类系统。另外，斯坦福团队还得到了丹尼尔·戈尔丁（Daniel Goldin，1992—2001 年任 NASA 局长）的全力支持。

最终，"引力探测器 B"卫星于 2004 年 4 月 20 日在加州范登堡空军基地被发射升空。无论是希夫还是费尔班克都未能在有生之年目睹这一景象，艾维特此时也已经 70 岁了，不过对他来说，这样的等待还是值得的。

在大约一年的时间里，"引力探测器 B"卫星的 4 个陀螺仪在密封装置杜瓦瓶的保护下，躲开了太阳辐射、微型陨石和温度变化，以几乎不受干扰的自由落体运动绕着地球运转。超过 2 400 升的液氦超流体让灵敏的科学仪器保持在仅超过绝对零度 1.8 度的温度水平上。

由于陀螺仪的形状是完美的球形，它的转子稳定地朝着局域参考系（地球邻域轻微弯曲的时空）的方向。同时，"引力探测器 B"卫星的望远镜锁定的是飞马座的一颗遥远恒星。测地岁差效应和参考系拖拽效应会造成陀螺仪的转子方向相对于卫星慢慢地漂移。敏感的超导量子干涉装置（SQUIDs）测量出磁化转子的方向改变小于 0.000 5 角秒。

毫无疑问，这与乘坐一艘轮船去普林西比岛拍摄日全食照片有很大的不同，甚至比起从杰斐逊实验室顶层发射伽马射线并测量微小的波长变化还要复杂得多。相较于让原子钟乘坐商业飞机环游世界，这个项目极为昂贵。但是，这个实验提供了一个独一无二的机会来检验爱因斯坦的理论。如果有任何与广义相对论不符的微小偏差出现，后果将不堪设想。

对"引力探测器 B"卫星的数据分析花费了几年时间。相对论效应非常微弱，而测量噪声却很大。最终的结果发表于 2011 年春天，和爱因斯坦的预言表现出良好的一致性。否则，这个项目无疑会出现在当地报纸的头版上，毕竟"爱因斯坦错了"是个很吸引眼球的标题。但正相反，爱因斯坦再次证明了自己。测地岁差为每年 6.6 角秒，参考系拖拽为每年 0.037 角秒。这是非常难以想象的微小效应，但几乎刚好是爱因斯坦的预测值。广义相对论从未在如此高的精确度下得到检验和确认，所以弗朗西斯·艾维特的这个耗资 7.5 亿美元的项目是值得的。

那么，我们已经走完验证爱因斯坦理论的征程了吗？

并没有。

广义相对论的现有形式很可能并不是关于空间、时间和引力的本质的最终定论。原因在于，这个理论与 20 世纪物理学的另一重大支柱——量子力学完全不相容。我会在第 12 章中阐述这个问题。科学家们迟早会想出一个实验，其结果只吻合其中一个理论的预测值，就像水星轨道的异常不符合牛顿理论的预言一样。这些异常就像天边的云朵，一开始很纯粹，但却有着形成雷暴的潜能。这一结果将会令我们走上更新更好的理论道路。

既然如此，2015 年 9 月第一次探测到引力波的成就被誉为几十年来最重大的科学突破之一，就没什么可惊讶的了。这曾是阿尔伯特·爱因斯坦的一个未被直接证实的百年预言，也是研究宇宙中最高深莫测的天体——黑洞的一种崭新方式。

这个新工具能成为我们打开时空的秘密之门的钥匙吗？

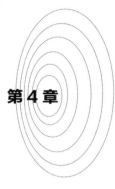

第4章　波之论与棒之争

菲利普·莫里森（Philip Morrison）能做的只是挥舞他的手杖。

1974 年 6 月 10 日，星期一，很多科学家聚集在麻省理工学院（MIT）的第五届剑桥相对论会议上。讲座、口头报告、海报展示、问答环节……这些都和往常一样，似乎是一场并没有什么特别的科学会议。

直到引力波话题被提起，彻底打破了这种平静。两位重要的参会者约瑟夫·韦伯（Joseph Weber）和理查德·加尔文（Richard Garwin）展开了讨论，继而变成了争吵，他们冲着彼此大吼大叫。接着，他们抬起脚并在众目睽睽之下走近彼此，瞪着愤怒的双眼，咬着牙，握紧拳头。到底发生了什么？

被脊髓灰质炎缠身的莫里森，是麻省理工学院的物理学教授，也是这场会议的主持人。他喊着"先生们，先生们"，却没有任何作用。此时的每一分每一秒，韦伯和加尔文都有可能以类似酒吧斗殴的状况收场。莫里森应该做什么呢？像男巫挥舞着魔杖一样，莫里森举起他的手杖来将两位"战士"强行分开。他成功了，没有人流血。

这场争执到底是怎么一回事呢？简单地说，是因为韦伯声称他探测到了引力波，但加尔文不相信他，而且有足够合理的理由质疑他。实际上，几乎没有人相信韦伯的话。那个时候，一些物理学家甚至怀疑引力波的存在。难怪场面会失控。

科学家对于引力波的困惑可以追溯到 1916 年，以及爱因斯坦本人。原因是什么呢？要知道，并不是每一个广义相对论的预言都像我们想象的那么明确。水星的近日点进动比牛顿理论预言得要快，星光被时空曲率弯曲，时间在强引力场中会变慢，这些都是简单的预言。然而，其他的预言就不那么明确了，引力波的存在也是其中之一，至少对于爱因斯坦来说如此。

在数学形式上，广义相对论的场方程与麦克斯韦的电磁学方程组有些类似。19 世纪 60 年代，苏格兰物理学家詹姆斯·克拉克·麦克斯韦（James Clerk Maxwell）首次提出，电与磁不过是一枚硬币的两面。他还提出，光是一种电磁波现象。一个半世纪以后，他的方程组依然著名到出现在 T 恤上（虽然可能只有物理系的学生才会穿）。对于爱因斯坦的场方程来说，情况也是一样。

但是，它们到底有多相似呢？

麦克斯韦的电磁理论非常容易理解。取一个电荷，令它加速，它便会产生电磁波。这一结果在我们周围以光、无线电波等形式表现出来。所以，你可能会天真地期待从广义相对论得到同样的结果：取一个引力电荷（一个大质量物体），令它加速，就会产生引力波。这种想法听起来很有逻辑，也确实是爱因斯坦在 1915 年年底时计算出最终版本的场方程之后所考虑的事情。

但是，电磁与引力之间有着巨大的不同。电荷和磁荷可正可负，可相互吸引或者彼此排斥。然而，质量总是正的，世界上不存在负质量的物体。其结果就是，引力对物质总是吸引而从不排斥。

这使得爱因斯坦在 1916 年年初得出了"不存在像光波一样的引力波"的结论。他在给德国数学家卡尔·施瓦西（Karl Schwarzschild）的一封信中提及了这个观点，复杂的论证过程充斥着标量、张量密度、偶极子、单模坐标系等术语（你无须知道它们是什么，只需要知道广义相对论不像在公园散步那么简单）。

那一年晚些时候，在威廉·德西特提议使用一种不同的坐标系运算之后，爱因斯坦彻底改变了想法。这引起了巨大的变化：爱因斯坦断定引力波确实存在，而且它们以光速传播，和麦克斯韦的电磁波一样。1916 年 6 月，爱因斯坦向柏林普鲁士皇家科学院呈交了他的最新研究结果——《引力场方程的近似积分》。论文题目虽然听起来没那么激动人心，但它却是一篇里程碑式的论文，是科学史上第一篇有关引力波的著作。

但是，爱因斯坦竟然错了。

1917 年秋，芬兰物理学家古纳·诺德斯特（Gunnar Nordström）指出，爱因斯坦的工作中存在一个重要的错误。因为这个错误（为了满足你的好奇心，我可以告诉你它与伪张量的求导有关），爱因斯坦在 1916 年建立的引力波方程偏离了目标。因此，也许他发表于 1918 年 1 月的《论引力波》论文才应该被称为里程碑式的论文。"我必须回到这个问题上来，"爱因斯坦开篇便写道，"因为我之前的报告不够清楚，而且由于计算方面的一个令人遗憾的错误而大为减色。"诚实地面对错误总是一件好事，在科学领域尤其如此。

1918 年的这篇论文并没有令所有人信服。其中的一个格外直言不讳的批评者是亚瑟·斯坦利·爱丁顿。没错，他是爱因斯坦最狂热的粉丝之一，是广义相对论最初的推广者之一，也是一名卓越的天体物理学家。

爱丁顿认为引力波只是广义相对论的一个数学上的异常，不具有任何物理意义。他也不同意爱因斯坦关于光速旅行的推论。1922 年，爱丁顿发表著名的声明，称"引力波以思想的速度传播"，这是一个说明引力波只是虚构出来的狡猾方法。

20 世纪 20 年代和 30 年代初期，几乎没有人关注引力波。毕竟，即使它们存在，也微弱到难以探测。科学家们似乎很难确认或者否认这个预言，于是大多数人将之抛在脑后。

直到 1936 年，爱因斯坦才又回到这个话题上来。那时，他住在美国，在普林斯顿高等研究院任职。那儿是绝佳的地方，有着绝佳的人和头脑。爱因斯坦尤其喜欢和内森·罗森（Nathan Rosen）一起工作，后者的年龄跟爱因斯坦的儿子差不多。他们一起研究广义相对论、量子力学、虫洞和引力波，并得出了一个出人意料的结论：引力波终究是不存在的，看来爱丁顿一直都是对的。不久之后，他们向《物理评论》（Physical Review）杂志提交了一篇论文。论文的标题是"引力波存在吗？"，它传达的意思是"不，它们不存在，以及为什么"。

毫无疑问，爱因斯坦和罗森错了。因为 LIGO 科学合作组织和 Virgo 合作组织在 2016 年 2 月宣布人类第一次成功探测到引力波。所以，爱因斯坦和罗森的那篇论文最终没被发表是件好事。《物理评论》的编辑约翰·泰特（John Tate）将论文交给一位审稿人评议，审稿人建议不要发表。"在我看来，"审稿人写道，"不赞成爱因斯坦和罗森否认引力波存在的人并不存在"。

如今，科学论文被同行匿名评议是惯例，尤其在物理学领域。但回溯到那个时代，这却是一件新奇的事情，即使对《物理评论》这样的杂志来说也十分少见。爱因斯坦对此更是完全不了解。在欧洲，期刊会直接发表科学家们投来的文章。他因此大发雷霆，并不再向《物理评论》投稿，而是将论文改投到费城的《富兰克林研究所学报》（Journal of the Franklin Institute），那里未设审稿人制度，论文很快就被接受了。

然而，1936 年秋天，事情发生了变化。内森·罗森离开普林斯顿高等研究院前往苏联任职，波兰物理学家利奥波德·英菲尔德（Leopold Infeld）成为爱因斯坦的新助手。宇宙学家霍华德·罗伯逊（Howard Robertson）向英菲尔德解释了爱因斯坦和罗森的错误。（实际上，罗伯逊就是那位审稿人。）英菲尔德将此转告给爱因斯坦，爱因斯坦意识到了自己的错误。远在基辅的内森·罗森也遇到了这个问题，这是一个极其难懂的数学性质。

因此，最终发表于《富兰克林研究所学报》1937 年 1 月刊的论文是修正后的版本。爱因斯坦还更换了标题，和他在 1918 年发表的那篇论文一样，他将这篇论文也命名为"论引力波"。该文传达的主要信息是：我们无法证明这些难以捉摸的波不存在，但我们也不能确定它们存在。

此时距广义相对论诞生已经过去约 25 年了，但科学家们依然在反对这个理论做出的某些预言。这种情况后来又持续了 20 年。当爱因斯坦于 1955 年逝世时，引力波的存在问题依然备受争议，它们的属性依然是未知的。比如，在爱因斯坦去世还不到三个月时，罗森就宣称引力波不能携带能量，这是论证引力波并不是物理实在的另一种方法。但是一年半以后，学界的观点开始发生转变，特别是在理论物理学家菲利克斯·皮拉尼（Felix Pirani）、理查德·费曼（Richard Feynman）和宇宙学家赫尔曼·邦迪（Hermann Bondi）证明引力波可能携带能量之后。引力波由此进入了真实物理现象的范畴，余下的唯一问题就是"捕捉"它们。

在我们进行下一步讨论之前，我们需要对引力波有一个基本的印象。我确信你听过"时空结构中的涟漪"这个说法，你也许还看过黑洞合并的动画，它们在二维平面上产生螺旋形的波动。让我试着用另一种方式解释这些神秘莫测的"爱因斯坦波"。（爱因斯坦波并不是一个正式名称，不过我喜欢它，而且我会时不时地将它用作引力波的同义词。）

最值得注意的是，引力波不会像水波、声波甚至光波一样在空间中"波动"或者"激起涟漪"。它其实是关于时空本身的。为了更容易产生联想，我们先考虑一维"空间"—— 一条直线。请想象一条拉紧的跳绳，通过让一端有规律地上下摆动，我们可以在绳子上制造波动。但如果想要借此理解爱因斯坦波，就大错特错了。记住，我们是在讨论空间自身的波动。如果空间是一维的，我们应该想象在那单一维度"上"的涟漪。

一根塑料跳绳有一定的弹性：在一个地方拉伸一点儿，在另一个地方压缩一点儿，绳子的总长度不变，依然是一条一维的直线。纵波是可以通过绳子传播的。设想在绳子的每一毫米处都画有刻度标记。如果有一列纵波沿着绳子传播，你将会看到那些刻度标记先彼此远离再彼此靠近。这是一种想象一维引力波的巧妙方式，空间的拉伸和压缩交替进行。

现在让我们进入二维空间，它就像一张坐标纸一样。与一维空间完全一样，二维空间中的引力波不应该被描绘成一张上下起伏的坐标纸，虽然人们经常会这样做。取而代之，我们应该试着想象在二维平面"上"传播的涟漪。其结果是，坐标纸上的某些方格被拉伸，另一些方格则被压缩。（或者更准确地说，在某一刻，有一个方格在一个特定方向上增长；下一刻，它又收缩回来。）在与引力波垂直的方向上，空间的拉伸和压缩交替进行，就好像"空间密度"更高和更低的区域正通过平面传播。

爱因斯坦波在三维空间中又是怎样的呢？其实，我们没必要立刻就开始想象这种古怪的涟漪，那只是"空间密度"涟漪的传播。你可以想象由许多个立方体构成的三维坐标纸，然后在引力波经过的时候，注意观察这些立方体的边是如何在与引力波垂直的方向上拉伸和压缩的。

三维空间中的波无疑是三维的。流行的图片和电影将它们错误地表示成二维的，这给我们留下了"两个绕转黑洞发射出的引力波只发生在水平面上"的错误印象。事实不是这样的，这些波是在所有方向上传播的，只不过在某个方向上可能比在其他方向上更强，但你不应该轻信它们仅在平面上传播。

所以，这才是将引力波形象化的正确方法。这与密度涟漪穿过一碗被轻轻敲击的果冻没多大不同，这里的果冻代表空白的空间。

引力波的源不同，它们便可能有着极为不同的频率和振幅。想象两个非常靠近彼此的绕转的黑洞，每秒完成 100 圈绕转（是的，这是一个非常现实的数字）。根据爱因斯坦的理论，它们发出的引力波频率为 200 赫兹——对于一个与双黑洞相距一段距离的观测者来说，每秒有 200 个波峰经过。由于引力波以光速传播，对应的波长就是 1 500 千米。

那么振幅呢？引力波的振幅是它强度的量度，它会告诉你时空被拉伸和压缩的程度。这里有两点值得注意。第一，振幅随着距离而减小。在绕转的黑洞附近，时空的涟漪要比它们传播到远处时强。实际上，振幅与距离成反比。简单来说，当这些波传播到 5 倍远的地方，振幅减弱为之前的 1/5。

这听起来也许很奇怪。毕竟，引力的强度或者光源的亮度随距离的平方而减少。将两颗行星间拉大到原来的 5 倍，它们间的引力变为原来的 1/25；将一颗恒星移至原来 10 倍远的位置上，它的亮度变为原来的 1/100。而对于爱因斯坦波来说，我们讨论的是振幅，引力波的振幅大小的确与距离成反比。

第二，引力波的振幅小到不可思议。我的例子是把空白的空间与一碗果冻做比较，实际上，最好将它与一块混凝土相比。如果轻轻地敲一下果冻，它就会开始颤抖。但是，即使我用一把大锤猛敲这块混凝土，你也很难看到它的振动。这是因为混凝土远比果冻坚硬，同样地，时空也无比坚硬。你很难让它绷紧、弯曲、拉伸或者压缩，很强的能量才能让它产生极微弱的涟漪。

所以，双黑洞绕转产生的引力波信号细节如下：速度为光速，频率为 200 赫兹，波长为 1 500 千米，振幅与观测者及双黑洞间的距离成反比，而且极其微小。

如果黑洞的质量很大，会怎么样？如果它们依然每秒绕转 100 圈，引力波的频率（还有波长）会与刚刚完全相同，但是引力波的振幅会增大，因为黑洞的质量更大了。

不过，振幅也取决于黑洞绕转的加速度。如果它们朝着彼此移动，就会以更高的速度旋转，振幅会增长得更多。与此同时，频率也会增大：随着它们之间的距离变短，黑洞的转动周期也会变短。所以，如果两个黑洞螺旋式地向彼此靠近，引力波的振幅和频率会同时增大。这正是 LIGO 探测器在 2015 年 9 月所捕捉到的信号，它们记录下了第一个爱因斯坦波。

接下来还有很多的故事要讲，但现在，让我们先回到这一章开头两位科学家差点儿大打出手的故事。

约瑟夫·韦伯对战争了如指掌。在第二次世界大战期间，他是一名美国海军中尉指挥官。1942 年 5 月，在日本人将列克星敦级航空母舰（USS Lexington）变成一团燃烧的钢铁之后，韦伯勉强从下沉的航母中逃生。当时他即将满 33 岁，他出生于亚瑟·爱丁顿咒骂普林西比岛上的乌云的 12 天前。

"二战"后，韦伯成为马里兰大学帕克分校的一名电气工程专业的教师，该校位于华盛顿特区东北部。在此期间，他获得了微波波谱学博士学位，提出了激光和微波激射的基本原理，是最终获得 1964 年诺贝尔物理学奖的研究的工作基础。

韦伯对相对论和引力的兴趣产生于 20 世纪 50 年代中期。当时他正在享受为期一年的学术休假，借机和物理大师约翰·惠勒一起去了普林斯顿和莱顿。时空弯曲、黑洞、时间膨胀、引力波，这一切简直棒极了！他开始着手学习相关的一切，并在 1961 年出版了一本小书——《广义相对论和引力波》。

那时，韦伯已经发表了一些让他美名远扬或者臭名昭著（也许有些人会这样评价）的观点，并着手追踪引力波。多年来，已经有很多关于引力波的理论探讨了，是时候卷起袖子建造仪器，通过实验来试着捕捉它们了。

他的计划很简单，即测量地球上某些物体尺寸发生的极微弱的周期性变化。毕竟，引力波会拉伸和压缩它们经过的空白空间，以及其中的一切。一块混凝土确实会因为引力波的经过而增大和缩小一点儿。然而，这个变化量实在太小了，以至于极难测量出来。更要命的是，也不能用尺子来测量，因为尺子也会因为引力波而变长和缩短。

对此韦伯有一个解决方案：固有频率。

绝大多数物体都有特定的固有频率，在该频率上的振动趋向于产生共振并放大自己。问问住在华盛顿州塔科马市的老居民，他们可能还记得 1940 年

11月，一座新建的通往吉塞普半岛的悬索桥戏剧性地坍塌了。显然，这是因为大桥的固有频率与塔科马海峡刮起的狂风频率形成共振。大桥坍塌的视频在 YouTube 上可以找到，简直令人惊掉下巴。

韦伯的计划是这样的：用一个大的铝制圆柱体作为探测器，将它精确地调至一个特定的固有频率。然后把它悬挂在一根钢丝上，从而与外部振动隔绝。出于同样的原理将所有装置放在一个真空箱中，将压电传感器与探测器相连。之后静静等待。

如果引力波存在，它们的频率范围将会很广。超新星爆发、恒星碰撞、黑洞绕转……每个天文事件都有其独特的频率。在到达地球时，它们会造成铝制圆柱体的微小振动。希望某些爱因斯坦波和铝制圆柱体的固有频率相同，从而引起后者的共振。当这种情况发生时，圆柱体的振动会变得更强，强到有可能被探测到。此外，在引力波经过的几秒内，这个探测器会持续振动，像一个被击打的音叉那样。压电传感器则会记录下探测器的快速拉伸和压缩变化，并将其转化为电信号。

20 世纪 60 年代早期，韦伯和他的博士后鲍勃·福沃德（Bob Forward）建造了第一台所谓的"共振型引力波探测器"，也叫"共振棒天线"或"韦伯棒"等。他们时不时地捕捉到一些微弱的信号，从无时不在的背景噪声中。它们来自一颗遥远星系的超新星，或者宇宙后花园中碰撞的中子星，或者银河系核心处不为人知的能量过程？

当我第一次听说韦伯与罗伯特·福沃德（Robert Forward）[1] 合作时，我想"真有意思，这个家伙竟然和《龙蛋》的作者同名"。那是一本 1980 年出版的科幻小说，其内容是关于一颗中子星表面的生命。后来我惊讶地发现，原来他们是同一个人。罗伯特在 1962 年离开了马里兰大学。

1968 年，韦伯的实验开始引起人们的关注。他使用了两台相同的探测器，一台在马里兰大学帕克分校，另一台则在往西大约 1000 千米的芝加哥附

---

① 即鲍勃·福沃德，鲍勃为罗伯特的昵称。——编者注

近的阿贡国家实验室。他这样做的目的是消除误报。巴尔的摩大道上驶过的卡车可能会引起帕克分校的韦伯棒的振动，但不会对阿贡国家实验室的那台有影响。无论如何，一次超新星爆发或者恒星碰撞产生的引力波应该会被两台探测器同时记录下来，或者考虑到波的速度以及它的原始方向，至少在几分之一秒内两台机器会分别记录下引力波的信号。

两台探测器的天线长度均为 1.5 米，直径约为 65 厘米，重 1 400 千克。它们的固有频率是 1 660 赫兹，与双中子星相撞产生的爱因斯坦波的频率差不多。接下来，等待信号同时被两台探测器捕捉到———一种所谓的"巧合"现象——就只是时间问题了。

韦伯无须等待很久。1968 年 12 月 30 日—1969 年 3 月 21 日，他的设备至少同时探测到 17 组信号。这想必不是偶然。1969 年 6 月初，他在俄亥俄州辛辛那提市的相对论会议上第一次宣布了这些结果，并赢得了大家的掌声。6 月 16 日，《物理评论快报》发表了他的论文《发现引力辐射的证据》（引力辐射是引力波的一个过时的同义词）。

但是，兴奋很快就变成了质疑。一开始，天体物理学家们对韦伯探测到的引力波信号的数量感到诧异。考虑到韦伯棒天线的灵敏性，中子星碰撞产生的引力波必须在地球周围几百光年的距离范围内产生，才有可能被探测到。而在如此小的空间里，三个月内发生 17 次恒星碰撞事件根本不可能。但如果引力波来自更远的地方，比如银河系核心处未知的能量过程，它所蕴含的能量就必须无比巨大。

实验物理学家对韦伯的实验结果也持怀疑态度。实验结果要想被科学界认同为有效，就必须是可以复现的。然而，在莫斯科国立大学，弗拉基米尔·布拉金斯基（Vladimir Braginsky）却无法重现韦伯的实验结果。在新泽西州霍姆德尔镇的贝尔实验室里，安东尼·泰森（Anthony Tyson）一无所获。罗切斯特大学的戴维·道格拉斯（David Douglass）得出了消极的结果。在格拉斯哥大学，罗纳德·德雷弗的实验也以失败告终。而与此同时，韦伯却在不断地报告他在马里兰大学得到的最新探测结果。

图 4-1　约瑟夫·韦伯正在查看引力波实验的显示屏。他的背后是一个真空箱，里面装着一台铝制探测器

安东尼·泰森依然记得他与阿尔·克拉斯顿（Al Clogston，主管贝尔实验室的物理研究实验室）的谈话。当泰森谈到他打算做一个实验来检验韦伯的探测结果时[16]，克拉斯顿表现得并不热心，因为这对泰森和贝尔实验室似乎都没什么好处。如果证实韦伯是错的，他们什么都不会得到；但如果证实韦伯是对的，那么获得诺贝尔奖的将是韦伯，而不是泰森。尽管如此，泰森还是决定秘密地建造高灵敏度的探测器。他先是与戴维·道格拉斯合作，之后两人在 1971 年又与韦伯合作。他们通过比较在贝尔实验室和罗切斯特大学得到的读数，以及与马里兰大学共享数据，提高探测器的灵敏度，并改进分析软件。

但在 1972 年年末，泰森确认韦伯声称的结果并不存在。韦伯是一位聪明的思想家和杰出的工程师，但在数据分析和统计上却比较马虎。他从未公布过用于定义和识别来自不同韦伯棒的读数的计算过程。如果一个人不断地改变规则，他想要多少次"巧合"，就能得到多少次。

韦伯同样犯了这个愚蠢的错误。他声称捕捉到了来自银河系核心的信号，因为这些探测结果发生于银河系核心高悬于天空之前，而与沿着水平方向传播的引力波相比，沿垂直方向传播的引力波会产生更强的信号。这都没错，但是泰森不得不提醒他，地球对引力波来说是透明的。因此，当银河系的信号传播到地表之下的最深处时，信号的强度应该相同，但韦伯对此未做任何解释。

之后，韦伯声称从他的测量结果和贝尔实验室及罗切斯特大学的数据中找到了共同的巧合事件——从噪声中显露的信号在完全相同的时刻出现。但是泰森和道格拉斯很快就发现韦伯使用的是北美东部时间，而他们使用的是世界时，二者相差 4 个小时。真令人难堪！

那是约瑟夫·韦伯人生中的"过山车"阶段。他整日在实验室里埋头工作，经常遭到别人的指责。1971 年夏天，他的妻子由于心脏病发作离世。但是韦伯很倔强，他从不放弃自己的工作。1972 年 3 月，52 岁的他与来自加州的 28 岁天文学家弗吉尼亚·特林布尔（Virginia Trimble）结婚，之后他开始学习舞蹈。

尽管如此，关于韦伯棒的争论还在继续。1974 年，多个韦伯棒实验在全世界展开。泰森和道格拉斯操控着一台 4 吨重的探测器，其中的低温电子与无时不在的噪声进行着抗争。然而，他们依然什么也没有探测到。在德国慕尼黑的马普天体物理研究所里，海因茨·比林（Heinz Billing）、阿尔布雷希特·鲁迪格（Albrecht Rüdiger）和罗纳德·席林（Ronald Schilling）建造了一台巨大的棒状探测器；意大利弗拉斯卡蒂的圭多·皮泽拉（Guido Pizzella）和卡尔·梅舍贝格（Karl Maischberger）也建了一台。但他们全都一无所获。之后是理查德·加尔文，他在纽约约克敦海茨的 IBM（国际商业机器公司）托马斯·沃森研究中心使用一台小型探测器。该仪器仅有 120 千克重，只能探测到最强的引力波信号，即便如此，它也徒劳无功。

加尔文可不是一个可随便戏弄的人[17]。1952 年，他年仅 24 岁，就与爱德华·特勒（Edward Teller）一起研究氢弹了。他是一名才华出众的物理学家，也是备受尊重的国家安全方面的政府顾问，还在总统科学顾问委员会任职达两个任期。此外，他比韦伯更擅长管理数据。

1972 年 12 月，在纽约市的一场大型会议上，安东尼·泰森和约瑟夫·韦伯在引力波的问题上发生了分歧。（那是第六届得克萨斯相对论天体物理研讨会。纽约当然不在得克萨斯州，但第一届会议举办于得克萨斯，会议名称也就沿袭下来。）不过，那算是一场礼貌性的科学争论，尽管在数据上意见不合，但泰森和韦伯彼此尊重。许多年后，他们甚至成了朋友。

然而，1974 年 6 月韦伯与加尔文在剑桥相对论会议上的争论，就是另外一回事了。这也许是因为韦伯疲于为自己辩护，或者是因为在他的内心深处，他知道自己错了。而真正的原因我们无从知晓。加尔文对韦伯进行了具有人身攻击性质的批评，韦伯也做好了反击的准备，直到菲利普·莫里森制止了他们。

40 多年后回顾这段往事时，弗吉尼亚·特林布尔依然感到难过。"他们投票让韦伯离开这座岛。"她告诉我，用类似于热播的真人秀节目《幸存者》（Survivor）中的游戏规则。"在与韦伯共同生活的 28 年里，我深刻理解了'争议'这个词的意思。物理学界就是一个部落。其中，加尔文是韦伯的头号反对者。对于韦伯而言，加尔文就是恶魔的化身。"

特林布尔本人虽然也是一位著名的天体物理学家和天文史学家，却她从未参与用韦伯棒探测引力波的争论。她的人生没有因为她与韦伯的夫妻关系而受到影响。她卖掉了他们在切维蔡斯郡的房子，并利用这笔钱在美国天文学会设立了"约瑟夫·韦伯天文仪器奖"。自 2002 年以来，这个奖项被颁发给有像韦伯那样的工作态度的人：建造最好的探测器，直到捕捉到你想要的东西。

在剑桥相对论会议上的冲突之后，韦伯和加尔文的争论还在继续。不过不是在会议上，而是在《今日物理》（Physics Today）的通讯栏目。1975 年 6 月，普林斯顿大学的物理学家弗里曼·戴森（Freeman Dyson）给韦伯写了一封信，建议他承认自己的错误。"一个伟大的人不会畏惧公开承认自己的错误并改正。"戴森写道，"你强大到足以承认自己的错误。如果你这样做了，你的对手会高兴，你的朋友会更加高兴。"但是，韦伯拒绝认输。

那时大多数科学家都认为韦伯的说法是没有实据的。这不是因为棒状探测器有什么技术错误，而是因为引力波明显弱到无法用这种方法来测量。自20 世纪 70 年代中期起世界上多个地方建造了多台探测器并陆续投入使用，它们大小不同、形状不同、材料不同、质量不同。最好的那台极其灵敏，能够很好地从噪声（比如驶过的卡车）中提取信号，可在低温环境（接近绝对零度，即 –273 摄氏度）中运行，并且装备了超导量子干涉装置来探测可能的极其微弱信号。有时某一台探测器看似捕捉到了信号，但相关数据却无法令批评者信服，最终大部分探测器都停用了。20 世纪 80 年代晚期，韦伯也失去了美国国家科学基金会的资助。通过投入一部分自己的积蓄，韦伯让他的探测器维持运转，直到 2000 年 9 月他离世的那一天。这些设备至今依然躺在马里兰大学矮小的、像车库一样的办公楼里，落满尘埃。

这是一个忧伤的故事，你会不自觉地为约瑟夫·韦伯感到难过。但这常常就是开拓者的命运，打开一扇全新研究领域的大门通常是最艰难的事情。如果你面对的是容易的事，那一定是很多人都做过的事。如果你是某个领域的第一位探索者，不管出于什么原因，你都很可能遭遇失败。

　　后来因与爱因斯坦波相关的研究而获得诺贝尔物理学奖的一位天文学家，并没有参加 1974 年 6 月的第五届剑桥相对论会议。当时 23 岁的拉塞尔·赫尔斯（Russell Hulse）正在位于波多黎各的阿雷西博射电天文台观测脉冲星，这是他博士论文研究的一部分。那个夏天，他的发现给我们带来了引力波存在的第一个（间接）证据。

　　不过在我们详细讲述这个故事之前，你需要先了解中子星是什么。来吧，请系好安全带，跟随我来一场天体物理学之旅吧。

第5章 恒星的生命

还记得卡尔·萨根（Carl Sagan）吗？他是行星科学家、天文科普作家，以及 1980 年 PBS（美国公共广播公司）推出的电视系列片《宇宙》（*Cosmos*）[18] 的主持人。如果那部系列片播出于你出生之前，你可以在网上搜索一下，非常值得一看。

伴随着古典音乐的脚步，第 9 集在制作苹果派的慢动作特写中开始了。一个穿着制服的侍者将苹果派放在一个银盘子中，送到坐在剑桥大学餐厅里的萨根面前。萨根面对摄像机镜头优雅地说道："如果你想从头开始做苹果派，你必须先创造出一个宇宙。"

他说的没错。如果没有大爆炸，就不会有星系、恒星或者行星，更别提苹果派了。你周围的一切都有其独特的历史，无论是椅子、猫，还是车钥匙。要想真正理解它们，你必须知道它们从何而来。

关于中子星也是这样。借用萨根的话，如果想知道中子星是什么，你必须先了解恒星的演化，毕竟中子星是恒星的残骸。为了讲述引力波的故事，我们需要对中子星有充分的了解。因此，我将给你们上一节关于恒星生命的入门课。最后，我会回到萨根的苹果派。

◉

　　恒星是重要的，原因之一在于，它们为生物的存活提供能量。比如，地球上的生命完全依赖于太阳的能量。如果没有太阳，地球将会是一个黑暗的、冰冷的不毛之地，没有任何生机。

　　既然我们如此依赖太阳，我们就应该好好理解它的工作机制和结构。太阳所有的能量从何而来？它能持续多久？太阳死后会发生什么？直到大约一个世纪前，天文学家们还不知道这些问题的答案。毕竟，我们没有办法在实验室里研究太阳，或者在显微镜下检验太阳物质的样本。

　　难怪在工业革命初期，一些人认为太阳是由煤——当时的一种新能源——组成的。将黑色的煤加热到足够的温度，它就会开始发光。19 世纪的科学家们比较现实，他们认为太阳可能会慢慢缩小，或者连续受到陨石的撞击。这些过程都会释放能量。

　　然而他们错了。太阳并没有逐渐缩小，实际上，它在逐渐增大，尽管这种变化缓慢得令人难以察觉。陨石甚至彗星确实会撞击太阳，但这类天文事件发生的概率极低，无法解释太阳发出的热和光。如果太阳是一个燃煤发电厂，那么它仅能持续 6 000 年左右。

　　让我们回到塞西莉亚·佩恩（Cecilia Payne）生活的时代。19 岁时，佩恩听说亚瑟·爱丁顿的日全食考察小组证实了爱因斯坦的广义相对论，便对天文学产生了兴趣。4 年后，她离开英格兰来到哈佛大学天文台，在奖学金的资助下，攻读拉德克利夫学院（前身为女子文理学院，后并入哈佛大学）的第一个天文学博士学位。在 1925 年的博士论文中，佩恩指出太阳主要是由氢——大自然中最简单的元素构成的。而且，由于这其他恒星的主要成分也是氢元素，这就意味着佩恩从本质上发现了宇宙的成分。但令人尴尬的是，大多数人都未曾听说过她。

如今我们知道，太阳是由 71% 的氢、27% 的氦（自然界中第二简单的元素）和 2% 的重元素构成的。所以，太阳不过是一个庞大的热气球。可能用"庞大"来形容还不够确切，用"巨大"也许更恰当。它横跨 140 万千米，是地球直径的 100 倍。如果太阳是一个沙滩球，地球就是一颗玻璃球，你可以想象一下。如果太阳像沙滩球一样是空心的，那么它能装下 130 多个地球。太不可思议了！

所以，一个巨大的充斥着氢和氦的热气球是如何产生恒定的能量流呢？答案很简单：核聚变。但也许又没那么简单，美国物理学家汉斯·贝特（Hans Bethe）直到 20 世纪 30 年代末才找到这个答案。在太阳的核心，气体被外层的重量强烈压缩，密度是铅的 13 倍。在这样的极端条件下，原子核聚合在一起，这就是核聚变反应。如果你看过 20 世纪 50 年代早期美国第一次氢弹试验的视频，你就会知道核聚变可以释放能量，而且是很多很多的能量。

让我们来做一个思想实验。想象我们能够将太阳核心的核聚变反应点燃一秒钟，再将它熄灭。在那特殊的一秒钟里会发生什么呢？（惊奇预警：接下来发生的事让人难以想象，但却是真实的。）

在短短的一秒钟之内，5.7 亿吨氢气参与了核聚变反应，这相当于一个边长超过 600 米的混凝土立方体的质量。如果你确实青睐大数字，那么我可以告诉你这也相当于 3.4×10^{38} 个氢原子核。没错，仅在一秒钟之内。这些小质量的氢原子核（实际是单个质子）聚变成大质量的氦原子核。一个氦原子核大约是一个质子质量的 4 倍，因此每 4 个氢原子核进入核聚变的黑箱，就会产生一个氦原子核。（这个数量依然很大，即将 3.4×10^{38} 除以 4 得到 8.5×10^{37}。）

顺便说一下，我刚刚引入了大数字的科学计数法。假如你对它不熟悉，那么我告诉你它与小数点的移动有关。

比如，3.4×10^{38} 表示取数字 3.4 然后将小数点向右移动 38 次，同时补上零。你将会得到：340 000 000 000 000 000 000 000 000 000 000 000 000。同样，3.4×10^{-20} 表示将小数点向左移动 20 次，即 0.000 000 000 000 000 000 034。天文学是一门关于大数字的科学，不使用科学计数法的天文学书籍将会消耗太多木材。

因此，在一秒钟的时间内，巨大数量的质子（氢原子核）聚变成氦原子核。现在事情到了棘手的部分。我说过一个氦原子核的质量大约是一个质子质量的 4 倍，实际情况是比 4 倍少一点。每有 5.7 亿吨的氢参与核聚变反应，就会产生 5.66 亿吨的氦——少了 0.7%。那么，余下的 400 万吨质量去哪里了？你也许已经猜到了：它们转化为能量。$E=mc^2$，爱因斯坦再次登场。

所以在我们的一秒钟思想实验中，太阳失去了 400 万吨质量，我称之为"有效减肥"。倘若你想知道太阳是如何存活下来的，不妨做一下计算。如果在太阳 46 亿年（145 万亿秒）的寿命里，质量的流失是稳定的，那么今天的太阳要比它诞生时的质量少 6×10^{23} 吨，而这仅是它总重量（2×10^{27} 吨）的 0.03%。所以，我应该收回我的有效减肥的说法，因为对于一个质量为 100 千克人来说，体重的 0.03% 仅为 30 克，实在微不足道。

并不是所有损失的质量都会变成能量。从 4 个氢原子核到 1 个氦原子核的核聚变过程中还产生了 2 个正电子和 2 个中微子。但是，2 个正电子的质量之和小于 1 个氢原子核质量的 0.1%，而中微子几乎是没有质量的。现在，让我们暂时忘掉这些粒子。其结果就是，太阳每秒钟会将 400 万吨质量转化成纯粹的能量。这些能量十分巨大，有 400 万亿千兆焦耳，约为全人类每年能源消耗量的 100 万倍。要是我们能够拥有这些能量的话，直到 1 002 000 年我们都不会遭遇能源危机。

我们的一秒钟思想实验结束了，核聚变反应也奇迹般地终止了。这些能量去哪里了？它们以高能伽马射线的形式被释放出来，但却被紧紧地锁在太阳内部。请记住一点，太阳核心处的密度非常大，1500 万开氏度的气体几乎完全不透明。伽马线光子无法传播得很远，它们与气体粒子发生激烈的反应。结果就是，在那一秒钟内释放的能量在太阳内部各个方向上被吸收、再发射以及散射，循环往复。

在完美的真空中，光以每秒钟 30 万千米的速度传播。你可能会由此天真地以为太阳内部发出的辐射只需花两秒多钟即可到达太阳表面，毕竟这段旅程不过 70 万千米。实际上，由于太阳气体的不透明性，这需要花费 10 万年的时间。因此，我们的一秒钟思想实验产生的 400 万亿千兆焦耳的核能 10 万年后，才能到达太阳表面。在那之后，仅需再花 8 分 20 秒的时间，光就能穿过近乎真空的行星际空间到达地球。

当然，这也意味着我们今天接收到的太阳能量产生于 10 万年前。从某种意义上说，我们正沐浴着智人时期的阳光。即使出于某些原因，太阳内部的核聚变反应在此刻终止，我们之后的 5 000 代人也依然是安全的。

现在我们知道了太阳的成分，以及它是如何产生能量的。夜空中的所有恒星有着同样的故事，它们是氢和氦的核电站，每一秒都在释放令人难以置信的巨大能量。但是，为了学习中子星的相关知识，我们还需要了解恒星的诞生与死亡。

◉

恒星不会永远存在。恒星诞生，度过它们的一生，之后死去。（恒星当然不是一个生命体，但这种表述方式让人难以舍弃，就连专业的天文学家也在使用恒星的诞生与死亡这种表述。）太阳是一颗中年恒星：它出生于 46 亿年前，预计还有 50 亿年的生命。

在很久很久以前太阳诞生的时候，还没有人记录下这一切。而且，由于没有一台可靠的时间机器，我们也无法目睹太阳在遥远的未来死去时的情景。既然如此，我们又是如何知道太阳生命的开始与终结的呢？太阳的生命演化过程缓慢到令人难以觉察，而可供我们使用的只有它的快照。

这真的是我们所拥有的一切线索吗？毕竟，太阳并不是我们所能观测到的唯一恒星。假设你是一个外星人，你的任务是去调查人类的生命周期。不幸的是，你的 UFO（不明飞行物）仅能在地球停留一天。在这一天的时间里，你看不到任何人变老。但如果你仔细地环顾四周，你会看到人类生命的很多

071

阶段：一个婴儿在医院里出生，孩子们在校园内玩耍，一对年轻情侣正在谈情说爱，中年人在与皱纹和腰部赘肉做斗争，老年人坐在轮椅上，还有人离开这个世界。这些共同勾勒出一幅完整的人类生命历程的画卷。

对于恒星来说，也是一样的道理。我们难以察觉到任何一颗恒星的缓慢演化，但我们在银河系中却可以看到处于不同演化阶段的恒星。这就是天文学家们创造出恒星演化故事的方法。

制作一颗恒星的"菜谱"是这样的：取一大团气体，将它放入一个足够小体积的空间中，然后等待。这太简单了，大自然安排好了一切。

恒星之间的空间并非真空，而是充斥着气体。在很多地方，气体很热，而且极度稀薄，密度小于每立方厘米一个原子。大多数物理学家称之为理想的真空。但在其他地方，冷的星际气体云的密度可能达到每立方厘米 100 万个原子或分子。对于这些粒子来说，它们甚至能感受到引力的作用。

所以，如果一团足够大的气体聚集在足够小体积的空间中，引力就会自动接管它。星际气体云发生坍缩，原因很简单，即引力将粒子尽可能地聚焦在一起。

你是否试过将两把雪花尽可能地团在一起？没错，你会得到一个雪球。没有比把物体团成球状更有效的方法了。这就是为什么恒星，包括太阳，都是球状的原因。（顺便说一下，这也适用于行星。但这不适用于砖块、山峰或者小行星，因为它们没有足够的引力来抗衡其构成材料的强度，后者是由电磁力控制的。）

我们很容易就可以理解引力是如何将稀薄的星际气体云拉入一个体积狭小的球体的。但引力坍缩究竟为何停止却不太容易理解。其原因在于新生恒星核心的气压，它施加了一个向外的力，与向内的引力方向相反。压强越大，进一步压缩气体就越难。

核聚变反应使恒星核心的气体温度升高，从而进一步增大压强。比如，太阳核心的压强大约是地球的 2 500 亿倍。这足以抗衡引力。最终的结果是，恒星处于一个在天体物理学中叫作"流体静力平衡"的状态。假设我们能够迫使恒星进一步被压缩，其核心处的密度就会进一步增大，核聚变反应会加速，从而产生更高的温度和压强。结果是，恒星将会再次膨胀到它原来的大小。

这意味着恒星可以有（而且的确有）各种大小。一颗恒星的最初直径取决于星际气体云的质量。质量越大，核心密度越大，核聚变反应也越激烈。更多的核能又意味着更高的温度和压强，最后恒星在一个远大于太阳的尺寸上达到了流体静力平衡。就这样，大自然烹制出一颗大质量的、炎热且明亮的巨星。

相反，如果星际气体云质量很小，它的核心密度就低。即使它能发生核聚变反应，速度也会很缓慢，恒星内部保持着较低的温度，压强也不高。流体静力平衡只在该恒星达到太阳尺寸的约 10%（大约和木星一样大）时出现。就这样，一颗小质量的、冰冷且暗淡的矮星诞生了。

如果你觉得矮星不重要，那就大错特错了。它们的数量远比它们更大更亮的表兄弟们多得多。别忘了，我们是在谈论大自然，其中小的东西总是多于大的东西。老鼠比大象多，鹅卵石比巨石多，小行星比行星多……除了数量众多之外，矮星的寿命也比巨星长久。

等一等，它们活得更久？这怎么可能呢？既然它们那么小，拥有的核燃料难道不比巨星少吗？是的，没错，它们的燃料箱更小。但是，矮星也非常节俭。尽管可用的氢元素比较少，核聚变反应的速度也很缓慢，因此可以持续几百亿年。

如果矮星是宇宙中的小型节能减排汽车，巨星就是"油老虎"。虽然巨星携带的燃料更多，却也"挥金如土"。宇宙中质量最大的恒星寿命仅为 100 万年左右。

太阳介于上述两者之间，质量不是很大，也不算太小，它的预期寿命是100 亿年。但和其他恒星一样，它不会永远活下去。而且，由于天文学家们已经观测过其他类日恒星的死亡，他们知道太阳会在什么时候以何种方式走到它生命的终点。

在未来的几十亿年中，太阳核心的氢不断被消耗，产生越来越多的氦。但在这个新生的富氦核心外厚厚的壳层里，氢聚变依然在继续。结果是，外壳逐渐向太空中膨胀，太阳慢慢地变成一颗巨星。对于地球上的生命而言，这是一个坏消息：在今后不到 10 亿年的时间里，太阳的能量输出将会多到令我们的海洋沸腾。

同时，氦核也在不断地变重变密，在大约 50 亿年后，氦核的密度会大到足够引发另一轮核聚变反应。在此，我尽量避免讲述量子力学的细节，但我们应当了解，氦聚变成更重的元素，先是碳，然后是氧。

氦聚变比氢聚变产生的能量更多。有了这些额外的能量，太阳将会膨胀成一颗臃肿的红超巨星，直径达到一亿千米。可怜的水星和金星——两颗最靠近太阳的行星将会被吞没，它们的石头和金属会变成高热气体，并与太阳的外层融合到一起。

那么地球呢？靠着一丁点儿运气，我们生活的行星有可能逃脱这场地狱般的灾难。这是由于太阳会出现一种现象，我称之为"恒星发烧"：太阳开始脉动，以 24 小时为周期交替膨胀和收缩。它的副作用是太阳的外层气体被辐射风吹到太空中，由此造成的质量流失会减弱太阳对行星的引力作用，后者的轨道得以向外膨胀。这个效应无法拯救水星和金星，但地球可能刚好因此幸存下来，它的岩石地幔将会变成覆盖地球表面的炽热熔岩的海洋。（这里的幸存是一个相对概念。）

在之后的 1 万或者 2 万年内，太阳的大部分外层气体会被吹走，变成一个色彩斑斓的膨胀的泡泡。迄今为止，天文学家们已经对银河系中几千个类似的泡泡进行编目，一定还有许多尚未被发现的泡泡。出于历史原因，它们被称为"行星状星云"。威廉·赫歇尔在 18 世纪晚期首次使用这个词描述它们，他认为它们看起来就像行星的圆盘，这个名字也就沿用下来。

同时，爆发式的氦聚变停止了。在一眨眼的工夫里，太阳的大部分氦都被转化成碳和氧。由于没有能量对抗引力，太阳核心开始坍缩，直至变成一种奇怪的天体——白矮星。太阳约一半的原始质量被压缩至一个比地球大不了多少的圆球中，它的密度是每立方毫米 1 000 克。

开始白矮星的表面温度可能高达 10 万摄氏度。但由于其表面积很小，不会发出很多光。即使是离我们最近的白矮星，与地球相距不到 10 光年，我们也无法用肉眼看到。随着时间的推移，白矮星渐渐冷却，并将它残留的热量辐射到寒冷的太空中。

最终留下来的是一块黑暗的、惰性的简并物质——恒星的残骸。

安息吧，太阳。

◎

那么，中子星是如何形成的呢？也许我应该提前告诉你，太阳的质量不足以演化成一颗中子星。白矮星已然非常怪异了，但中子星却更离奇。要想制造出中子星，你需要一颗质量至少是太阳的 9 倍的恒星。

正如前文中所说，大质量恒星的预期寿命是几百万年，而不是几十亿年。这就像你按下 DVD（高密度数字视频光盘）播放器的快进键，令一颗像太阳一样的恒星加速演化。氢聚变、外壳膨胀、氦聚变、碳氧核形成、外层气体流失……这一切都加速发生。

但在那之后，事情将变得完全不同。原因很简单：对一颗质量远比太阳大的恒星而言，外壳对核心的挤压更加剧烈。结果就是，碳氧核的密度和温度都比太阳多得多：密度不小于每立方毫米 3 000 克，温度约为 5 亿摄氏度。这足以引发又一轮核聚变反应，尽管这一次恒星核心的核能引擎是碳而不是氢。

我们无须了解所有细节，在大约 1 000 年（具体取决于恒星的质量大小）的时间里，碳转化成氖、镁、钠，以及更多的氧。这里有相当多的宇宙炼金术！一旦碳被耗尽，恒星的核心便再次开始收缩。它的密度和温度骤升至更高，足以将氖转化成镁。

这时，演化速度加快。几年之后，大多数的氖也消耗殆尽，恒星核心充斥着氧和镁。它不断地收缩直到氧聚变结束，氧被转化成硅以及少量的硫和磷，这个过程仅会持续一年左右。恒星核心耗尽氧后再次收缩，升温至约 30 万摄氏度。然后，在不到一天的时间里，硅聚变成多种重元素，包括氩、钙、钛、铬，以及铁和镍。这不再是太阳核心那种安静、稳定的核聚变过程（请记住一点，太阳花费了数十亿年的时间才缓慢地将大部分氢转化成氦），而是一个天文尺度的热核炸弹发生了爆炸。

如果我们把这颗恒星炸弹切成两半，它看起来就像一个洋葱。其核心是铁和镍，但不是固态金属的形式，而是气体，并处于极高的密度和温度水平。包围在铁镍核外的是硅和硫的壳层，往外是氧、氖和镁的壳层，再往外依次是氧、碳、氦和氢的壳层，虽然这时大部分的氢已经被吹到太空中了。在壳层之间，低温核聚变反应依然在进行。这颗恒星"洋葱"被核能充满，但是已经没有时间了。

灾难从核心处爆发。随着硅被耗尽，恒星的核能失去了源泉，因为铁镍核不能自发地聚变成更重的元素。核聚变反应偏爱产生结合能更高（或稳定性更高）的原子核，但铁和镍具有的结合能可能已经是最高的了。简单地说，大自然没有任何理由将它们转化成更重的元素。

引力立即抓住了机会。几百万年来，引力一直想把恒星压缩至更小的尺寸，让粒子尽可能近地靠在一起。然而一次又一次，引力受到恒星能量产生的向外的力的抵抗。现在，引力的耐心终于消磨殆尽。恒星的核能引擎停止了，再也不会产生新的能量了。

在不到一秒钟的时间内，恒星核心发生了坍缩。相当于几倍太阳质量的超热气体被压缩到一个直径不足 25 千米的圆球里。这个致密天体的密度约为每立方毫米 10 万吨，它就是中子星。因此，中子星是一个耗尽核燃料的大质量恒星核心坍缩后的产物。

为什么它们被命名为中子星呢？也许你已经猜到答案了，因为它们是由中子构成的。我在前文中未提及中子，但现在既然说到这个话题，就让我们一起到亚原子粒子的世界逛一逛吧。

通常，原子是由原子核及环绕着原子核的电子云构成的。电子是质量非常小的粒子，因此原子的所有质量几乎都集中于原子核。原子核中不止一个粒子，它包含质子和中子这两种几乎有着相同质量的亚原子粒子。

一个原子核中的质子数量决定了元素的种类。比如，一个氢原子核是由一个质子构成的（没有中子）；氦原子核中有两个质子和两个中子；碳原子核中有 6 个质子和 6 个中子；铁原子核中的质子和中子各有 26 个，因此一个铁原子核的质量是一个氢原子核的 52 倍。现在你明白天文学家们所谓的"重元素"的含义了吧。（对于更重的元素来说，原子核中的中子数量通常比质子多。比如，锌原子核中有 30 个质子和 35 个中子。）

在一般情况下，围绕在原子核外的电子数与核内的质子数相同。比如，氢有一个电子，氦有两个电子，碳有 6 个电子，铁有 26 个电子，锌有 30 个电子，等等。由于质子带一个正电荷而电子带一个负电荷，这确保正常原子的净电荷为零。（那么中子呢？哈，它们被称为中子的原因就在于，它们是电中性的。）

然而，一颗恒星的核心是没有中性原子的。在那里，条件如此恶劣以至于电子不再受原子核的束缚。相反，恒星内的气体处于一种叫作等离子体的状态。带正电荷的原子核与带负电荷的电子都在走自己的路，就像在拥挤的人群中走散的父母和孩子。

自由漫步的电子在核聚变过程中扮演了重要角色。通过与一个电子相互作用，一个质子可以变成一个中子。电子的负电荷与质子的正电荷相互抵消，留下来的是不带电的中子，这就是 4 个氢原子核（4 个质子）如何聚变成一个包含两个质子和两个中子的氦原子核的。正如前文所说，这个过程还会产生正电子（即电子的反粒子）和中微子（即幽灵粒子）。

我知道这里有很多信息需要消化。你应该记住的是，一个濒死巨星坍缩的核心是由带正电荷的铁镍核以及带负电荷的电子组成的等离子体。更重要的是，电子数与原子核中的质子数相同。

那么，在引力发出最后一击后，发生了什么？等离子体被压缩至难以想象的高密度。原本独立的粒子——原子核和电子——被强推在一起。准确地讲，应该是电子被猛推到原子核里，那里有数量大致相同的质子和中子。电子不得不与质子发生反应，把它们变成中子。于是，在不到一秒钟的时间里，所有质子都消失了，最终剩下的是一个由不带电的中子肩并肩挤在一起组成的巨大实心球——一颗中子星。

到目前为止，我们仅讨论了恒星的核心。那些像洋葱一样的一层层的外壳呢，它们最终也会成为中子星的一部分吗？不，它们不会。而且恰恰相反，恒星的外壳（恒星的大部分质量集中于此）将会在宇宙为我们准备的最激动人心的事件中，以爆破的姿态进入太空，即超新星爆发。

为什么会发生这种现象呢？伴随着恒星的坍缩，自由下落的气体（也许是太阳质量的五六倍）撞击在一颗新生中子星的表面上。由于中子星无法再被压缩，气体停止前进。它的动能转化成热量，产生一个滚动的火球。火球向外运动，像一台推土机一样将挡在路上的一切物质推开。

中微子也在其中扮演了重要角色。别忘了，中微子是在质子与电子结合成中子时产生的。中子星的形成创造出大量中微子，每个新形成的中子都对应一个中微子。尽管中微子很难与一般物质发生反应，但它们提供了额外的向外的推力。结果是，当恒星核心坍缩成一个致密的中子星时，恒星的大部分都被扯碎，并被剧烈的爆炸喷射到太空中。

超新星爆发是一个重大的天文事件。连续几个星期，这种灾难性的爆炸都能产生比整个星系的恒星加起来还要多的光。就我个人而言，我不会忘记超新星1987A于1987年2月底在南方星空爆发的事件。事件发生的三个月之后，我有生以来第一次参观智利的欧洲南方天文台。超新星1987A爆发产生的逐渐暗淡的光依然能轻易用肉眼看到，再考虑到它来自16.7万光年远的地方，真是太不可思议了！

你肯定不希望一颗邻近地球的恒星走上超新星爆发这条路，它那巨大的能量辐射将会吹散地球的大气，并毁灭地球上的一切。幸运的是，超新星相对稀少。最近一次观测到的银河系超新星爆发是在1604年，而且是在离我们约两万光年远的安全距离上。

是的，在我们的引力波故事里扮演非常重要角色的中子星，是巨大恒星的超凡残骸。（至于它的奇特之处，我们目前了解的只是皮毛，后文中还会进一步阐述。）而且，中子星的形成伴随着宇宙中最猛烈的爆炸事件之一——超新星爆发。在第 6 章中，我们将会看到在微小的时空振动被直接探测到之前，20 世纪 70 年代科学家对中子星的观测是如何证明爱因斯坦波存在的。

◎

啊，我差点儿忘记了卡尔·萨根的苹果派。很抱歉，我被恒星演化的精彩故事吸引住了。没错，萨根的"如果你想从头开始做苹果派，你必须先创造出一个宇宙"的说法是关于宇宙演化的。如果没有星系的形成，没有恒星的诞生，没有行星状星云和超新星爆发，那个苹果派永远不可能被烤制出来。

我们将在第 9 章看到，宇宙最初是"一碗基本粒子的汤"。几十万年后，它们结合成简单的氢原子和氦原子。如果恒星演化从未发生，如果宇宙的核能烤炉从未被点燃，那么宇宙至今依旧是氢和氦，别无其他。

苹果派和椅子、猫、车钥匙一样，都包含大量的重元素。比如，碳、氧、氮、钠、钙、磷、镁、铝和铁。所有这些元素在宇宙诞生至今的 138 亿年里，在恒星内部被"烹制"出来。它们只占宇宙原子总质量的 1% 左右，但却影响重大。

被星风吹到真空中，在行星状星云里，以及通过超新星爆发，元素以这些方式进入星际空间。小部分重元素，比如铜、锌、金、铀等在超新星爆发后或者中子星的灾难性碰撞中被创造出来。新一代的恒星发现它们有行星陪伴，其中有一些行星足够温暖到可以存储液态水。在至少一个这样的行星上，碳基分子如雨般降落，组成第一代生命体。几十亿年之后，这个星球上有了小麦、甘蔗、苹果（做苹果派必不可少的材料）。

图 5-1　蟹状星云，位于金牛座，它是在 1054 年被中国和朝鲜天文学家观测到的超新星爆发的遗迹。星云的中心星是一颗快速旋转的中子星——恒星核心坍缩后的残骸

没错，还有了人类。

对苹果派尚且如此道理，对你和我更是如此。依我的愚见，这是科学应该给我们讲述的最美妙的故事：你肌肉里的碳、骨骼中的钙、血液中的铁、DNA（脱氧核糖核酸）中的磷，都是由遥远的太阳核心的核聚变反应生成的。正如加拿大民谣歌手琼妮·米切尔（Joni Mitchell）1969 年唱的民谣《伍德斯托克》（*Woodstock*）中的一句歌词，"我们是星尘——10 亿岁的碳。"

恒星的生命与我们的生命紧密相连。

我们与宇宙同在。

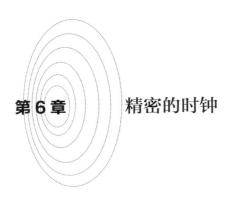

第6章　精密的时钟

Pulsar 是美国的一个手表品牌，属于精工手表集团公司。1972 年，Pulsar 推出了世界上第一块 LED（发光二极管）手表，还有电子手表、数码手表，酷极了！（提醒你一下，那可是 40 多年前。）

Pulsar 也是一款两厢车的品牌，于 1978 年由日本日产汽车公司首次推出。印度 Bajaj（巴贾杰）摩托车公司制造的一款流行运动摩托车也用 Pulsar 作为品牌名。英国的一家高科技照明公司取名为 Pulsar，同名的还有立陶宛的一家夜视仪制造商。

然而，在 1967 年以前，Pulsar（脉冲星）这个英文单词并不存在。1968 年春天，它首次出现在英国《每日电讯报》上。报纸上的故事和手表、汽车、摩托车、照明设备或者夜视仪都没有关系，而是关于一项惊人的天文学发现。10 年后，这项发现推动了引力波的第一次间接探测。

在第 5 章中，你读到了中子星的故事。它们是超新星爆发的遗迹，巨大的恒星已经被撕扯成碎片，并被喷射到太空中。中子星是宇宙中最致密的天体之一，它是那么小，却又如此致密。1934 年，沃尔特·巴德（Walter Baade）和弗里茨·兹威基（Fritz Zwicky）首次预言了中子星的存在。他们是两位移民到美国的欧洲天文学家，和爱因斯坦一样。

超新星爆发肯定在银河系中已经有几十亿年的历史了。在 20 世纪 60 年代，天文学家们清楚地意识到银河系中应该有数千万颗中子星，但是他们从未观测到一颗。如果你认真想一想，这也不足为奇。当一个新生中子星的表面温度非常高时，它的表面积仅有几百平方千米。这样一来，高能辐射的总量就相当小。即使是一颗邻近地球的中子星，也很难被看到。

在这种情况下，24 岁的研究生约瑟琳·贝尔（Jocelyn Bell）的发现为天文学界带来了惊喜。贝尔出生于北爱尔兰，在剑桥大学射电天文学家安东尼·休伊什（Antony Hewish）的指导下工作。在 20 世纪 60 年代，研究来自宇宙各个角落的长波辐射的射电天文学还是一个相对新的领域，新发现不断。

贝尔曾帮助建造的那台射电望远镜其实是一个由导线连接的木杆阵列，有点儿像老式的电视天线，只是更大些。这个廉价的装置可以识别来自天空的射电波，每天生成大约 30 米长的图表记录，差不多是一台地震仪的输出量。

这些都发生在 1967 年夏天，即所谓的“爱之夏”。嬉皮士在旧金山的海特－阿什伯里（Haight-Ashbury）街区抽着大麻，披头士乐队正在录制他们的《奇幻之旅》（*Magical Mystery Tour*）专辑。与此同时，约瑟琳·贝尔把大部分时间花在检查射电望远镜的记录纸上，看能否从这些起伏的图案中发现什么不同寻常的东西。

她做到了，在 1967 年 8 月。

长话短说，贝尔在小型星座狐狸座（Vulpecula）中发现了一个神秘的、脉动的射电信号。它每过 1.3 秒就发出短暂的“嘟嘟”声，好像一个宇宙节拍器。

你也许听过这个故事，而且确实是真的。几个星期以来，贝尔、休伊什还有他们的同事，都认为他们有可能发现了外星人。有什么自然现象会发出这样快速的、极其规律的射电信号呢？这看起来就像人为制造的，那么它们无疑来自外星人。他们甚至将其编号为 LGM-1，即“小绿人”。[19]

图 6-1　24 岁的约瑟琳·贝尔在剑桥大学的射电望远镜前摆好姿势。借助这台望远镜，她在 1967 年发现了第一颗脉冲星

　　令人惊讶的是，贝尔为此感到十分烦恼。如果你认为一位年轻的天文学家会因为自己有可能发现了外星人存在的证据而欢欣鼓舞，那你就错了。"我正在借助一项新技术来进行博士论文的相关研究，而一些愚蠢至极的小绿人却选择用我的天线和频率来和地球人通信。"在 1976 年 12 月的波士顿会议的一场演讲中，她这样告诉听众。

　　小绿人的想法并没有持续多久。几个月之内，贝尔又发现了另外三个从天空中的不同位置传来的相似的脉动射电源。考虑到 4 个毫不相关的外星文明不可能使用同一种通信方式，贝尔认为这一定是自然现象引起的。1968 年 2 月 24 日，《自然》（Nature）杂志发表了一篇宣告这一发现的文章。文章的导读给出了一种可能的解释："这种射电信号似乎来自银河系的天体，"导读写道，"而且可能与白矮星或中子星的振荡有关。"

　　不久之后，在接受《每日电讯报》的采访时，休伊什首次使用了"Pulsar"这个名词，它是"Pulsating star"（脉动恒星）的简称。

不过，中子星为什么会产生规律性的射电脉冲信号呢？

原因并非《自然》杂志的那篇文章导语所说的振荡。中子星不仅极其致密，而且在快速旋转。这是由角动量守恒造成的，让我们姑且称之为"花样滑冰效应"（the ice-skater effect）。你是否看过俄罗斯花样滑冰运动员叶甫根尼·普鲁申科（Evgeni Plushenko）的表演？他赢得了 4 块奥运会奖牌，以及 2001 年、2003 年和 2004 年的世界花样滑冰锦标赛的金牌。如果你仔细观看他旋转时收回胳膊的表演，你就会发现他的转速变快了。这是大自然的规律之一：缩小一个正在旋转的物体，它就会转得更快。（即使你不擅长花样滑冰，你仍然可以亲身体验这个效应：坐在一个旋转办公座椅上，将你的手臂和腿向外伸展，请别人帮忙让椅子转得越快越好，然后收回你的四肢。就是这么简单！）

缓慢旋转的大质量恒星的核心坍缩成一颗直径不到 25 千米的中子星，可谓天文版的"叶甫根尼·普鲁申科"。新生的中子星转速大幅提升。

恒星核心的坍缩还会产生一种效应：它的磁场强度会急剧增加。中子星的磁场至少是地球磁场的 1 亿倍。所以，又小又致密的中子星是一个高度磁化、快速旋转的宇宙陀螺，而不是普通的恒星。

现在，事情变得越发有意思了。旋转的磁体会产生电流，如果你的自行车装有一台老式发电机，你就明白了。正如麦克斯韦告诉我们的一样，电流是带电粒子的流动，加速的电荷能产生光和其他形式的电磁波。换句话说，磁化的中子星发出电磁辐射，主要沿着它的磁轴方向传播。射电波、光波甚至 X 射线组成的强大光束，像漏斗一样从中子星的北磁极和南磁极出发，进入太空。（注意，在大多数情况下，磁极和自转极并不吻合，地球的情况也是这样。）所以，随着中子星的转动，辐射出的狭窄光束扫过太空，就像灯塔发

出的光。倘若你的射电望远镜恰好捕捉到其中一束光，你就会探测到它每次
旋转时发射的短暂的射电脉冲信号。中子星以脉冲星的方式暴露了自己的存
在。（另外，一些脉冲星也被观测到发出光波和 X 射线的脉冲。）

多亏了这种灯塔效应，我们最终观测到脉冲星，只要你在恰当的位置上。
在巴德和兹威基预言中子星存在的 33 年后，约瑟琳·贝尔于"爱之夏"的
发现标志着人类第一次观测到中子星，射电脉冲的频率（每 1.337 3 秒一个脉
冲）则直接告诉了天文学家中子星的旋转周期。嘿，太快了！想象一个伦敦
或者巴黎大小的物体每 4 秒就可以转三圈。

太了不起了！这就是射电天文学家乔·泰勒（Joe Taylor）第一次听说脉
冲星时的感想。阅读《自然》杂志上的那篇文章时，26 岁的他刚刚在马萨诸
塞州剑桥市的哈佛大学完成了博士论文，关于月球对射电源的遮挡。但是，
脉冲星让他更感兴趣。他没有用像贝尔那样的目视检查大量图表纸的方法，
而是采取系统性的、全自动的搜寻手段。泰勒离开哈佛，前往西弗吉尼亚州
格林班克的美国国家射电天文台（NRAO）工作。一年之内，泰勒和他的同
事就发现了 6 颗新脉冲星。搜寻工作还在继续。

我想阿尔伯特·爱因斯坦一定会爱上脉冲星，因为广义相对论有一部分
讨论的正是引力场强度对时间流逝速度的影响。中子星表面的引力场大约是
g（重力加速度，约为 $9.8\,\mathrm{m/s^2}$）的几千亿倍，是地球上从树上掉落的苹果所
受引力作用的几亿倍。除此之外，脉冲星还是非常精准的时钟（比那款同名
手表要精确得多）。没有比它更好的研究广义相对论效应的实验室了，难怪天
文学家们希望找到尽可能多的脉冲星。

可是，在寻找脉冲星这件事上，说总比做容易得多。大多数射电望远镜
的视野都非常小，而你预先并不知道应该观测哪里。面对大量数据，你也不
知道该寻找什么样的脉冲周期。更糟糕的是，在低频射电波段，脉冲信号比
高频波段到得晚。原因在于，射电波被近似真空的星际物质中的少量电子减
慢了一点儿，该效应在低频波段上更加显著。因此，如果你在一个特定的频
率范围内观测（通常是这样），脉冲信号就是受到污染的，射电天文学家称之

为"频散"。只有当你修正这个效应后，脉冲信号才可能从源源不断的背景噪声中凸显出来。频散程度取决于脉冲星的距离，对于远距离的脉冲星来说，其脉冲信号会遭遇更多的干扰电子。而你并不知道一颗尚未被发现的脉冲星距离我们多远，也就不知道该如何修正频散程度。

即便如此，截至 1974 年，发现新脉冲星已经变成一件平常事了。拉塞尔·赫尔斯（Rusell Hulse）就是这样认为的，那时他还是马萨诸塞大学阿姆赫斯特分校的一名研究生，泰勒在 1969 年去了那里。赫尔斯的工作是搜寻银河系，以发现更多的脉冲星。他使用的仪器是波多黎各的阿雷西博天文台[20]的 305 米射电望远镜，后来该望远镜因《黄金眼》（Golden Eye，1995 年）和《超时空接触》（Contact，1997 年）等电影而闻名于世。赫尔斯的武器是蛮力。

赫尔斯在阿雷西博天文台度过了 1974 年的大部分时间，与酷暑、潮湿还有蚊子做着斗争……陪伴他的是一台内存仅为 32KB（千字节）的迷你计算机，那在当时还是一个新奇的玩意儿。每天当银河系升高到阿雷西博望远镜巨大盘面上的几个小时，赫尔斯便会收集新的射电数据，之后将所有数据录入计算机。专用软件为了搜寻快速脉冲信号，会尝试不少于 50 万种不同脉冲周期和频散程度的可能组合。搜寻时不时地会得到结果。赫尔斯平均每 10 天就能发现一颗新脉冲星。

巨大的惊喜降临于 1974 年的夏天，在"水门事件"发生前后。赫尔斯发现了一颗距地球 2 万光年远的格外快速旋转的脉冲星。它每 59 毫秒转一圈，每秒钟发 17 个极短的射电脉冲。它是当时已知旋转速度第二快的脉冲星，已然令人很感兴趣了。而几周之后，当赫尔斯再次观测这颗脉冲星时，他发现了一件奇怪的事情：它的脉冲周期变了，虽然变化不是很大，小于 1/10 000 秒。后来，赫尔斯发现它的脉冲频率再次发生了改变。脉冲星难道不是自然界最精准的时钟吗？一个大质量、高密度的旋转中子星怎么会突然加速或减速呢？

后来，赫尔斯渐渐明白原来那颗脉冲星处于一个双星系统中。如果这颗

图 6-2　位于波多黎各的阿雷西博天文台的 305 米射电望远镜，建于一个碗状的山谷之中。凭借这台巨大的仪器，拉塞尔·赫尔斯于 1974 年发现了脉冲双星 PSR B1913+16

脉冲星在绕着赫尔斯看不到的一颗恒星旋转，它便会交替地靠近我们和远离我们——靠近，后退，再靠近，再后退。当脉冲星向着我们移动时，到达地球的射电脉冲信号在时间上的间隔就会短一点儿——脉冲频率变高。而当它远离我们时，到达地球的射电脉冲信号在时间上的间隔就会大一点儿——脉冲频率变低。就这样，拉塞尔·赫尔斯发现了第一颗处于双星系统中的脉冲星。

赫尔斯观测到的这种频率变化被称为多普勒效应（Doppler Effect）。这也是当一辆救护车疾驰而过时，它的警笛声所产生的效应。当救护车向你驶来时，你感觉警笛的声波被压缩了，并听到尖锐的声音。当救护车向远处驶去时，你则会感觉声波被拉伸了，并听到低沉的声音。

多普勒效应是以 19 世纪奥地利天文学家克里斯蒂安·多普勒（Christian Doppler）的名字命名的。1842 年，他提出这种现象或许可以解释双星的颜色变化。一颗靠近我们的恒星频率较高，颜色偏蓝；一颗远离我们的恒星频率较低，颜色偏红。多普勒的这个想法显然错了：恒星的颜色是由它们的表面温度决定的，而不是它们在太空中的运动。恒星要想有显著的颜色变化，就必须以非常接近光速的速度运动。没错，相互绕转的双星确实表现出极小的频率（或者波长）变化，但这种变化对肉眼来说是不可见的，只有极其灵敏的测量仪器才能探测到。

三年后的 1845 年，荷兰气象学家克里斯托夫·白贝罗（Christophorus Buys Ballot）第一次证明了声音的多普勒效应，他没有使用救护车，而是用一列火车做这个实验。那时，荷兰的阿姆斯特丹和乌特勒支两座城市之间的铁路线刚刚修建完成，白贝罗安排了一个火车头在马尔森（乌特勒支西北 7 公里处的一个小村庄）火车站附近的轨道上来回开动，同时安排火车上的圆号演奏者和站台上的圆号演奏者演奏同样的音符。实验表明，多普勒效应非常明显，你无须拥有完美的音准就能注意到两个地方的演奏之间的频率差异。（我很喜欢这个故事，因为我在马尔森长大，距离火车站只有几百米远。）

一个双星系统中的脉冲星有什么特别之处呢？第一，它能帮助你确定中子星的质量，这对于理解这些独特天体的真实本质必不可少。第二，知道双星系统中中子星的质量和精确轨道，有助于我们验证爱因斯坦广义相对论的一些预言。所有这些信息都可以通过仔细研究射电脉冲信号的到达时间获得。

还记得角动量守恒吗？它又称花样滑冰效应，解释了为什么叶甫根尼·普鲁申科收回双臂时旋转速度更快。它还保证了大质量、快速旋转的物体保持转动，除非有外力介入。

在普鲁申科的例子中，主要制动力是冰刀鞋与冰面发生的摩擦。如果没有摩擦力（和空气阻力），他的旋转将永不停止。中子星没有冰刀鞋，而且处在真空之中，也没有空气阻力。此外，中子星的质量远比滑冰者大得多，这很难减慢它的转速。结果就是，一颗快速旋转的中子星基本上会以完全相同的速度一直旋转下去。

但是，如果一颗中子星的转速从不改变，脉冲信号到达时间的异常之处就要归因于其他物理效应。这不过是测量、分析、整理、推导和检查的问题。

赫尔斯所发现的多普勒效应是最简单的部分，即脉冲频率在 7 小时 45 分钟的周期内是如何先增大后减小的。如果这是由脉冲星的轨道运动引起的，那么它的轨道周期也是 7 小时 45 分钟。（更准确地说，是 7 小时 45 分钟 7 秒。）这是我们得到的第一个轨道参数。

如果这个轨道是一个完美的圆形，我们观测到的脉冲频率就会对称地变化。但事实并非如此。这颗脉冲星的平均频率是每秒钟 16.94 次脉冲（对应于 59.03 毫秒的自转速度）。一圈中约有 5 个小时的测量频率低于平均值，这说明脉冲星正在远离我们。而在剩下的 2 小时 45 分钟里测量频率高于平均值，这意味着脉冲星正在靠近我们。这完全不对称，也就是说，轨道不可能是一个圆形。它肯定是高度偏心的，根据记录，这颗脉冲星的偏心率是 0.617。这是我们得到的第二个轨道参数。

泰勒和赫尔斯还发现，脉冲星的轨道直径不会比 100 万千米大多少。当脉冲星在轨道远端时（从地球的角度看），脉冲信号的到达时间要比它在近端时慢约 3 秒钟。射电波以光速（每秒 30 万千米）传播，因此 3 秒钟对应 100

万千米的距离。(当然这是投影的大小,是沿着视线方向测量的。如果轨道是倾斜的,真实的尺寸将会更大。)

下一步是什么?时间测量揭示出偏心的轨道自身也在进动,而且速度非常快(就这个问题而言)。还记得水星的近日点进动效应吗?奥本·勒维耶发现,其测量值比牛顿理论的预测值要大。根据爱因斯坦理论的解释,这每个世纪 43 角秒的增量是因为时空弯曲。但是,对于这颗脉冲星的轨道来说,这一相对论效应要大得多:每年大于 4 度。这意味着这颗脉冲星一天的轨道进动值和水星一年的轨道进动值大致相同。所以,超强的时空弯曲是由超强引力场造成的。

事情还没结束。脉冲星是自然界的完美时钟。脉冲星绕转恒星就像原子钟绕转地球一样。这是第 3 章中哈费勒 – 基廷实验的天体物理学版本,尽管这个版本中没有空姐。果然,运动上的时间延迟效应在观测到的脉冲信号到达时间上暴露了自己。毋庸置疑,这个效应比哈费勒和基廷的观测结果还要大得多,这是由于脉冲星的轨道速度较高——每秒 110~450 千米。这是普通客机速度的约 1000 倍,是光速的 1/1 000。

多普勒效应、偏心率、轨道进动、时间延迟各提供了一条新信息。把所有的新信息整合在一起,你就能推算出其他未知信息,比如轨道的倾角大约是 45 度,两颗绕转恒星间的真实距离为 746 600~3 153 600 千米。更重要的是,这颗脉冲星的质量比太阳大 44.1%,对于中子星来说非常典型,它的伴星比太阳大 38.7%。这颗伴星会是一颗普通的恒星吗?绝不可能,如果它是,它应该比太阳大得多,很难待在脉冲星的轨道里。

体积小而质量大,即使用大型望远镜也看不见,那么它可能是哪种天体呢?你也许猜到答案了:另一颗中子星,而且至少从地球的角度看,它没在"正确"的观测方向上。在遥远行星上的外星天文学家或许能观测到这颗脉冲星的光束(如果它的确发出了辐射光束)。同样,对他们而言,我们发现的这颗脉冲星就是不可见的。

值得注意的是,大多数外星天文学家都不可能观测到这个双星系统,因为他们在这两颗脉冲星发出的光束的传播范围之外。银河系中一定还有很多双中子星，是我们无法观测到的。它们可能正在疯狂地脉动，却不在我们的观测方向上。

◎

总而言之，这是一项令人赞叹的探测工作。你从一颗脉冲星上观测到的只是"哗—哗—哗"的声音。但对于一个聪明的宇宙学领域的"夏洛克·福尔摩斯"（Sherlock Holmes）来说，这已经足够了。你只需仔细分析它完美规律性中的微小偏差，它就会告诉你想知道的关于这个迷人双星系统的一切。有了这些，你就能够对爱因斯坦广义相对论的预言进行检验。（正如你预料的那样，广义相对论出色地通过了检验。）

在赫尔斯于 1975 年离开马萨诸塞大学阿姆赫斯特分校后，泰勒和乔尔·韦斯伯格（Joel Weisberg）[21]继续进行研究。韦斯伯格是艾奥瓦大学的一名研究生，后来成为泰勒的博士后。他们在一起做了一辈子的研究。

泰勒和韦斯伯格意识到，如果爱因斯坦的预言被证实，脉冲双星将会失去能量。该系统中有两颗大质量的致密天体以很快的速度彼此绕转。广义相对论告诉我们，这些加速的质量会在时空中激起涟漪——引力波，这些波会把能量带走。因此，这两颗相互绕转的中子星将会失去轨道能量。缓慢但必然地，它们螺旋式地向彼此靠近。轨道一定会变小，周期也必定减小。

我们已经精确地知道了双中子星的质量和轨道，将这些值代入爱因斯坦方程，即可得到轨道衰减的预测值。一年内，两颗中子星的平均距离大约减少 3.5 米。你可能会觉得这很难从 2 万光年的距离上测量出来，是的，确实是这样。与之相对应，轨道周期每年会减少 76.5 微秒，这应该可以从脉冲信号的到达时间上表现出来，至少在几年后。

1978 年，泰勒、韦斯伯格及其同事发现他们的观测结果与广义相对论的预测十分吻合。爱因斯坦是对的。那年冬天，在德国慕尼黑的第九届得克萨斯研讨会上，他们宣布了自己的发现。两个月后，相关论文发表在《自然》杂志上。它传递的信息很明确：脉冲双星轨道的缩小间接而有力地证明了爱因斯坦波的存在。

诺贝尔奖委员会也认同这一点。1993 年 11 月，诺贝尔物理学奖被授予乔·泰勒（于 1981 年去往普林斯顿大学）和拉塞尔·赫尔斯，表彰他们对一种新型脉冲星的发现，这一发现为引力研究开辟了新的可能性。[22]

乔尔·韦斯伯格为什么没得到诺贝尔奖？没错，他没有发现脉冲双星。不过话说回来，在泰勒和韦斯伯格发现爱因斯坦波的效应时，赫尔斯正在研究等离子体物理—— 一个截然不同的领域，而没有参与脉冲星轨道衰减的研究。而且，诺贝尔奖最多可以授予三个人，韦斯伯格为什么没被选中呢？

出于某些原因，诺贝尔奖委员会似乎与脉冲星的相关研究工作有着错综复杂的关系。1974 年，也就是赫尔斯发现脉冲双星的那一年，该委员会将诺贝尔物理学奖授予安东尼·休伊什，"因为他在脉冲星的发现工作中起到了决定性作用"。如果"起决定性作用"指的是他录用了真正发现脉冲星的约瑟琳·贝尔，那还有些道理。但是，约瑟琳·贝尔的开拓性工作压根儿未被提及。

那时韦斯伯格身在明尼苏达州诺斯菲尔德的卡尔顿学院，即使他的工作没有得到瑞典皇家科学院的认可，他依然因为这项发现得到应有的肯定而感到高兴。他还在监测那颗已广为人知的赫尔斯－泰勒脉冲星。多年来，虽然测量精度已经提高了很多，但爱因斯坦预言的偏差还未显现。与此同时，韦斯伯格也在研究其他的脉冲双星。到目前为止，很多脉冲双星被发现，它们为天体物理学家提供了免费的研究引力的宇宙实验室。一台射电望远镜，再加上一台时间探测器，一切便准备就绪。

其中最令人激动的一个双星系统是 PSR J0737−3039。2003 年，意大利射电天文学家玛塔·博盖（Marta Burgay）[23] 发现了它，她使用的是澳大利亚帕克斯天文台的 64 米射电望远镜。双星系统名字里的数字就像一个太空中的地址，代表脉冲星在南部天空船尾座中的位置。（同样地，约瑟琳·贝尔最初发现的脉冲星被命名为 PSR B1919+21。那颗位于天鹰座的赫尔斯－泰勒脉冲星，被称作 PSR B1913+16。你从这些数字里可以看出，这些脉冲星在天空中相距不太远。）

J0737 为什么如此特殊？因为它是目前我们所知的唯一一对名副其实的脉冲双星。尽管我们发现的第一对脉冲双星是一对中子星，但只有一颗中子星的脉动可被观测到。而对于 J0737 来说，两颗中子星都是脉冲星。此外，它们处于非常紧密的轨道上：速度快，加速度大。这为更精确的测量和额外的结果交叉检验提供了可能。

J0737 还有一个不同寻常之处：两颗脉冲星的轨道平面几乎都是侧面对着我们。每过 1.2 个小时（即轨道周期的一半），其中一颗就看似在另一颗身后。而且从地球上看，它的光束会非常近距离地掠过另一颗脉冲星。由于强引力场的存在，时间放慢了脚步（引力的时间延迟效应），信号需要花费更长的时间才能到达射电望远镜的观测范围。这一滞后叫作"夏皮罗时间延迟效应"，已经得到了极其精确的测量值，与广义相对论的预测值完全一致。

欧文·夏皮罗（Irwin Shapiro）从未想过以他的名字命名的广义相对论检验会应用于脉冲双星。1964 年，夏皮罗是麻省理工学院的一名天体物理学家。当他首次描述这一效应的时候，脉冲星还未被发现。夏皮罗建议在水星、金星与太阳上合时，让雷达信号从行星上反弹回来。从地球上看，此时行星位于太阳的另一端，所以雷达信号必将穿过太阳的引力场。对雷达信号旅行时间的精确测量将会揭示出太阳引力场引发的时间延迟效应。

第一个雷达实验是由夏皮罗和他的同事在 1967 年完成的，虽然实验结果不太精确，但时间延迟效应确实被探测到了。比这时间更近些的实验也有，在自 2004 年起绕转土星的 NASA "卡西尼号"（Cassini）空间探测器发出的射电通信信号中，科学家测量到了（精确度更高的）夏皮罗时间延迟效应。对 PSR J0737-3039 的最新观测结果的精确度又有了进一步提高。

另一对让人欢欣鼓舞的脉冲双星是 PSR J1906+0746，科学家于 2004 年利用阿雷西博射电望远镜发现了它。它每 144 毫秒自转一次，每秒发出约 7 个射电脉冲信号。这没什么稀奇的，你最终会习惯听到超大密度、城市般大小的恒星能跟飞驰的汽车轮子转得一样快。但在 2008 年，它的脉冲信号变得越来越弱。到 2015 年，脉冲信号完全消失了。这值得我们注意。

真的如此吗？实际上，这个现象同样可以用广义相对论来解释：它是由测地岁差引起的。由于时空弯曲，脉冲星的自转轴方向一直在缓慢地变化。磁化的太空陀螺不断摇摆，它发出的射电波束不再扫过地球。就这样，脉冲星消失了，至少对我们而言。幸运的是，它可能会在 2170 年左右再次出现。未来的射电天文学家们，请在你们的日历上做好标记。（顺便提一下，测地岁差和夏皮罗延迟这两个效应，科学家在赫尔斯–泰勒脉冲星上都观测到了，时间分别是 1989 年和 2016 年。）

自从"愚蠢至极的小绿人"差点儿毁了约瑟琳·贝尔的博士论文研究以来，我们已经走了很长一段路。半个世纪的天文探测工作已经发现了 2 000 多颗银河系里的脉冲星，其中包含很多双星系统中的脉冲星。这对于那些希望了解大质量恒星最终演化阶段的天文学家而言是绝佳的实验对象，也为那些钻研极端密度下物质的性质的核物理学家提供了数据。此外，这对于阿尔伯特·爱因斯坦的跟随者们来说也是很棒的事情：没有什么比这些宇宙实验室更好地揭示时空奥秘的方式了。

对我们的故事而言，脉冲双星的轨道衰减无疑是最重要的结果。赫尔斯–泰勒脉冲星的轨道周期每年减少 76 微秒，这一事实间接地证实了引力波的存在。提醒你一下，加速的质量会在时空中激起涟漪，这些爱因斯坦波带走了能量，能量流失导致双星系统的轨道缩小。就是这么简单！

倘若你想知道流失的能量有多少，那么我告诉你每秒钟赫尔斯–泰勒脉

冲星就会失去 7.35×10^{24} 焦耳的能量，相当于 6 600 万年前一颗直径为 10 千米的小行星撞击地球并导致恐龙灭绝所释放能量的 1 000 倍。请记住，这是脉冲双星每秒钟流失的能量。

你可能会认为，如此巨大的能量被释放到时空中，所产生的引力波一定很强吧。但事实并非如此，它们非常微弱，甚至是难以想象的微弱。还记得那个轻敲一碗果冻和猛敲一块混凝土的例子吗？时空是无法想象的坚硬，即使是 1 000 个小行星"杀手"每秒释放的能量也不足以产生明显的时空涟漪。

顺便说一下，从赫尔斯－泰勒脉冲星发出的引力波频率实在太低了。7.75小时的轨道周期意味着它的引力波频率大约为 72 微赫兹，对应波长为 42 亿千米，太不可思议了。因此，我们谈论的是波长极长、频率极低、振幅极小的时空涟漪。我们能否探测到它们？答案是否定的。

但在未来，事情将会发生变化。这两颗中子星正在螺旋式地靠近彼此，虽然很缓慢。随着它们越靠越近，轨道周期就会越来越小。双星系统每个周期总会产生两个引力波，因此时空涟漪的频率就会随时间而增大。随着中子星的轨道变得越来越小、加速度变得越来越大，这些波的振幅也会增大。更短的波长、更高的频率、更大的振幅……如果我们足够耐心，或许有可能直接探测到来自赫尔斯－泰勒脉冲星的引力波。这真是一个好消息。

坏消息是，我们需要很多很多的耐心。直到这两颗中子星在相距几十千米的地方疯狂地旋转时，这些波才能被探测到。在它们碰撞和合并（可能转变成一个黑洞）之前，这些波的频率和振幅将会大幅度地提升。这次合并将会引起爱因斯坦波最终的大爆发，从而被地球上的探测器捕捉到，普林斯顿大学的物理学家弗里曼·戴森早在 1963 年便做出了这样的预测 [24]。但对于赫尔斯－泰勒脉冲星来说，这种情况直到大约 3 亿年后才会发生。

等一等，其他双星系统有着同样的特性：轨道缩小，周期缩短，最终碰撞。比如，PSR J0737–3039（著名的脉冲双星）将会在约 8 500 万年后合并。WD 0931+444（一个双白矮星系统）还剩下不到 900 万年的时光。另一对白矮星 J0651+2844 将在 250 万年后合并。说不定我们的银河系中可能存在将在 10 年内发生碰撞的双星系统，别忘了，还有很多我们无法观测到的双中子星，因为它们的射电波束不在我们的观测范围内。

此外，我们无须局限于银河系。两颗大质量的像中子星或白矮星一样的致密天体，它们最终的合并会产生非常强大的爱因斯坦波，即使碰撞发生在附近星系，在地球上也能被探测到。所以，如果建造一台灵敏的引力波探测器，我们就有可能探测到数千万光年距离外的中子星合并激发的时空涟漪。

有趣的是，如此远的中子星合并事件可能已经被观测到了。地球的卫星偶尔会探测到深空中高能伽马射线的短暂爆发。这些伽马射线暴可分为两种类型：那些长的可以持续几十秒甚至几分钟，很可能来自超大质量恒星的爆炸；那些短的则持续不到一秒，极有可能是遥远星系中的中子星合并产生的。

不管怎么说，脉冲星的发现以及对致密双星系统轨道衰变的探测，极大地鼓舞和推动了人们对引力波的捕捉。正如乔尔·韦斯伯格、乔·泰勒和李·福勒（Lee Fowler）1981 年在《科学美国人》（*Scientific American*）杂志上发表的一篇文章所写："脉冲双星的实验激励了正在进行引力波实验的研究人员。现在看来，他们正在追寻的东西的确存在。"[25]

是的，引力波存在。

是的，中子星碰撞。

是的，我们应当试着直接探测那些难以捉摸的时空涟漪。

如果韦伯棒无法担此重任，那么是时候尝试一种不同的方法了，一种远比约瑟夫·韦伯的探测器更加灵敏的新设备——激光干涉仪。

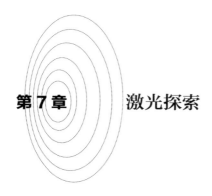

第7章 激光探索

我去 LIGO 参观过两次。

第一次是在 1998 年春天。[26] 那时，LIGO 仍处于建设过程中。它实际上就是一栋空旷的大楼，加上两个直径 1.2 米的钢管半成品。台站主管格里·斯塔普菲尔（Gerry Stapfer）带我四处参观，但其实没有什么可看的。"这里是未来的控制室"—— 一间巨大的空房间，堆放着不少尚未开封的箱子。"这些是办公室"—— 一间间小屋子里摆放着用塑料薄膜包裹着的家具。"这里是 LVEA（the Laser and Vacuum Equipment Area，激光与真空设备区域）"——哇，一个非常巨大的大厅。相较之下，另一侧的叉车看起来就像一辆玩具车。混凝土地面上画有一个小圆圈，标记着未来放置 LIGO "心脏"——分束器的地方。

第二次是在 2015 年 1 月底 [27]，也就是 LIGO 开始探测引力波的大约 13 年后。如你所想，那是一次非常不同的体验。激光在两条 4 千米长的干涉臂间来回反射，从一个 L 形探测器的末端开车到另一个探测器的末端大约需要 10 分钟（整个设施的规模在空中或者谷歌地球上都显而易见）。在控制室里，年轻的科学家和工程师们紧紧盯着计算机的显示器。时髦的胡子、马尾辫，还有随处可见的单调 T 恤衫。墙上巨大的屏幕显示着探测仪器的状态。LVEA 如今塞满了放置在不锈钢真空腔里的精密仪器。对于詹姆斯·邦德（James Bond）的电影来说是个非常理想的取景地。

图 7-1　位于美国华盛顿州汉福德区的 LIGO 探测器鸟瞰图

我的两次参观经历还有一个很大的不同在于，从主楼屋顶看到的景象。1998 年，在路易斯安那州利文斯顿附近，我看到的是树林和湿地。2015 年，在华盛顿州东南部的汉福德区，一幅贫瘠的图景展现在我眼前。在你产生疑惑之前，让我提示你一下：有两台完全相同的 LIGO 探测器，相距 3 030 千米。（为什么？与约瑟夫·韦伯操控两台相距很远的棒状探测器一样，都是为了消除误报。）不过，只要你身在其中，你就不会注意到这两台探测器的区别。当利文斯顿的科学家来参观汉福德天文台时，他们完全不会迷路（尽管有人告诉我里面有些门略有不同）。

在里奇兰市北部，美国能源部管辖的汉福德区并不是一个热门的旅游地。70 多年前，这个地方的一个钚反应堆为那颗 1945 年 8 月在日本长崎爆炸的原子弹提供了核燃料。在 LIGO 探测器的西北部，盖革计数器暴露了地下储仓里的巨量核废料。连接 240 号公路和林间北路的 10 号国道是沙漠中一条又长又直的柏油路。LIGO 前面短短的通道上，是被风裹挟而至的尘土和尘滚草。

在路易斯安那州，气氛却大相径庭。利文斯顿是巴吞鲁日市东部的一个安静的小镇，只有一个加油站、一家五金店以及几百户人家。驾车在美国烟花仓库处转弯就可以驶入 63 号北向公路，在森林中蜿蜒的公路上开一会儿，再拐到一条土路上，你便可沿西北方向驶至天文台。中央大楼被一些小水池和树丛环绕着，这里的一切都很悠闲，正如你对鹈鹕州（路易斯安那州的别称）的预期一样。

2015 年 9 月 14 日，星期一，凌晨，科学史在这里添上了浓墨重彩的一笔。更准确地说，应该是中部夏令时（利文斯顿）的 04:50:45，或者太平洋夏令时（汉福德）的 02:50:45。在阿尔伯特·爱因斯坦提出广义相对论一个世纪后，LIGO 的两台探测器第一次直接探测到引力波。在大约 1/5 秒的时间里，灵敏的探测器捕捉到了时空的涟漪，它小到只有一个质子（一个氢原子的原子核）直径的万分之一。长达几十年的工作终于得到了回报。

◎

我会在这本书的第 8 章中为你讲述更多的 LIGO 的曲折历史。但现在，让我们聚焦于技术本身，这听起来就像魔法一样。一个原子核的万分之一，这些人究竟是怎么测量到如此微乎其微的效应的呢？而且，如何确定他们探测到的就是爱因斯坦波，而不是其他东西呢？

让我们从基础问题开始。我们试图测量的到底是什么呢？时空的涟漪，我在第 4 章介绍了相关内容。请在地面上画一个巨大的正方形，从你头顶正上方（天顶）的点垂直到达的引力波会使正方形稍微变形。它会先在南北方向上被拉长，然后在东西方向上被压缩。接下来，这个正方形会在南北方向上被压缩，然后在东西方向上被拉长。这个正方形在发抖，它抖动得有多快呢？这取决于波的频率。它变形的程度有多大呢？这取决于波的振幅。

所以，我们需要做的就是精确地监测一个正方形的尺寸，最好是同时监测两个方向。很显然，我们没有必要去测量正方形的四边，只需要关注在其中一个角处交会的两条相互垂直的边即可。这就是那个 L 形，现在你应该明白为什么 LIGO 探测器的外形是这样子的了。

如果引力波不是从正上方的天空来，会怎么样？L 形两臂仍然会伸缩，但程度要小一些，具体取决于引力波的入射角度。没错，LIGO 探测器对从天顶方向来的爱因斯坦波反应最为灵敏，或者说从正下方来的引力波——别忘了安东尼·泰森提醒过约瑟夫·韦伯，地球对引力波是透明的。

现在，如果你想测量 L 形两臂长度的变化，可不能用尺子。毕竟，这是时空自身在增长和缩短，因此时空中的一切也会随之伸缩。如果其中一条干涉臂变形了，沿着这条臂放置的尺子也会以完全相同的方式变形。所以，科学家们用测量光束从干涉臂的一端传播到另一端的时间变化的方法来取代测量长度的变化的方法。

广义相对论的基本假设之一就是光速的不变性。无论时空发生了什么，光都会以同样的速度传播：每秒 30 万千米。因此，如果时空在一个特定的方向上被拉伸——两点间的距离长了一点儿——光将会花费多一点儿的时间从 A 点到达 B 点。这意味着我们可以使用钟表代替尺子。

物理学家和天文学家们擅长精确的计时测量，第 6 章中就有很好的例子。对于来自一对脉冲双星的脉冲信号，科学家对其到达时间的测量可以精确到小于千万分之一秒，这足够用来推导出该系统的质量和轨道参数。正如我们所见，它甚至足以用来探测引力波，尽管是间接探测。

让辐射脉冲从干涉臂的一端发出，在臂的另一端测量到达时间，这对于我们的目标精确度来说还差得很远。假设我们对辐射脉冲传播时间的测量能够精确到千万分之一秒（0.1 微秒），我们便可以测量到 30 米距离（30 万千米的千万分之一）远的变化。但是，我们不会预期爱因斯坦波以如此大的振幅到达地球。（事实上，我们也不可能在时空如此剧烈的拉伸和压缩中存活下来。）因此，使用辐射脉冲的方法不可行。

如果亚微秒级的精度不足以在地球上探测到引力波，你可能会好奇乔·泰勒和乔尔·韦斯伯格是怎么用脉冲星计时来证明这些波存在的。诚然，他们可以等待逐年增强的轨道衰减效应。但对于 LIGO 探测器来说，这并不可行，它们必须在引力波经过时捕捉到它们。唯一的方法就是极大地提高探测器的灵敏性。我们需要让时间测量的精度达到 10^{-18} 秒。任何时钟都不能这么精准。

解决方法被称为"干涉"（Interferometry），也就是 LIGO 中"I"所代表的单词。这与光的波动性有关。干涉现象可以在池塘水面上观察到。如果你向池塘中扔一块石头，它会产生一圈一圈的同心波纹。如果你在离第一块石头入水处不远的地方扔下第二块石头，它同样会产生一圈一圈的同心波纹。这两组波纹将会相互干扰：在某些点，两组波纹的波峰同时到达，波会叠加成更强的波；而在另一些点，一组波纹的波峰与另一组波纹的波谷相遇，它们就会相互抵消。结果是，你会得到一幅水波干涉图样。

对于光来说，也是同样的道理。如果两列光波是同相位的，它们的波峰和波谷匹配，就会相互增强，振幅会变成之前的两倍。这叫作"相长干涉"。相反，如果两列光波是反相位的，一列波的波峰与另一列波的波谷匹配，它们就会相互抵消。这叫作"相消干涉"。

现在，假设我们有两列波长为 600 纳米（0.6 微米）的橙色光。它们开始于相同的相位，但是射向不同的方向。在传播了一会儿之后，它们都射到镜子上然后反射回原点。如果这两面镜子被摆放在与光源的距离恰好相同的位置上，当两列波再次相遇时它们就会处于同相位。结果是，叠加后的光比任一单独的光束都要亮。

现在，假设其中一面镜子到光源的距离增加了一点儿，导致光的到达时间延长了 1 飞秒（1 飞秒 $=10^{-15}$ 秒）。在 1 飞秒内，光传播的距离是 300 纳米。因此，在回到原点时，一列波比另一列波滞后了半个波长。两列波的波峰和波谷不再重合，而是处于反相位（在这一特殊情况下，其中一列波的波峰与另一列波的波谷相遇）。结果是，它们相互抵消了。

因此，干涉现象可以令我们测量时间的精度达到飞秒级。虽然这对我们的目标需求来说还不够，但我们正在接近。

出于这个目的，最简单的做法就是与一种特定波长（或者颜色）的光打交道。白光包含了彩虹中所有颜色的光。由于它包含不同波长，白光不太适合干涉。但是激光只有一个特定的颜色，一个特定的波长。无疑，我们需要激光（Laser），这就是 LIGO 中"L"所代表的单词。顺便说一句，LIGO 使用的不是可见波段的激光，而是近红外激光，其波长为 1 064 纳米。

我们怎样做才能使两束激光恰好处于同相位呢？这很简单，用分光器将激光一分为二即可。分光器是一面只反射一半入射光的镜子。事实上，你的太阳镜就是一个分光器的典型案例。入射光的一部分径直穿过镜片（否则戴墨镜的你将什么也看不到），剩下的光则被反射回去。当然，LIGO 探测器的分光器比一副普通的太阳镜精密得多。

激光器、分光器、反射镜、探测器，这就是 LIGO 及其他所有引力波干涉仪的基本设计。激光器产生一束单色光。假设激光束对着正东方向（在图7-2 中，从左向右传播），分光器与激光器成对角方向。一半激光径直通过分光器向右沿着 L 形探测器的东干涉臂传播。另一半激光被反射进入北干涉臂。

每条干涉臂的末端都有一面反射镜，它们将激光再次反射回分光器。又一次，半数激光径直通过分光器，另一半激光被反射。前者向西（在图中向左）传播回激光器，后者向南（在图中向下）传播至光电探测器—— 一个能将光信号转化为电信号的灵敏测光计。由于所有这些光学过程，碰巧相长干涉只发生在向西传播的光波上。而在光电探测器的方向上，光波相互抵消，产生相消干涉。

问题在于，即使两束光处于反相位，光也不会就此消失。如果在一个方向上发生相消干涉，那么在另一个方向上必会发生相长干涉。能量守恒是大自然的一条定律，我们无法违背。（在池塘中也是一样：两块石头激起的水波在一些地方相互抵消，而在另一些地方则相互增强。）因此，当两条干涉臂长度相等时——默认情况下——激光离开干涉仪，光电探测器什么也没有捕捉到。这就是为什么分光器的南边叫作"黑暗地带"。

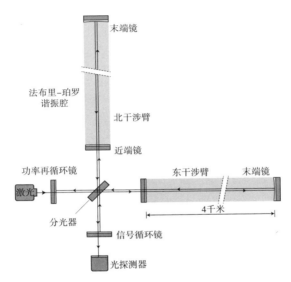

图 7-2　LIGO 激光干涉仪的主要组成部件

如果有一列引力波经过，会发生什么呢？波长（以及光的传播时间）会发生变化。北干涉臂增长的时候东干涉臂会缩短；随后，北干涉臂被压缩而东干涉臂被拉伸。从一端反射回来的光要比从另一端反射回来的光滞后极其微小的时间到达分光器，这造成干涉结果的一个非常细微改变。相长干涉不再 100% 完美，相消干涉也是这样。即使有一个难以察觉的微小长度差（远小于激光的波长），一些光也会开始零星地进入黑暗地带，而灵敏的光电探测器就可以捕捉到这种信号。太棒了！我们终于探测到了引力波。

这是激光干涉仪探测到激光到达时间的微小差别的工作原理。一列爱因斯坦波引起的时空伸缩程度有一个固定的比例。比如，两点之间的距离增长或缩短可能不超过 $1/10^{20}$。对于两个相距很近的点来说，这个变化太微小以至于根本探测不到。但对于两个相距较远的点来说，光旅行时间的变化将相应地增大。因此干涉臂越长，探测到某列特定振幅的引力波就越容易。

4千米的干涉臂足够长吗？其实不够，1 200千米长可能更好。赶快去找你的资助机构要更多钱吧。不过，还有一个聪明的解决方法。那就是欺瞒激光束，假装它在沿着一条1 200千米长的干涉臂传播。那么，我们应该怎么做呢？在每条干涉臂中放置两面镜子，而不是一面。第一面镜子放置于干涉臂的远端；第二面镜子放置于干涉臂的近端，靠近分光器。如果激光在两面镜子间来回反射几百次，就相当于走过了1 200千米长的干涉臂。光的传播时间也变长为之前的300倍，达到几毫秒。这样一来，$1/10^{20}$的微小变化就比较容易被探测到了。

在几百次反射之后，有的光会从"监狱"里逃出去。这是当然，而且比较容易实现。如果干涉臂近端的镜子反射回去97%的入射光，另外3%的光就会穿过镜子从另一端离开。换句话说，每个光子在逃离监狱之前平均会被反射300次。这座4千米长的监狱的正式名称为"法布里-珀罗谐振腔"（Fabry-Perot cavity）。

但是，逃逸的光也必须是连续的激光束，否则它就不能与从另一条干涉臂逃出来的光束发生干涉。因此，当光束在两面镜子之间来回反射时，它必须保持相位不变。要想达到这个要求，唯一的办法就是使两面镜子间的往返距离等于波长的整数倍，这需要皮米级的精度（1皮米 $=10^{-12}$米）。任何偏离都会破坏最终的干涉图样。就像LIGO项目组的科学家们说的那样，干涉臂需要被锁定。

实现这个操作的办法就是使用一种复杂而精细的反馈机制。如果镜子间的往返距离为波长的整数倍并保持不变，那么位于干涉仪黑暗地带的光电探测器就什么也记录不到。如果干涉臂的长度被某些外部扰动所改变，有些光就会零星地进入探测器。这种情况一旦发生，信号就会被传送到干涉臂末端镜子处的控制仪。电流通过线圈，产生磁场。环绕在末端镜子边缘的小磁体便会感受到吸引力或者排斥力。除磁体之外，LIGO探测器中还安装了静电推进器，这与将碎纸片吸到带静电的小梳子上的力是同一种。于是，镜子可以被移动一点儿，由此恢复干涉臂的锁定状态。

当然，一列经过的引力波也会破坏原始的设置，因为它会导致光的旅行时间发生改变。光电探测器再次记录到一些光，反馈机制做出反应，改变线圈中的电流和磁场的强度。结果是，这些镜子微微移动，使得黑暗地带的相消干涉恢复完美状态。

因此，如果你连续地读取线圈传送的电流数字，你就会对这一过程中镜子的微小运动有清晰的了解。大多数维持锁定状态的镜子运动都必不可少，因为有很多外界扰动（即噪声），但其中也有一些可能是真正的爱因斯坦波。

通过在干涉仪的每条干涉臂中安放两面镜子来临时储存激光，还有一个额外的优点，即积聚能量。因此，那些离开法布里—珀罗谐振腔的光要比里面的光更强大，是更稳定的光子流。如果我们需要测量输出端极其微小的变化，这将是非常重要的信息，事实也的确如此。

为了弄明白为什么更多的光子意味着更高的精度，我们假设你想知道路易斯安那州在夏季风暴期间的降雨量有多大。你刚好待在一间有金属屋顶的小屋里，你唯一拥有的仪器就是一台老式分贝仪，它的指针沿着弧形路径移动。因此你决定利用雨滴敲打屋顶的声音作为雨水强度的量度。如果降雨量很小，你只能听到"滴答……滴答……滴答……滴答……滴答"的声音。很难说雨的声音有多大，而分贝仪上的指针却在大幅度地来回移动。这个效应被称为"散粒噪声"（shot noise）。当风暴袭来时，雨倾盆而下。指针在表盘上移动并停留在一个固定值上，你可以得到高精度的读数。那就是为什么我们需要更多的光——很多光子"雨滴"——来确定光波随着镜子的移动改变了多少。

现在我们创造了一台近乎理想的干涉仪，它有大约 1 200 千米长的干涉臂，使得探测极其微小的时间变化成为可能。如果这种变化发生了，黑暗地带就不再是完全黑暗的了。相反，一些光会进入光电探测器。通过增加两条干涉臂中的激光强度，我们极大地减小了散粒噪声。因此，即使经过的爱因斯坦波造成了极微小的变化，也可以从剩余的噪声中被识别出来。

◎

　　当然，还有很多其他问题阻碍着科学家对引力波的追寻。

　　正如你能想到的，最大的问题就是外部噪声：摔门，卡车驶过，附近散步的人们，小镇上的工业活动，微小的温度改变，远处的雷声，碰撞的空气分子，森林里的伐木作业（对利文斯顿的 LIGO 探测器而言），太平洋的海浪拍打着华盛顿州南部的海岸（对汉福德的 LIGO 探测器而言），地震……不胜枚举。我们必须把镜子与这些噪声最大限度地隔离开。否则，你将永远无法识别出一列经过的引力波所产生的微小效应。

　　这就是为什么人们在设计复杂而精细的镜子减振系统上付出了巨大的努力，尝试了几乎每一种可行的技术。振动传感器为消除地面运动干扰的主动减振系统提供了所需数据，与降噪耳机的工作原理大致相同。一组复杂的悬臂式片弹簧使其更加孤立，当然最有效的手段还是摆锤装置。

　　一个简单的实验便可以揭示出摆锤的减振效果。取一根 1 米长的细绳或者风筝线，将其绑到一个较重的咖啡杯的把手上。抓住绳子的末端，让咖啡杯静止悬挂。如果你缓慢地让绳子向左向右移动，咖啡杯会随之运动。但如果你让绳子移动得更快一些，咖啡杯反而不怎么动。如果你在这个咖啡杯下面用另一根绳子再绑一个咖啡杯，效果就会更明显：上面这根绳子的快速运动似乎根本不会影响到这两个咖啡杯。同样地，一面悬挂的镜子可以从其周围高频率的振动中被隔离开。LIGO 探测器使用的是四级摆锤，镜子本身的厚度和重量也使其更加稳固——直径 34 厘米，厚 20 厘米，重约 40 千克。它们被最细（0.4 毫米）的金属丝悬挂着，由石英玻璃制成，非常坚硬。镜子的高纯度和简洁性也对探测有所帮助。

　　显然，想要消除所有的振动是不可能的。总会有残留的地震噪声和镜子的运动，尽管非常微小。为了完全确认一个微弱的引力波信号，至少使用两台相距几百甚至几千千米的相同探测器十分必要。两个天文台的背景噪声是不同的，但任何来自宇宙的引力波信号却是相似的——也许在细节上会略微不同，这取决于波原初的方向以及两台探测器的方位。但利文斯顿和汉福德的两台设备，在百分之一秒的时间内应该能探测到相同的引力波。实际上，2002—2010年，一列引力波有可能被三台仪器探测到。少有人知道，汉福德一开始有两台不同的、完全独立的探测器：一台有着4千米长的干涉臂，而另一台的干涉臂长只有前者的一半，它们被安放在同样的管道里。

不用多说，激光器、分光器、光电探测器也必须被最大限度地从外界振动中隔离开。除此之外，所有的敏感部分都被密封在一个巨大的真空腔里。就连4千米长的干涉臂——激光来回反射的钢管——也是真空的。你不愿意看到镜子在空气分子的撞击之下来回摆动，你也不希望激光被空气分子和细小的尘埃颗粒散射。LIGO的大约9 000立方米的高真空系统是世界上最大的一个。

另一个潜在问题是激光在镜子表面施加的辐射压，以及"热噪声"——环境温度在镜子涂层上造成的非常微小的分子运动。当然，轻微弯曲的镜面应该被高度抛光，以免一些微小的异常破坏激光的相干干涉。

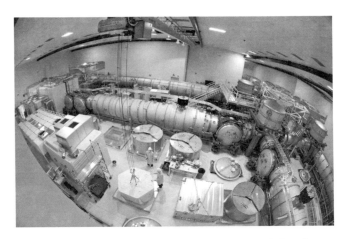

图7-3　鱼眼镜头下的汉福德天文台的激光与真空设备区

潜在噪声的清单还很长，它们都会阻碍我们对引力波的探测。但针对每一种噪声，科学家和工程师们都找到了一种解决方法或者变通方案。

LIGO 探测器附加的子系统进一步提高了它的灵敏性。比如，一台激光清洁器（正式名称为"输入模式清洁器"）确保激光尽可能地纯净和稳定。进入管道的光波必须波长完全相同，并精确地发生相干干涉。

另一个必不可少的系统是光功率回收镜。你或许还记得从两条干涉臂返回的激光在分光器再次相遇时发生了什么：它们在一个方向上相互抵消，在另一个方向上相互增强。因此，在正常情况下，大部分激光都回到了它出发的地方。不想方设法地利用所有的激光能量就是一种资源浪费，所以，科学家们配备了光功率回收镜，旨在将激光留在干涉仪中。结果就是，探测器更加灵敏。

那些来到黑暗地带的少量激光也被反射回干涉臂中，这个非常新奇的过程叫作信号回收。科学家们甚至用所谓的"压缩光"——海森堡不确定原理被改编成一种合乎我们口味的量子光学把戏——进行实验。即使你不理解其中的细节也没关系，你只需要知道它改进了精确度。

像探测引力波这样的科学活动可不是儿童的游戏。约瑟夫·韦伯的棒状探测器非常先进，其中一台如今陈列在汉福德天文台的入口。建造一台引力波激光干涉仪是在一个非常与众不同的联盟中做游戏，这里的一切把科学和技术推向极限。激光器、输入模式清洁器、分光器、高真空技术、石英玻璃镜面、减振悬挂系统、光功率和信号回收技术、光电探测器、超精准测量……所有这一切都必须天衣无缝地匹配在一起，完美高效地运行。[28]

它确实做到了，GW150914 事件就是最好的证据。在阿尔伯特·爱因斯坦首次提出时空中存在难以捉摸的涟漪后，过了将近一个世纪物理学家们终于成功地直接探测到引力波。多么坚毅啊！

◎

回想 1998 年春天，利文斯顿的台站主管格里·斯塔普菲尔告诉我，他坚信引力波会在 2002 年 LIGO 探测器开始运行后不久被探测到。"你必须相信些什么。"他说。但截至 2010 年，经过许多个月的连续观测，依然什么都没有发现。很显然，正如大多数人预料的那样，在 8 年的时间里第一代 LIGO 的灵敏度并不足以捕捉到引力波信号。

在我第一次参观 LIGO 的大约 17 年后，2015 年 1 月，时任汉福德天文台台长的弗雷德里克·拉布（Frederick Raab）表现得很乐观。"如果什么也没有发现，人们将会非常惊讶。"他告诉我。那时，一套全新的激光器、镜子、悬挂系统还有探测器被安装到已有的大楼和隧道中。科学家、工程师和技术人员正在忙着调试新设备，其中一条干涉臂的锁定首次得以实现。第二代探测器"高新 LIGO"（Advanced LIGO，简称 aLIGO）一旦调试完毕，将会达到 10 倍于第一代 LIGO 灵敏度的设计目标。因此，它将能够捕捉到 10 倍距离远的信号，监测 1 000 倍大的太空范围。拉布的乐观看起来合情合理。

我依然记得在驾车穿越沙漠驶向里奇兰市的酒店时，我仍在思考追寻引力波的早期的很多误解和错误的出发点。这颗星球上最聪明的那些头脑已经就这一话题争论了几十年。爱因斯坦从未完全确定引力波的存在，很多探测引力波的尝试也未取得成功。如今，新一代的卓越科学家将他们的心血和努力投入到这些庞大、昂贵的激光干涉仪——人类历史上建造的最灵敏的探测器上。

要是他们错了，该怎么办？要是到头来爱因斯坦波并不存在，又该怎么办？

那一夜，我无法入睡。在那里，一群科学家已经为此努力工作了 40 余载。他们与技术阻碍、政治制约、预算不足、个人恩怨等做斗争。他们倾尽一切努力走到这里：巨型激光干涉仪的完工应该可以最终探测到宇宙中的涟漪。如果还是一无所获，该怎么办？

就在我躺在床上忧心忡忡的时候，由宇宙深处的两个黑洞碰撞引起的一阵时空扰动即将完成它 13 亿年的旅行，来到银河系中的一颗小小行星上。引力波失去了它原本响亮的声音，比微弱的耳语声大不了多少，所有人都难以察觉，唯独逃不过最灵敏的探测器的耳朵。有史以来人类直接探测到的第一列爱因斯坦波此时已经走过了离我们最近的恒星——比邻星，十分轻微地拉伸和挤压着奥尔特星云一侧冰冻的彗星。在它前方 2/3 光年处的是太阳，有一颗很小的蓝色行星正在绕着太阳运转。

此时，LIGO 已经准备就绪了。

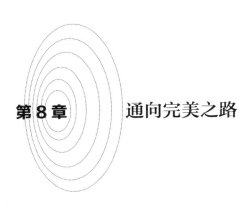

第8章　通向完美之路

　　我第一次见到雷纳·韦斯是在华盛顿州西雅图会议中心的电梯里。[29]
那是 2015 年 1 月初，我正在参加第 225 届美国天文学会会议。韦斯正打算就
引力波的历史发表演讲。我们一同下了大概三层楼，除了互相说"你好"和
"再见"，再无其他交流。"看来他是位安静的老人"，我心里想。

　　是的，韦斯当时 82 岁，但我后来发现，他根本不是沉默寡言的人。他的
演讲结束后，我想问他一些问题，而他却滔滔不绝。名字、日期、事件、对
我的书的建议、技术细节、书呆子的笑话、个人故事……他提供的信息如雪
崩般涌来。在 2016 年夏天的一次访谈中，他也是这样。我向他预约了 45 分
钟的时间，最终我们却聊了一个半小时左右，或者更确切地说，是他说了大
约一个半小时。

　　要说有人擅长讲述关于 LIGO 项目的精彩故事，这个人一定是雷纳·韦
斯。[30] 他被公认为这个项目的创始人，虽然他不是激光干涉仪的创造者。韦
斯善于沟通和鼓舞人心。忙碌、执着、善解人意……每个跟他一起工作过的
人都对他印象很好。而且，很多人认为，如果没有韦斯的才华和持续的热情，
LIGO 项目就不可能存在。

1932 年秋，就在阿尔伯特·爱因斯坦永远地离开德国柏林的几周前，雷纳·韦斯在柏林出生。儿时，韦斯在布拉格住过一阵子，他 7 岁时，在第二次世界大战爆发前夕，韦斯一家迁居纽约。（韦斯的父亲是一名犹太裔医生。）年少的雷纳是一个天资聪慧、好奇心强的孩子，还是一个修理匠。他会修理烤面包机。他可以先将手表拆解，再把它重新组装起来。他在路边漫步时，喜欢拣拾那些可能会派上用场的但被别人丢弃的电子部件。他甚至开展了为他的高中同学修理坏掉的收音机和唱片的生意。

20 世纪 40 年代晚期，韦斯可以算得上一名音频工程师了，人们雇用他制造半专业的高保真音响系统。他并未因此变得非常富有，却也赚了一些钱。为什么去上大学呢？韦斯回忆说，他是想学习更多的降噪技术。当时流行的每分钟 78 转的唱片会产生很多"噼啪"声和"嘶嘶"声，而韦斯无法找到一种方法来解决这个问题。他认为，在剑桥市著名的麻省理工学院学习电气工程一定会对此有所帮助。

这个想法过于乐观了。工程课很无聊，韦斯没有学到任何新知识。物理课会不会更有趣呢？从某种程度上说，是这样的。但是，韦斯再次因为生命中的其他事情而分心，以至于学业方面没有多大的进步。比如，他和一位美丽的女钢琴师不可救药地坠入爱河。"我跟着她一路到了芝加哥，"他回忆道，"但她认为我对她的爱远多于对她的帮助。最终，我回到麻省理工学院。"

1960 年前后，一个物理学漏洞找上了韦斯。确切地说，是实验物理学的漏洞。作为麻省理工学院杰罗尔德·扎卡赖亚斯（Jerrold Zacharias）的一名研究生，师徒二人致力于制造最早的商用原子钟，即大约 10 年后被约瑟夫·哈费勒和理查德·基廷带上飞机做实验的那种装置的前辈。事实上，扎卡赖亚斯本打算将他的钟表带到少女峰，那是阿尔卑斯山脉的一座 3 470 米高的山峰。他的目标是，比罗伯特·庞德和格伦·雷布卡测量的引力红移效应更加准确。

韦斯的瑞士实验之旅并未成行，尽管如此，他依然沉迷于有关引力和精密测量的一切，这使得他最终成为 LIGO 项目的创始人之一。在大约两年的时间里，他在普林斯顿大学做博士后研究，与著名的物理学家罗伯特·迪克（Robert Dicke）一起建造引力测量仪。回到麻省理工学院后，韦斯组建了一个新的宇宙学和引力研究小组。20世纪60年代，宇宙学还处于发展阶段。大爆炸理论变得更加流行，特别是1964年被称为"创世余辉"的宇宙微波背景辐射的发现。对于一名物理学家而言，宇宙学和广义相对论显然是一枚硬币的两面。

因此，麻省理工学院物理系让韦斯教授广义相对论课程并不让人觉得意外。那是1967年，大约在约瑟琳·贝尔发现第一颗脉冲星前后。但雷纳·韦斯是一名工匠，而非理论学家。"那些数学运算远远超出我的能力范围。"他说。"但是我不能告诉他们我驾驭不了这个题目，这是自然。那是地狱般的一年，我花费了自己几乎所有的自由时间来学习相对论。有时我的学习进度仅比我的学生们快一天，而他们远比我聪明。"

与此同时，在麻省理工学院西南方向几百千米远的马里兰大学，约瑟夫·韦伯正在尝试他的棒状探测器。听说了这件事后，韦斯的学生对韦伯棒感到好奇，并向他提问了一些关于引力波探测的问题。又一次，神秘莫测的事物摆在了韦斯面前。但是他找到了一种简洁的方式来解释这个问题，即使用三个相隔较远、自由飘浮的"测试质量"，以及准确的钟表，毕竟他知道关于钟表的一切。韦斯告诉他的学生们，不要测量距离上的变化，而要测量时间上的变化。到目前为止，这些你听起来应该很耳熟。

但韦斯并不知道他的这些想法不是全新的。两位苏联研究者，杰特森斯坦（Mikhail Gertsenshtein）和普斯特沃特（Vladislav Pustovoit）早在几年前就有了类似的想法。然而，他们的相关论文发表在一本苏联的杂志上，因此几乎任何一个美国人都不曾听说过。当时为数不多的与苏联同行有密切联系的美国物理学家之一，就是帕萨迪纳市加州理工学院的基普·索恩。在冷战最白热化的时期，索恩在莫斯科国立大学待过一段时间，与弗拉基米尔·布拉金斯基的精密测量团队一起工作。也正因如此，他才知晓这些更早发表的研究结果。

无论怎样，韦斯建立了引力波干涉仪的工作原理，这一具有里程碑意义的论文于 1972 年发表在麻省理工学院的《季度进展报告》（*Quarterly Progress Report*）上。[31] 在大约 45 年之后，索恩等科学家依然对这篇文章印象深刻。它提及了大多数基本元件，还详细地描述了很多实验人员需要处理的很多噪声源，以及他们应该如何应对。毫无疑问，这篇文章帮助了那些正在建造干涉仪的人，让他们的头脑更加敏锐。

既然如此，韦斯为什么没有根据他 1972 年的"食谱"建造一台探测器原型机呢？实际上，他动手做了，但由于资金问题延迟了好久。一开始，麻省理工学院物理系得到美国国防部的大力资助。"二战"后，军队需要大量优秀的新科学家和工程师，大致标准是"我们不关心他们做什么，但要确保他们是有学位的"。但很多人对这一做法感到不满，他们认为军事不应该对科学的发展施加任何影响。新的立法确保了这一点，即未来美国国防部只能资助与国家安全问题相关的科学研究。由于宇宙学和引力与国防问题并没有什么关系，韦斯失去了军方的资助，而麻省理工学院很难也没有兴趣为之寻找替代方案。就在不久前，学校行政部门甚至决定要解散该研究小组。虽然韦斯的宇宙微波背景辐射的研究工作依然有 NASA 的支持[32]，但他的引力波项目几乎在一夜之间被扼杀，他不得不向美国国家科学基金会（NSF）寻求资助。

当时，美国国家科学基金会还在支持约瑟夫·韦伯的韦伯棒实验。这种新的干涉仪怎么样，它真的更有希望吗？ 1974 年，美国国家科学基金会将韦斯的基金申请计划书发给多个研究小组以期得到客观的评价。"我的想法在我得到资金支持之前就传遍了全世界。"韦斯说。直到 20 世纪 70 年代末，他才最终得到美国国家科学基金会的资助，开始建造他自己的小型干涉仪原型机。

受韦斯观点启发建造的一台早期干涉仪原型机是德国慕尼黑的三米干涉仪，它是由马普天体物理研究所的计算机先驱、物理学家海因茨·比林领导的引力波团队建造的。比林此前已经建造出灵敏的棒状探测器用于检验约瑟夫·韦伯的说法，但和其他人一样，他什么也没有发现。当然，这并不表示爱因斯坦波不存在。正如比林在审阅韦斯的美国国家科学基金会资金申请报告中读到的那样，干涉可能是一条更有希望探测到引力波的路。为什么不试试呢？另一台早期干涉仪原型机是加州马里布赫尔斯研究实验室的两米干涉仪，它是约瑟夫·韦伯曾经指导的博士后鲍勃·福沃德的智力结晶。

当韦斯建好并开始运行他的干涉仪原型机时，加州理工学院的基普·索恩也建立了一个实验小组。基普是一位纯粹的理论学家——一个思考者（thinker），而不是一个工匠（tinkerer）。1973 年，索恩、查尔斯·米斯纳（Charles Misner）以及他的导师约翰·惠勒合写了一本 1 300 页的引力教材——《引力论》（*Gravitation*）。近几年我采访的每一位物理学家都把这本巨著放在自己的书架上，这无异于一本广义相对论的"圣经"。

但是，索恩没有什么实验经验。令韦斯沮丧的是，《引力论》的初版直截了当地声称激光干涉仪永远不可能灵敏到真正探测到爱因斯坦波。在韦斯看来，索恩无疑需要受些教育。事情发生在 1975 年的一个令人难忘的晚上，在华盛顿特区中心的一家宾馆里。

在那一年的早些时候，NASA 请韦斯担任一个引力物理太空应用方面的委员会的主席。当时 NASA 已经资助了弗朗西斯·艾维特的"引力探测器 B"实验。韦斯邀请索恩向委员会分享自己的观点。"我去机场接他，"韦斯回忆道，"此前我们从未见过面。他没有预订宾馆，我们俩住在同一个房间。我们整晚都在谈论引力波和实验，直到大约凌晨 4 点。"

他们是两个迥然不同的人。韦斯当时 42 岁，一身标准的物理学教授的装扮：穿着毛衫和耐磨的鞋子，搭配一件廉价的花呢大衣和领带。索恩 35 岁，是来自加州的前嬉皮士，留着长发，蓄着胡子，戴着耳钉，穿着凉鞋。但是，他们相处得非常融洽。"那一夜，"韦斯说，"他完全转变了态度，对激光干涉仪产生了希望。他非常聪明。"

基普·索恩开始计算不同灵敏度的激光干涉仪能探测到的引力波的预期数量。它们需要花多长时间才有可能"感应"到引力波呢？最有希望激起时空涟漪的天文事件就是中子星或者黑洞的猛烈合并。在阿雷西博天文台，拉塞尔·赫尔斯刚刚发现第一颗脉冲双星。这是在乔·泰勒和乔尔·韦斯伯格确认该系统在产成引力波的过程中会失去能量的不久前。此时此刻，这个源产生的引力波太过微弱以至于无法在地球上探测到。不过随着时间的流逝，它们变得越来越强，当两颗中子星最终相撞并合为一体时，广义相对论预言会发生爱因斯坦波的巨大爆发。对于合并的黑洞来说，预期振幅会更大。

中子星和黑洞的碰撞在宇宙中其实极为罕见。如果这样的灾难性事件在银河系发生，即使是一根简单的韦伯棒也能探测到其发出的引力波信号。但遗憾的是，这样的事件发生得并不频繁，下一次发生可能在数千年之后。而一台灵敏的干涉仪则有能力捕捉到其他星系中的天文事件所产生的爱因斯坦波暴，最远可达数千万光年。只要探测器足够灵敏，我们就可能每年捕捉到多引力波信号。

索恩还想说服加州理工学院资助真正的实验——不只是停留在理论层面上，而是建造干涉仪原型机并开展探测工作。他想在约瑟夫·韦伯失败的地方取得成功。没错，寻求新机遇和迎接令人畏惧的挑战就是科学的全部。但据韦伯的遗孀弗吉尼亚·特林布尔所说，私人感情可能也起到了一定作用。"20世纪60年代末，我和基普谈过一场恋爱。"她告诉我，"当1972年我和约瑟夫结婚时，基普或许觉得约瑟夫偷走了自己的前女友。"

无论如何，加州理工学院的研究小组开始了工作。索恩很乐意将他的苏联好友弗拉基米尔·布拉金斯基请到帕萨迪纳，布拉金斯基是一名真正的实验者，自1968年以来一直与索恩一同工作。然而，冷战这一严峻的政治现状成了他们之间的难以跨越的桥梁。于是，索恩听取了布拉金斯基和韦斯的建议，与格拉斯哥大学的罗纳德·德雷弗接触。虽然资金很少，但德雷弗凭借他的聪明才智也建造了棒状探测器。他还着手研制自己的干涉仪原型机，成为这个领域中最有创造力的一员，总会萌发出新颖巧妙的想法。自1979年起，德雷弗将他的时间分配在格拉斯哥大学与加州理工学院两地。1984年，他成为加州理工学院的一名教员。

因此，在20世纪80年代初，关于引力波的物理研究非常侧重于激光干涉仪原型机的建造。在格拉斯哥大学，科学家正在建造一台臂长10米的仪器。更大的仪器自然更好，但它必须能被放入大学的物理实验室。在慕尼黑，海因茨·比林和他的同事建造了一台灵敏的 30 米长的探测器原型机。它的尺寸是根据马普天体物理研究所的花园面积决定的。在加州理工学院校园的东北角，一栋酷似仓库的建筑物成了罗纳德·德雷弗的 40 米"新玩具"的家。

同时，在马萨诸塞州剑桥市，雷纳·韦斯和他的研究生、博士后团队不得不局限于一台桌面仪器。它的臂长仅有 1.5 米，这是他们得到的美国国家科学基金会微薄资助所能承担的上限。韦斯表示，就在加州理工学院在这一尝试上投入了大约 300 万美元时，麻省理工学院的行政部门对于支持这项新技术却没有一丁点儿兴趣。"他们认为激光干涉仪永远不可能探测到引力波。一些高层行政管理者甚至对广义相对论以及中子星和黑洞的存在持批判态度。到了 20 世纪 90 年代，这一情况有了明显改观，但回想过去，当时的气氛并不是很理性。"

没有什么能够阻止韦斯解决一台耗资巨大的 10 米引力波干涉仪的预算问题。韦斯及其麻省理工学院的合作者彼得·索尔森（Peter Saulson）、保罗·林赛（Paul Linsay），以及加州理工学院的斯坦·惠特科姆（Stan Whitcomb）联合起草了研究计划。这份研究计划，成了人们熟知的"蓝皮书（1983）"[33]，意在说服美国国家科学基金会资助一个重大的科学项目。

在美国国家科学基金会引力波物理项目主管理查德·艾萨克森（Richard Isaacson）的热情推动下，"蓝皮书（1983）"受到重视，并得到同行评审的赞许。最终，这一发展计划被美国国家科学委员会（NSB）——美国总统和国会的科学政策咨询机构——所批准。一年之后，政府资金到位。但有一个附加条件，那就是麻省理工学院和加州理工学院要合作开展此项目。这似乎没有问题。

但是，事情并非如此。罗纳德·德雷弗不太情愿和雷纳·韦斯开展密切合作。没错，他愿意离开多雨的苏格兰来到晴朗的加州，但他更希望完全靠自己来研制这台巨大的机器。此外，两位科学家对于项目的最佳方案有着不同的见解，德雷弗对韦斯提出的设计方案没什么信心。

回顾 20 世纪 80 年代中期 LIGO 项目的诞生，韦斯很难相信这个"新生儿"能够幸存下来。他与索恩、德雷弗一起，试图尽他们的最大努力来管理这个棘手的项目，他们被称为"三巨头"。"在 2015 年的第一次成功探测之后，我们得到了很多认可和赞誉。"韦斯说，"然而事实上，这让我们备感惭愧。我们非常不称职，没有丰富的经验来运行一个如此庞大的项目。那是一段非常艰难的时期。"

其中还有一些私人恩怨，韦斯和德雷弗相处得不太融洽。"坦率地说，和他一起工作简直难如登天。"韦斯说道，"他的直觉操纵着他前往每一个可能的方向。一天，他有了这个想法。第二天他又想按另一个想法行事。罗纳德的某些想法非常机智，但其他的想法简直糟透了。他拿不定主意，无法做决策。他是一个有着成年人外表的小孩。他什么研究方向都想试试，以至于在相当长的一段时间里，我们完全没有进展。"

那是一个批判性评论的时代，这是 IBM 的理查德·加尔文在 1985 年提出的观点。你应该还记得在 1974 年第五届剑桥相对论会议上与约瑟夫·韦伯发生过"棒之争"的加尔文。对于政府部门来说，他是一位备受尊敬的科学顾问。加尔文对 LIGO 项目的前景充满质疑，美国国家科学基金会听从了他的建议，于 1986 年 11 月在剑桥市组织了一场"蓝丝带"学习周活动。所有人都来了，作为获得诺贝尔奖的物理学家、实验学家、激光工程师，以及高精度镜面制造工艺和计量学的专家，韦斯也被邀请参会。最后，让加尔文无比惊讶的是，委员会竟然欣然采纳了建造 LIGO 探测器的提议，并认为是时候建造一台巨大的激光干涉仪来探测神秘的引力波了。事实上，应该建造两台相距几千千米远的完全相同的探测器。只有这样，科学家们才能信心十足地从背景噪声中识别出真实的宇宙信号。

而且，是时候提高 LIGO 项目团队的管理水准了。1987 年夏天，"韦斯－索恩－德雷弗"三巨头被一位项目主管所取代，他就是加州理工学院的罗克斯·沃格特（Rochus Vogt）。这一决策的好处是沃格特让一切都回归正轨。决策不再难产，最后期限未被拖延，问题也得以解决。在任职两年之后，沃格特实现了他的主要目标：为激光干涉引力波天文台的建造制定一个最终的、详尽的方案 [34]，并得到美国国家科学基金会的批准。这很了不起。

图 8-1 （从左向右依次是）基普·索恩、罗纳德·德雷弗和罗克斯·沃格特站在帕萨迪纳市加州理工学院的 40 米干涉仪原型机前。摄于 20 世纪 80 年代晚期

而这一决策的弊端则在于罗克斯·沃格特不是一个好相处的人。他通过发号施令的方式进行管理，任何不服从命令的人都会被他赶走。"根据我听到的关于他的传闻，我知道他是管理这个项目的合适人选。"韦斯说道，"但我没有意识到他是如此复杂。加州理工学院的人告诉我'在参与罗克斯主持的项目之后，你就不再是原来的自己了'，他说的没错。"

罗克斯提案的一个重要部分是它的两步走计划。根据这份提案，LIGO探测器的第一个版本（被称为第一代 LIGO 或 iLIGO）将在 21 世纪初建造完毕。它将达到科学家和制造业在 20 世纪 90 年代所能实现的最佳灵敏度，应该可以探测到 5 000 万光年远的中子星合并产生的爱因斯坦波。在太空的这个范围中有数千个星系。要是走运的话，iLIGO 或许能在它大约 10 年的预期运行寿命期间赶上一两次双中子星的合并。这是基普·索恩的乐观估计。

iLIGO 的主要目的是获取关于这些新技术的第一手经验，找出可能出现意外问题的地方，并证明同时运行两台巨大的设备是可行的。与此同时，更高灵敏度仪器的研制工作也要继续下去，应当寻求更强更纯的激光，更高质量涂层的镜子，更减振的悬挂系统，以及更巧妙的干涉仪结构。高新 LIGO 则会在 2015 年前后上线，它是我们真正需要的那台设备，相较 iLIGO，它有 10 倍高的灵敏度、10 倍远的距离，以及 1 000 倍大的体积。也许它每年能数十次地探测到引力波，谁知道呢？

当 LIGO 探测器的研制计划书于 1989 年 12 月被提交到美国国家科学基金会时，2015 年还是 1/4 个世纪远的未来。这无疑是一份很大胆的计划。恰如其分地，这份文件的前言以尼科洛·马基雅维利（Niccolò Machiavelli）的名言作为开头："没有什么比引入新秩序更加难以掌控，更加冒险，更加不确定成败了。"

困难、冒险、不确定……但马基雅维利没有提到昂贵。尽管这份提案的预算金额将近 3 亿美元，美国国家科学基金会还是于 1990 年批准了。接下来就只剩一个"关卡"了：由于涉及巨额资金——在美国国家科学基金会的历史上前所未有——这个项目必须得到美国国会的许可。国会山在 LIGO 探测器的建造问题上有着最终发言权。

这又是一个难关，它几乎扼杀了 LIGO 项目，这部分归咎于贝尔实验室的安东尼·泰森。你应该还记得泰森，他是 20 世纪 70 年代早期约瑟夫·韦伯遭遇最强劲的对手之一。泰森受邀为美国众议院科学、空间与技术委员会作证，他的另一项任务是在天文学界开展一项对 LIGO 项目支持率的调查。

回顾那段往事时，泰森巴不得自己从未接受第二项任务。[35] 他对 LIGO 项目提案的看法遭到了引力波项目团队的严厉批评。他对于 LIGO 的前景虽怀有满腔热忱，但他觉得这个项目还不太成熟。所以他建议国会应该考虑先花钱建一台中等规模的原型机，而不是一步到位。在某种意义上，这是出于技术上的考虑。但是泰森对约 200 位美国著名天文学家的调查却有着更多的政治操控目的。事实证明，5/6 的天文学家极力反对建造 LIGO。它太困难、太冒险、太不确定，更重要的是，它太昂贵了。为什么不把资金花在新望远镜和天文仪器上，而要花在那些已经证明其价值的东西上呢？

部分反对意见与 LIGO 的物理学背景有关。在 20 世纪 90 年代美国国家科学研究委员会的一项有关天文学和天体物理学优先权的咨询报告中，LIGO 被描述为"一个没有显著的天文学相关性的有意思的物理实验"。那些操作激光设备的物理学家居然有胆量称他们的仪器是"天文台"？它们至今什么都没有探测到，甚至无法指向天空中的一个特定位置。

当然，泰森有义务汇报他的调查结果。但后果是，他收到了一大堆来自 LIGO 团队成员的愤怒的指责邮件。尽管如此，美国国会最终还是批准了这个项目。这要归功于罗克斯·沃格特两年多的热情游说，虽然对于国会山来讲，他是一个新手，但他的古怪性格却吸引了立法者的注意。终于，1992 年，在罗纳德·德雷弗首次在麻省理工学院《季度进展报告》上发表那篇开拓性的论文的 20 年后，美国国家科学基金会被批准同加州理工学院、麻省理工学院签订合作协议。两个"天文台"的地址——汉福德和利文斯顿——也选好了。LIGO 的建造工作可以开始了。

真的可以开始了吗？

事实并非如此，至少不是马上开始。加州理工学院里的私人矛盾率先达到了令人尴尬的顶峰。在沃格特成为 LIGO 项目的第一任主管后，他依赖于罗纳德·德雷弗的技术经验。德雷弗有一些聪明的想法，比如通过法布里－珀罗谐振腔来增强激光强度，以及通过光功率回收技术来进一步减少散粒噪声。但是日积月累，沃格特发现自己越来越难应对德雷弗臭名昭著的直觉和优柔寡断。这个项目的大规模改变需要结构、组织和纪律，而这些对德雷弗来说似乎没有多大意义。

于是，讨论变成了争辩，争辩变成了吵架。最后，这两个男人再也不一起交流了。沃格特一见德雷弗进入会议室就会故意走开，这可不是推进一项预算数百万美元的项目的好方式。其他团队成员也发现很难与德雷弗共事，还有不少人十分反感沃格特粗暴和固执的管理方式。据韦斯说，当时的局面糟糕到让人难以置信的地步。一些科学刊物得到消息,以"沃格特-德雷弗风暴"为题的报道出现在《科学》和《自然》杂志上。美国国家科学基金会对此表示强烈不满,加州理工学院的教职工对 LIGO 的未来深感担忧。1992年,他们将罗纳德·德雷弗赶出了项目组,甚至更换了德雷弗办公室的门锁。

这个项目已经严重受损,美国国家科学基金会的一个项目评审小组甚至提议取消这个项目。沃格特对任何形式的外界干预变得更加排斥,因为他想以自己的方式管理 LIGO 团队。这与美国国家科学基金会的观点不一致,基金会要求他们的运营更加开放,花费的每一美元都应该有正当的理由,对项目进展的每一步都有适当的报告。美国国家科学基金会能够真正信任罗克斯·沃格特吗?确实,他曾在推动国会批准 LIGO 项目上起到重要作用。但是最终,项目评审小组得出结论:沃格特不是管理 LIGO 项目的合适人选。美国国家科学基金会的官员,同麻省理工学院和加州理工学院的高级行政人员一起,在 1993 年年底得出结论:沃格特也必须离开。LIGO 项目太重要了,不能被任何一个人的怪癖毁掉。

那么,谁是胜任这项工作的正确人选呢?

也许是加州理工学院的粒子物理学家巴里·巴里什(Barry Barish)[36]。他是一个很随和的人,而且做事非常有条理,在主持大科学项目方面经验丰富。在此之前,他一直是一项大型实验的负责人之一。这项实验计划是 SSC(Superconducting Super Collider,超导超大型加速器)项目的先锋。SSC 是美国的一台庞大的粒子对撞机,它可以帮助我们寻找神秘莫测的希格斯玻色子。如果你不熟悉这台设备的名字,那很可能是因为它从未被建造出来。1993 年 10 月,这个由美国能源部资助数十亿美元的项目被国会叫停。巴里什刚好可以空出时间做其他事情。

1993 年圣诞节期间,加州理工学院校长、物理学家托马斯·埃弗哈特(Thomas Everhart)找到巴里什。巴里什会考虑接管 LIGO 项目吗?他们在一次海边漫步时探讨了这件事。巴里什无法立即做出决定。他还处在 SSC 项目失败的阴影当中。而且,他曾经目睹 LIGO 项目的起起落落,他知晓其中的所有困境。这真的是一个可行的项目吗？

巴里什最终还是答应了。1994 年 2 月，他取代沃格特成为这个项目的首席科学家。他发挥自己在策略和管理方面的技能，成功地驾驶 LIGO 这艘大船进入平静的水域。巴里什的做法从根本上讲就是废除已有的管理结构，大量引进新生力量——许多粒子物理学家正在寻找新工作，以及对这个项目进行更现实的成本评估。他告知美国国家科学基金会，要想为大约 15 年后的高新 LIGO 的开发和实现做准备的话，这个项目大约要比先前的估算的贵 40%。

1994 年春天，当建造的准备工作即将在汉福德展开时，两件值得注意的事情发生了。一是项目评审小组强烈建议继续推进 LIGO 项目。巴里什和项目的首席理论学家基普·索恩被邀请到华盛顿特区，在美国国家科学基金会会议上作证。他记得整个过程非常正式，持续了一个小时左右。索恩讲述了科学研究方面的内容，包括 LIGO 可能探测到的最佳预期事件的数量；巴里什则讲述了他关于如何实现这个项目的全新观点。

1994 年夏天，尽管 LIGO 项目的总花费会更高，但还是得到了批准。回想那如同坐过山车的一年，巴里什称之为"奇迹"。"但是更大的奇迹，"他说，"就是至今为止美国国家科学基金会已经持续资助这个项目有 20 多年了。潜在的收益很大，但风险也很大。不过话说回来，最好的科学总是免不了冒险。"[37]

有了美国国家科学基金会对项目的许可，激光干涉引力波天文台终于成为现实。差不多 4 年之后，利文斯顿的台站主管格里·斯塔普菲尔带我参观了那座尚且空荡的设施，并对即将到来的第一次探测满怀信心："你必须相信些什么。"

◎

位于圣斯特凡诺马切拉塔镇的爱德华多·阿马尔迪大道，距离意大利比萨的主教广场仅有 30 分钟车程。在历史悠久的比萨市中心，游客们在比萨斜塔前自拍，也许还会疑惑为什么引力没让这座宏伟的建筑倒下（大概是因为它被钢丝绳稳定住了）。有些人可能还知道伽利略为了证明亚里士多德是错误的，从塔上抛下不同质量的球这个虚构的故事。但很少有人意识到，欧洲大陆上灵敏度最高的引力测量工作正在东南方向 30 分钟车程远的地方进行。

然而，2015 年 9 月下旬，在我参观期间[38]还没有完成任何探测工作，因为 Virgo 探测器正在进行升级。"高新 LIGO 探测器在几天前开始了运行。"费德里科·费里尼（Federico Fellini）说道，他是欧洲万有引力天文台的台长。"和他们一样，我们也在安装全新的、更加灵敏的仪器。在 2016 年年底或者 2017 年年初，我们计划加入高新 LIGO 探测器的第二次观测运行。"目前，还有很多待解决的问题和需要跨越的难关。宏大的科学就是不断试错的过程，在费里尼办公室的墙上，有这样一条标语："让我们明天犯更好的错吧。"

这位意大利物理学家半开玩笑地告诉我，几周之前，当他和他的妻子参观里窝那市附近的著名朝圣地蒙特内罗圣殿时，他曾祈祷真正探测到爱因斯坦波。"我的台长任期将于 2017 年年底结束。"他说，"我相信到那时我们会得到一些探测结果。"但他并未告诉我，就在我来此参观的 8 天前，GW150914 引力波信号令他们狂喜不已，而 LIGO-Virgo 合作组织的成员那时还不准公布这个消息。难怪费里尼的话听上去那么自信。

Virgo 的规模可以与 LIGO 相提并论，尽管它的干涉臂长 3 千米而不是 4 千米。而且，无论是和华盛顿州的汉福德相比，抑或是和路易斯安那州利文斯顿北部的森林相比，比萨的东南部地区人烟都更加稠密。Virgo 探测器的激光管道和 LIGO 探测器一样，都铺设在地面上。人们不得不建造若干座低矮的桥梁，以便农民的拖拉机通行。管道表面被涂上天蓝色，以免和友好的意大利的景色不太协调。

调试员巴斯·斯温克尔斯（Bas Swinkels）带我参观了这台设备，他是这个天文台里唯一一位荷兰籍科学家。Virgo 一开始是一个法国—意大利项目，后来匈牙利、波兰和荷兰也加入进来。斯温克尔斯带我进入 Virgo 探测器的激光和真空设备区域。那里空间很大，但却装满了高大的真空腔。对高新 LIGO 探测器来说陌生的是低温阱，那是来自阿姆斯特丹的荷兰国家核物理和高能物理研究所（NIKHEF）的重大贡献。他们利用液氮技术冻结了系统中的任何剩余污染，从而得到更高质量的真空。斯温克尔斯还骄傲地向我介绍了 Virgo 的超级衰减器：共计 10 米高的 7 个倒立摆，镜面被石英玻璃线悬挂在下面。

图 8-2　意大利比萨附近的 Virgo 引力波探测器鸟瞰图。农民们可以通过桥梁跨过这些 3.5 千米长的激光管道

　　在台站里四处走走看看，你很难相信直到 20 世纪 80 年代，Virgo 项目还只是一个想法，特别是在你知道 LIGO 项目花了多长时间才起步的前提下。话说回来，欧洲没有率先做这种项目其实反倒是有利的，因为相关研究已经在美国广泛地开展多年了。

　　意大利物理学家是经验丰富的引力波"猎人"。20 世纪 70 年代初期，爱德华多·阿马尔迪（Edoardo Amaldi）和圭多·皮泽拉为了检验约瑟夫·韦伯的宣言，建造了他们的第一台灵敏的棒状探测器。他们在意大利核物理研究院（INFN）下属的弗拉斯卡蒂实验室的团队正在和慕尼黑的海因茨·比林领导的马普所团队开展合作。他们没有发现令人信服的东西，但激光干涉仪或许是一条可行的道路。

至少，粒子物理学家阿达尔伯尔托·贾佐托（Adalberto Giazotto）是这样想的。贾佐托是地震隔离方面的专家，20 世纪 80 年代，他和法国国家科学研究中心（CNRS）的阿兰·布里耶（Alain Brillet）组建了团队，布里耶熟知光学和激光的一切。他们一起想出了建造 Virgo 探测器的计划——LIGO 项目在欧洲的版本。就在罗克斯·沃格特完成最初的 LIGO 项目计划书并提交给美国国家科学基金会之前，一份正式的欧洲引力波探测项目计划书于 1989 年被提交给法国政府和意大利政府。

Virgo 这个名字不像 LIGO 一样是个缩写，而是以室女座星系团的名字命名的。室女座星系团位于距离地球 5 000 万光年远的地方，贾佐托和布里耶希望这台探测器可以捕捉到那里的中子星合并所产生的爱因斯坦波。

就总体的灵敏度而言，Virgo 探测器可以与 LIGO 探测器相媲美，虽然前者的干涉臂短一些。但是，欧洲人希望他们的探测器在低频上有更好的表现。该怎么实现呢？答案是：更好的镜面悬挂系统。一个由贾佐托设计的巨大的多级摆系统应该可以达到这个目的。一台原型机于 1987 年建造完毕，就在比萨的弗拉斯卡蒂实验室里，它如今被陈列在欧洲万有引力天文台的主楼大厅里。

Virgo 并不是欧洲唯一的计划。在 20 世纪 80 年代晚期的德国，还有 3 000 米干涉仪计划，是海因茨·比林的 30 米原型机的 100 倍。比林于 1989 年退休，他的开拓性工作交由卡斯滕·丹兹曼（Karsten Danzmann）继续推进。当时 75 岁高龄的比林，对他的接班人的努力终将得到回报这一点深信不疑。"丹兹曼先生，"他说，"我会一直活到你发现引力波的。"[39]

德国人和苏格兰格拉斯哥大学的实验主义者以及威尔士卡迪夫大学的理

论家结为同盟。他们称自己的干涉仪为GEO，即德国—英国天文台（German-English Observatory）。丹兹曼现在承认，当时的自己太愚昧无知了：苏格兰和威尔士虽然都是英国的一部分，但你绝不应该把苏格兰人或威尔士人称为"英国人"。不久之后，GEO 就变成了 Gravitational European Observatory（欧洲引力天文台），尽管这个全名几乎没被使用过。

1990 年夏天，这个预算为 1 亿欧元的项目看上去就要被批准了。然而，在接下来的两年里，由于 1989 年柏林墙的倒塌以及民主德国和联邦德国随后的统一，GEO 悄无声息地消失了。新政府的大部分科学基金被投入到民主德国的重建工作上，所以几乎没有资金留给这项大型计划。到了 1992 年，GEO 显然没有任何进展。

在丹兹曼从慕尼黑搬到下萨克森州的首府汉诺威后，新的机遇出现了。在汉诺威大学，著名的激光物理学家赫伯特·威灵（Herbert Welling）正在重组物理学系，实验物理学在他的议事日程上居于重要地位。1993 年，他邀请丹兹曼来组建新项目，它将得到大众汽车基金会的部分资助，毕竟这是一家总部位于下萨克森州的德国汽车公司。不久，GEO 项目得以启动，尽管在规模和成本方面都有所削减。

Virgo 项目于 1993 年被批准，最初是一个 7 500 万欧元预算的项目，建设工作在三年后开始。而 1 000 万欧元预算的 GEO600 项目——这个新名字反映出它的干涉臂仅有 600 米长——则于 1994 年启动，1995 年在汉诺威南部开工建设。欧洲人处在快车道上。

与参观 LIGO 和 Virgo 相比，参观 GEO600 [40] 是完全不同的体验。你很难找到这个台站。在小村庄鲁特的西侧，你得先找到大学农业系的田地，然后沿着一条狭窄泥泞的小路走到一片分布松散的活动板房前，它们就是 GEO600 天文台的办公室、控制室和食堂。600 米长的波纹状激光管道看起来就像廉价的废水处理系统的一部分，它们被隐藏在沟渠中，很容易就会被错过。外表是可以骗人的，当你走进半地下式的核心建筑时，你很快就会被高科技的激光仪器、电子货架和装有精密光学器件的真空腔所包围。

我参观它是在 2015 年 2 月初，那时 GEO600 是世界上唯一一台正在运转的激光干涉仪，LIGO 和 Virgo 都已经暂时关闭，处于升级过程中。可是，没有人期望这台小小的探测器能真正捕捉到时空的涟漪，它的灵敏度比起它的那三个大块头同类来说要差得多。因此，该设备的主要目标就是开发和测试新技术，信号回收技术就是在这台干涉仪上开发出来的。此外，GEO600 也是第一台展示压缩光技术的仪器，由此量子效应被用于进一步稳定干涉仪的输出结果。

欧洲的引力波探测项目——尤其是 Virgo——被看作 LIGO 项目的竞争者。有些人认为欧洲人可能会赶在美国人之前成功实现爱因斯坦波的第一次探测，这一可能性甚至在 LIGO 项目的最终幸存中起到了作用。但是很快地，各方都可以从某种程度的合作中获益。

早在 1999 年 11 月 LIGO 探测器的正式落成典礼的两年前，GEO600 就已经加入了 LIGO 科学合作组织。汉福德、利文斯顿和 GEO600 的第一次共同观测运行开始于 2002 年。一年之后，Virgo 也开始运转。2007 年，LIGO 和 Virgo 合作组织签署了联合数据分析协议。自那以后，这 4 台仪器所有的工程数据、检验结果、观测发现以及科学分析都在多个团队的上千名成员间共享。

这是一条漫长又曲折的道路，但结果好就一切皆好。在历经长时间的调整和数年的观测之后，LIGO 和 Virgo 的最初版本分别于 2010 年 10 月和 2011 年 12 月停止运转。这时，距离约瑟夫·韦伯第一次开始思考测量微弱时空涟漪的方法已经过去了半个世纪，而引力波尚未被探测到。但是，每个人都很乐观。高新 LIGO 和高新 Virgo 的建设即将开始，新探测器在 5 年内就会完工。最终，与前一代设备相比，它们将会达到更高的灵敏度。只需要再耐心地等上几年。

2014 年 3 月 17 日，马萨诸塞州剑桥市的哈佛–史密松天体物理中心（CfA）的科学家公布了"第一幅关于引力波的直接图像"。它不是来自碰撞的中子星或者合并的黑洞，而是来自大爆炸。它也不是由一台巨大的激光干涉仪捕捉到，是南极的一台小型微波望远镜观测到了它。

在数十年的发展、建造、检验以及花费数亿美元之后，雷纳·韦斯、基普·索恩、罗纳德·德雷弗还有其他人会得到他们想要的结果吗？

那就是第 10 章的故事了，不过我必须先解释宇宙的诞生。

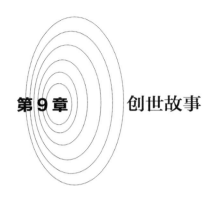

第9章　创世故事

"一开始什么也没有，然后就爆炸了。"

特里·普拉切特（Terry Pratchett）的这句名言经常被用来（或者可以说是被误用来）取笑宇宙学。思路一般是这样的：你声称自己是科学家？声称自己了解宇宙？得了吧，大爆炸理论定是一场闹剧，它没有任何意义可言。也就是说，科学并不是通往真理的路。所以，将神圣的造物主请回来吧。

科学不知道如何治愈癌症，科学对于人类的意识几乎毫无头绪，却没有人认为这些是抹杀科学所做的一切努力的理由。其实我反而会这样认为。然而，最重大且深刻的问题也随之而来：一切是如何开始的？科学家们之所以被嘲笑，是因为他们还未解开这一奥秘。对此你是怎么想的？

如果你不理解宇宙的起源，那很正常。即使是最聪明的宇宙学家也不知道它是怎么开始的。世界上最聪慧的大脑对大爆炸之前到底发生了什么也毫无头绪，如果那个问题有意义。就连史蒂芬·霍金也不能完全确定宇宙是否是无限的，以及是否有更多的宇宙。这些最大的谜题尚未得到解答，也许它们永远不会有答案。但是，自远古时代的神话故事开始，科学已经走过了一段很长的路。

如果你曾试图思考这些宇宙学问题，那么我确信你会遇到麻烦。每个人都不例外。宇宙膨胀、星系红移、时空弯曲、无穷……这些都是棘手的问题。宇宙学不是在公园里散步，接下来我会尽我所能带领你穿越概念上的雷区。

◎

每个人都听说过大爆炸。在大约 138 亿年前，整个宇宙被压缩成空间中的一个没有维度的点，然后大爆炸将所有东西炸飞至四面八方，对吧？

错了。

这是你最初也是最大的错觉。大爆炸不是空间"中"的爆炸，而是空间"自身"的爆炸。至少，这样表述更恰当一些。大多数人都将大爆炸想象成一场盛大的烟花表演：它在一个特定的点上爆炸，然后把东西炸飞到空间中的所有方向上。不过，一旦你发现自己把大爆炸想象成烟花，那就停止思考吧。这完全是一幅错误的图像。

为了更好地解释宇宙大爆炸，让我们回溯到一个世纪之前。那时，天文学家们已经发现了像仙女座星系和涡状星系这样的"旋涡星云"①。没有人知道它们是什么：有人认为它们是离我们较近的旋转的气体云，在那里最终或许会形成一颗新恒星；还有人认为它们是非常遥远的巨大的恒星团，远在银河系之外。

测量一个旋涡星云的距离是不太可能的，因为你无法将你的卷尺从这里一直拉伸到仙女座星系那么远的地方。但是，你可以确定关于旋涡星云的其他很多特征：在天空中的位置、表面积大小、亮度，还有形状。你了解得越多，就越有可能发现它们的本质。

维斯托·斯里弗（Vesto Slipher）意识到他还可以测量到星云靠近我们或

---

① 当时人们还不知道它们是和银河系一样的星系，误称其为星云。——译者注

者远离我们的运动。和他的弟弟厄尔（Earl）一样，维斯托也是亚利桑那州弗拉格斯塔夫市洛厄尔天文台的一位天文学家。厄尔专注于行星研究，维斯托则对星云更感兴趣，1912 年后者成为测量旋涡星云速度的第一人。

如果你不知道天体的距离，那么该如何测量它的速度呢？可以借助多普勒效应，我在第 6 章中阐述过。回想一下驶过的救护车。当它从街道的尽头向你驶来时，警笛声声，你感知到一个高音调。而当救护车消失在街道的另一头时，警笛声明显变得低沉。对音调变化的感知就是对救护车速度的测量。

对于光来说亦如此。如果一颗恒星正在朝我们的方向移动，光波就会被压缩，因此我们看到的是一个高频率的颜色偏蓝的光。如果这颗恒星正在远离我们，我们就会观测到较低频率的颜色偏红的光。根据观测到的光的颜色的微小变化，你就可以推导出恒星的速度，即使你其实并不知道它离我们有多远。

20 世纪初，天文学家们已经有不少测量所谓的"恒星径向速度"（恒星沿着视线方向靠近或者远离我们的速度）的经验了。星云不是像恒星那样有明确定义的光点，而是一团模糊的痕迹，还很暗淡。尽管如此，斯里弗还是成功了。其他天文台的天文学家开始纷纷仿效他的做法。

如果你可以测量到附近所有救护车的速度，你的预测应该是它们中约有一半在靠近你，另外一半则在远离你。如果不是这样，你就会断定自己处在一个特殊的位置上。比如，在一场特大事故的现场，更多的救护车向你驶来（你的预判是这样）。而在某个随机的位置上，你听到的高声调警笛声应与低声调警笛声一样多。

因此你可以想象出，当斯里弗及其同事发现他们观测到的所有旋涡星云都在后退（仅有一个例外，我会在后文进行解释）时是多么惊讶。在任何一种情况下，从地球上观测到的光的频率都偏低，颜色都偏红。换句话说，所有的星云都红移了。这也太奇怪了，我们的地球仿佛处在宇宙中的特殊位置上。

在我们继续探讨之前，你应该明白红移是一个非常微小的效应。光的频率变化和波长（或颜色）变化都太过微小，以至于很难被我们的眼睛感知到。因此，天文学家们必须将星云光线的特征测量得非常准确。比如，我们知道热的氢气发射出波长为 656 纳米（0.000 656 毫米）的红色光。但在一个给定的旋涡星云中，这一辐射在 658 纳米的尺度上才有可能被观测到。尽管如此，这一微小的变化可能意味着它在以大约每秒 900 千米的速度退行。

这就是令人费解的谜团：所有的旋涡星云看上去都在退行，而且是以极高的速度退行。没有人能解释它，直到 20 世纪 20 年代末美国的宇宙学家爱德温·哈勃（Edwin Hubble）解开了这个谜团。这个名字对你来说可能很耳熟，哈勃空间望远镜就是以他的名字命名的。

1924 年，哈勃已经证明，那些旋涡星系并不是银河系的一部分，而是"宇宙岛"，那时的天文学家们习惯这样的叫法。它们自身就是一个个星系，包含数十亿颗恒星。1929 年，哈勃得到了一个令人吃惊的发现。星系距离我们越远，它的退行速度就越快。临近的星系以相对稳定的退行速度离我们远去，而较远的星系则有着更快的退行速度。

当然，哈勃并没有精确地知道其他星系的距离有多远。但是，他做出了一些合理的猜测。如果 A 星系中的恒星（或者炽热的气体云）比 B 星系中的恒星更亮，我们就可以合理地假设 B 星系离我们更远。运用这种大致估计的方法，趋势就变得很明显了：邻近的星系退行速度小，遥远的星系退行速度大，非常遥远的星系退行速度极快。

1927 年，比利时的天主教神父、天文学家乔治·勒梅特（Georges Lemaître）成为得出这个正确结论的第一人。我们在宇宙中占有很特殊的地位吗？没有。其他星系神秘地离银河系飞驰而去吗？没有。我们是在真正地测量退行速度吗？没有。根据爱因斯坦的相对论方程的一个特殊的解，其实是空间自身在膨胀。毫无疑问，勒梅特被视为大爆炸理论的鼻祖。

为了解释到底发生了什么，我打算用葡萄干蛋糕来举例。这是一个广为人知且经常被使用的比喻，我甚至无从知晓它究竟是由谁最先想出来的。以下就是葡萄干蛋糕思想实验。（当然，你也可以真正地动手做这个实验，如果你特别喜欢葡萄干蛋糕的话。）

在将这块蛋糕放入烤箱之前，我们用一种非常特殊的方式来制作它：把所有葡萄干按固定的间隔放在面团中，彼此相距 1 厘米。也就是说，这些葡萄干处在一个假想立方体的晶格顶点上，每个立方体的大小都是 1 厘米 × 1 厘米 ×1 厘米。请确保你的大脑对此有一幅清晰的图景。

下一步，让我们启动烤箱。由于我们使用的是超级面团（毕竟，这只是一个思想实验），葡萄干蛋糕会猛烈膨胀。事实上，在 1 小时的烘焙过后，蛋糕的尺寸会变成最初的两倍大，葡萄干的间距拉大为 2 厘米。

现在，想象你正坐在其中一颗特定的葡萄干上。一开始，你的葡萄干邻居离你 1 厘米远。但在烘焙过后，它和你的距离变成了 2 厘米。换句话说，你待在烤箱里的这段时间内，你看到附近的葡萄干正在以每小时 1 厘米的退行速度离你远去。

但是，在同一条线上邻近你的第二颗葡萄干，与你之间的距离从刚开始的 2 厘米远变成了 4 厘米远。因此，它看起来每小时退行 2 厘米。同样地，一颗离你更远的葡萄干，比如在 10 厘米远处，你会看到它每小时退行 10 厘米。

邻近你的葡萄干退行速度小，离你较远的葡萄干退行速度较大，离你很远的葡萄干退行速度很快。这就是哈勃的发现。

第一件需要注意的重要事情是，你的葡萄干在哪里都没有关系。在蛋糕中的每一个点所看到的图像都是一样的，没有一个葡萄干在特殊的位置上。与此相似，银河系在宇宙中也没有占据特殊的位置。在其他星系，比如仙女座星系、涡状星系、NGC 474 星系，外星天文学家们也会观测到完全相同的图景。

第二件需要注意的重要事情是，这些葡萄干根本就没有移动。至少相对于面团而言，它们没有移动。没错，葡萄干相互之间距离确实在增大。但这不是因为它们在移动，而是因为面团在膨胀。同样地，宇宙中的星系并没有以巨大的速度在赛跑。没错，它们相互之间的距离确实在增大，那是因为空间自身在膨胀。

我提醒过你要对大脑中如烟花般散开的宇宙大爆炸景象持怀疑态度。在一场烟花表演中，那些发光物质的碎片从空间中原本的位置移开。比起一开始，它们最终会离彼此更远，这是由于它们确实移动了。而在膨胀的宇宙中，情况却并非如此。你可以说地球和 NGC 474 星系之间的距离（当前大约是 1 亿光年）正在以大约每秒 2 000 千米的速度增大，但如果你说 NGC 474 星系正在空间中以这个速度移动，就大错特错了。真正的原因在于，它和我们之间的空间在膨胀。

不可否认，这就是葡萄干蛋糕这个比喻并不完美的原因之一。葡萄干在面团中没有移动，相比之下，星系却在空间中发生了一些真实的运动。比如，银河系还有邻近的仙女座星系正在以大约每秒 100 千米的速度靠近彼此，这就是维斯托·斯里弗在 1912 年发现的那个例外。它们确实在空间中移动，几十亿年后会相撞。（请不要恐慌，因为到那个时候，地球上的生命早已被太阳的持续膨胀而吞没。）一方面，由于银河系和仙女座星系当前的距离仅为 250 万光年，它们之间没有足够的空间膨胀来抵消相互的靠近。另一方面，对一个极其遥远的星系来说，它在空间中的运动将无法战胜由空间膨胀造成的它和银河系之间距离的增长。

葡萄干蛋糕的比喻之所以并不完美，还有另外一个原因。葡萄干蛋糕的大小是有限的，而宇宙却极有可能是无限的。不过这有些过于吹毛求疵了。就所有的实际目的而言，这个蛋糕的比喻都堪称优秀。无论如何，下一次当你把膨胀的宇宙想象成烟花绽放的时候，你应该对着自己喊："葡萄干蛋糕！葡萄干蛋糕！"

那么，星系红移呢？难道它不是因为星系离我们远去的运动而产生的吗？没错，星系在空间中的运动产生了所谓的多普勒效应。如果星系离我们远去，它的光波频率就会变低，波长会变长，由此产生红移。如果它是向着我们移动（就像仙女座星系和附近的其他小星系一样），就会产生蓝移。但如果我们要讨论膨胀的空间，那么最好忘掉救护车的比喻。

取而代之，你可以想象由一个遥远星系发射出的一列光波，它有着特定的频率和波长。在几百万年甚至几十亿年的时间里，这列光波在太空中向着地球上的一架望远镜旅行。如果我们居住在一个静态的宇宙里，这列光波在到达地球时应该有着和它出发时完全相同的波长。但宇宙并不是静态的，空间正在膨胀。因此，光波穿行的空间也在膨胀，它被渐渐地拉长，产生了偏红的颜色。

光波在膨胀的空间中旅行的时间越久，它就会被拉伸得越厉害。因此，来自遥远星系的光的旅行时间更长，将会比附近星系发出的光产生更大程度的红移效应。这就是哈勃的发现。事实上，宇宙学家们利用星系红移作为其距离的替代量度。

〆

此时，你的大脑已经对宇宙膨胀形成了一幅很好的图像（葡萄干蛋糕），对星系红移的成因也有了很好的理解（被拉伸的光波）。接下来，我们需要讨论宇宙距离这一微妙的话题。

我说过，宇宙学家们把星系红移作为距离的量度。这很好，但是星系的距离究竟意味着什么呢？假设一个星系在很久以前发射出一列光波，当时它距离银河系有 50 亿光年之遥。当这束光最终到达地球的时候，两个星系之间的距离可能已经变成 100 亿光年了。归根结底，这是因为空间在不停地膨胀。

问题出现了。星系红移并没有给我们提供任何有关其"原始"距离的信息，以及关于其"当前"距离的信息。我们唯一能够从红移中得到的信息，就是这个星系的光在膨胀的空间中旅行了多长时间。它既不是 50 亿年，也不是 100 亿年，而是介于两者之间，大约是 70 亿年。

那么关于这个星系的距离，我们应该怎么说？严格来说，"这个星系太遥远了，以至于它发出的光在膨胀的空间中旅行了 70 亿年的时间才到达我们这里"。可这听起来真拗口啊，为了让表述方式更加简洁，大多数天文学家会说

"这个星系在距离地球 70 亿光年远的地方"。毕竟，70 亿年的旅行时间是我们唯一能测量到的信息。

但这显然是一种非常马虎的说法。如果有人告诉你一个星系的距离是 110 光年远，别忘了提醒自己他或她想要表达的是什么：这个星系的光需要 110 亿年的时间才能到达我们这里，那是我们通过测量星系的红移效应唯一能确定的事情。在光被发射出来的时候（110 亿年前），这个星系非常靠近我们，也许只有几十亿光年。而当该星系的光最终到达地球的时候，它与我们之间的距离可能大于 200 亿光年。

图 9-1　利用强大的哈勃空间望远镜，天文学家们已经成功地得到了上千个遥远星系的图像，它们的光需要几十亿年的时间才能到达我们这里。这张哈勃超深空图片提供了一幅宇宙极早期时的图景

现在，我几乎可以听到你的反驳声。200 亿光年？假如宇宙的年龄为 138 亿岁，这个星系怎么可能会距离我们这么远？爱因斯坦不是告诉过我们，没

有什么能比光移动得更快吗？如果真是这样，怎么可能会有天体能在不到140亿年的时间里移动200亿光年的距离呢？

不过话说回来，膨胀的宇宙并非一场烟花表演，星系们也并非在空间中赛跑，它们之间距离的增长其实是因为空间自身在膨胀。一个非常遥远的星系从来不会移动得比光速快，尽管它与我们之间的距离可能在以大于每秒30万千米的速度增大。因此，我们没有违反爱因斯坦的宇宙速度的极限。

你也许觉得这听起来很荒唐，但它却是真的。空间中的能量、物质或者任何类型的信息，都不可能比光的传输速度更快。尽管如此，在膨胀宇宙中的两个遥远位置之间的距离仍然可以以超过每秒30万千米的速度增大。

这是否意味着宇宙膨胀得比光速快呢？是，也不是，它完全取决于你所观测的距离。这看起来十分出人意料，宇宙并没有一个固定的膨胀速度。空间中相对接近的两个点之间的距离可能在以每秒1万千米的速度增大，而相对分散的两个点之间的距离则可能在以每秒50万千米的速度增大。对此，爱因斯坦并不在乎。

事实上，所有天文学家都知道，宇宙的大小极有可能是无限的。这是很难想象的，我们的大脑没有被设计来应对无限的问题。不过，一个有限的宇宙同样很难想象，甚至可能比无限的宇宙还难想象。如果宇宙的大小是有限的，它需要边界吗？它的边界看起来或感觉起来是什么样子？它的边界之外又是什么？

为了放松你的大脑，让我简单地解释一下宇宙在没有边界的情况下如何在原则上是有限的。如果你觉得这听起来像一个悖论，想一想我们在第4章中讨论的二维宇宙模型——坐标纸。作为三维世界中的生命，我们能将图纸弯曲成一个球面。在科幻小说中，那些平面国的生命居住在一个二维宇宙中，他们在弯曲的球面上移动着，从未遇到过一个边界。尽管如此，他们的世界在大小上却是有限的。如果他们打算将其全部涂成黄色，那么他们不会需要无限多的涂料。

类似地，如果我们的三维宇宙以某种方式在更高的维度上弯曲，那么从原则上讲它可能是有限的，尽管没有明确的边界。如果这令你感到头疼，不要担心，因为所有已知证据表明我们的宇宙没有任何大尺度的、整体的曲率。在这种情况下，它可能确实是无限的。（这同样让你头疼。）

既然这样，一个无限的宇宙又是如何从一个点增长而来的呢？

这就是第二大误解，即整个宇宙在大爆炸时期都集中在一个点上。事实不是这样的，至少在宇宙尺度无限大的情况下（假设从现在起）不是这样的。几十亿年前，空间的膨胀尚未达到当前的水平。宇宙中所有的距离都是现在的 1/2，星系更加靠近彼此，宇宙中物质的平均密度是现在的 8 倍（如果距离是 1/2，体积就是 $1/2 \times 1/2 \times 1/2$）。但在那个时候，宇宙也是无限大的，无限大的 1/2 依然是无限大，正如你在高中学过的一样。

很久很久以前，大约在星系刚刚开始形成的时候，宇宙中所有的距离都是现在的 1/10，宇宙的密度是现在的 1 000 倍（体积是现在的 1/1 000，即 $1/10 \times 1/10 \times 1/10$）。但是，无限大的 1/10 依然是无限大。所以，宇宙在那时也是无限大的。

在将近 138 亿年前，即在大爆炸发生的几十万年后，宇宙中的所有距离大约是当前的 1/1 000。那时，星系和恒星尚未形成。宇宙充斥着炽热的中性气体，主要是氢气和氦气。宇宙的密度是当前的 10 亿倍（它的体积是当前的十亿分之一，即 $1/1\,000 \times 1/1\,000 \times 1/1\,000$）。它的温度是几千摄氏度，就像太阳一样炽热明亮。不过，那时候的宇宙尺度也是无限大的。

时间再往前，宇宙的密度和温度高到极端水平，以至于没有任何中性原子。整个宇宙只是一锅基本粒子和高能光子的沸腾浓汤。

那么，大爆炸是什么样子？

从某种程度上说，这就是大爆炸。当宇宙学家们谈论大爆炸时，他们总是提到这个超密、超热的宇宙初始态。他们能够计算出宇宙在 10 岁或者 1 岁时的样子，甚至是在它诞生 3 分钟或者不到 1 秒的样子。太神奇了！但就在宇宙诞生那一刻的样子时，他们的理论崩溃了。所以，宇宙的真正起源至今仍然是一个谜。

还有另一种看待这个问题的方式。很久很久以前，宇宙每一个角落的密度和温度都极其高，空间的每一个点都经历过宇宙超密超热的初始态。如果我们乘坐一台时间机器回到 138 亿年前，我们会被原初的等离子体灼烧，在宇宙中的其他任何位置上也都一样。至此，你大概就能猜出我想表达的意思了：大爆炸发生在每一处地方。

目前，我们已经知道：星系像膨胀面团中的葡萄干一样被分离得更远，光波在穿越膨胀宇宙的 10 亿年旅行中被拉伸，宇宙可能一直都是无限大的，大爆炸发生在每一个角落。我还要介绍创世之后的余辉，这对爱因斯坦波的故事来说至关重要。

不过在开始之前，我先要告诉你一些关于宇宙学视界（cosmic horizon）的知识。它决定了我们在宇宙中能看多远。

你或许会天真地以为天文学家们想看多远就能看多远。给他们一台更大的望远镜，他们就可以观测到更遥远的星系，不是吗？是，但那不能用来解释有限的光速和有限的宇宙年龄。

光速（每秒 30 万千米）与我们在空间中能看多远有什么关系呢？当然有关。原因在于，看向空间的深处也意味着回溯更久远的时间。

在一个晴朗的夏夜，你可能会看到天鹅座中的亮星"天津四"。天津四是一颗明亮的巨星，尽管它离我们有 2 600 光年之遥，但我们能轻易地用裸眼看到它。这个距离意味着天津四的光需要 2 600 年的时间才能到达地球，换句话说，我们今晚看到的光是这颗星 2 600 年前发出来的，大约在古希腊哲学家米利都的泰勒斯出生的时候。也就是说，我们看到的天津四不是它现在的模样，而是 2 600 年前的它。我们正在回溯过去。

（你可能会怀疑天津四已经不存在了。如果这颗恒星在 400 年爆炸，那么它爆炸时产生的光现在还不能到达地球。)

现在来说说 NGC 474 星系。它的距离大约是 1 亿光年，所以我们今天接收到的光是它在恐龙统治地球的时期发出的。观测 NGC 474 星系，天文学家们就看到了 1 亿年前的景象。对于更遥远的星系来说，这个所谓的"回溯时间"可以达到几十亿年前。难怪望远镜有时候又被叫作时间机器！

回溯过去的好处就在于宇宙学家们可以研究宇宙的演化。你想知道宇宙在 80 亿年前的样子吗？只需将你的望远镜对准 80 亿光年之外的星系。100 亿年前呢？只需将望远镜对准再远处。

令人沮丧的是，我们在太空中能看多远是有一个根本性限制的。如果我们的宇宙诞生于 138 亿年前，这也是光的最长旅行时间。因此我们无法回溯到 138 亿年之前，就是这么简单。宇宙可能是无限大的，但我们只能观测到其中的一小部分：以银河系为中心，以 138 亿光年为半径的一个球状区域。这就是我们所谓的"可观测宇宙"。这个球体的表面就是宇宙学视界。

在这里，有几点值得一提。第一，你或许已经注意到，我选择坚持把光的旅行时间转换为距离的这一马虎的约定。实际上，我们的宇宙学视界的半径大约是 420 亿光年。但是，让距离和回溯时间一一对应，真的非常方便。

第二（非常重要的一点），宇宙学视界是对我们观测能力的一项基本限制。无论望远镜的尺寸和能力有多大，都不可能揭露出更远处是什么样子。

第三，随着宇宙变老，可观测宇宙会不断变大。每一年，它的半径都会增大 1 光年。不幸的是，最终可观测宇宙的增长无法赶上空间的膨胀，空间实际上是在加速膨胀。

第四，毫无疑问，宇宙中的每一个位置都自有其宇宙学视界。想象一下海面上的船只，每条船都有以自己为中心的视界，船上的水手看不到他们视界之外的东西。同理，宇宙中的每一个观测者都处在他们狭小的"可观测宇宙"中。

第五，我们的宇宙学视界并非一个物理实在。恰好处在我们的宇宙学视界上的外星观测者，看不到他们周围有什么异常。他的周围和我们的周围看起来很相似，同样有着年迈的恒星和成熟的星系。毕竟，他和我们生活在同一个 138 亿岁的宇宙当中。但是，我们也处在他的视界上。穿过浩瀚的太空看向我们，外星人看到的是 138 亿年前的时期，远在银河系诞生之前，更别说太阳和地球了。

现在，我们终于要进入"创世余辉"的部分了，这个术语是由英国天文学作家马库斯·乔恩（Marcus Chown）创造的（或者至少是由他传播开的）。创世余辉是一个观测者在其可观测宇宙的最边缘处看到的一幅大爆炸的褪色照片。

你在太空中看得越远，你在时间上回溯得就越久远。在宇宙学视界或可观测宇宙的边缘处，回溯时间是 138 亿年。我们从遥远边缘处接收到的任何辐射都是 138 亿年前发出来的，就在宇宙诞生之后。

在宇宙诞生后的最初几十万年里，它被翻腾的等离子体所填满，它们太过密集和炙热，以至于光线无法在其中传播。但当宇宙 38 万岁时，它的密度和温度已经降低到足够形成中性原子。有史以来第一次，光子（爱因斯坦所谓的"光之粒子"）可以在太空中畅通无阻地旅行。宇宙变得透明起来。

正如我之前所说，那时整个宇宙都像太阳表面一样炽热明亮。如果我们回溯到那个时期，我们应该在各个方向上都可以观测到大爆炸的光。我们确实做到了！然而，这些原初的辐射已经旅行了将近 138 亿年（138 亿年减去微不足道的 38 万年），变得极其暗淡。此外，这些辐射穿过了一个不断膨胀的宇宙。因此，它们的波长被拉伸了大约 1 000 倍。所以，我们看到的不是可见波段上耀眼的光芒，而是听到了射电波段上几乎难以察觉的嘶嘶声。这些嘶嘶声就是众所周知的宇宙微波背景辐射，但我更愿意称之为创世余辉，这样听起来更富诗意。

宇宙微波背景辐射的发现是在 1964 年，即半个世纪之前。从那以后，人们对它的细节有了越来越多的了解。它是天文学家们能观测到的最古老的宇宙信号，也是我们探索宇宙诞生的最直接的方式。

有些人很疑惑我们为什么能够数十年如一日地研究创世余辉。事实上，如果过去的仪器足够灵敏，尼安德特人乃至恐龙都可以观测到宇宙微波背景辐射。同样，我们的后人可能还需要花数百万年的时间来研究它。可是，宇宙的诞生难道不是一个稍纵即逝的瞬间吗？难道那个时期的辐射不是匆匆飞过吗？我们怎么可能持续地看到那些余辉呢？

这依然和有限的光速息息相关。为了理解这个问题，让我们做另一个思想实验。想象我们站在一个充斥着数千人的巨大城市广场上，所有人都将手表时间同步到秒，然后在正午时分（12:00:00）大喊一声"嘿！"对了，还有一个细节：在这个城市广场所处的星球上，声音的传播速度不是平常的每秒330 米，而仅为每秒 1 米。

那么，正午时分发生了什么呢？你用最大声喊出："嘿"你的声音传播到各个方向上。在一秒之内，你听不到任何声音。但在 12:00:01 时，你听到离你 1 米远的人们发出共同的"嘿"声，这意味着他们在正午时分发出的声音花了 1 秒钟的时间到达你的耳朵。在 12:00:02 时，你还会听到"嘿"声，它来自站在离你 2 米远的人们。甚至在正午时分过去 1 分钟时，"嘿"声还会传到你的耳朵里，它来自离你 60 米远的人们。

好笑的是，没有人一直在喊。城市广场上的每个人只是在正午时分发出了一声简短的"嘿"，但你却持续地听到喊声。如果这个广场超级大，你可能会持续听到几个小时的"嘿"声，这对于广场上的每个人都如此。毕竟，站在离你 300 米远的人会在 12:05 时听到你的"嘿"声。

这个城市广场就是宇宙。正午时分集体喊出的"嘿"声，就是大爆炸后不久发射出的相对短暂的宇宙微波背景辐射。138 亿年前，从我们脚下的这片空间发出的辐射早已分散到整个宇宙中去了，但我们仍持续地接收到来自空间更深处的微弱信号。（如果你想让这个比喻更加贴切，可以把城市广场的地面换成橡胶板，然后让人在边缘处拉伸它们，这就是膨胀的宇宙！）

宇宙学是一个活跃的科学领域，充满了未解的谜题和激动人心的发现。也许我们永远无法真正地理解这一切是怎么开始的，但我们已经跳脱了特里·普拉切特的"一开始什么也没有，然后就爆炸了"的窘境。谁知道呢，探测那些于大爆炸时期产生的原初引力波或许会打开一扇关于宇宙诞生的新窗户。现在，请加入我的南极之旅吧，看看我们离那个期待已久的突破还有多远。

第10章　雪地探索

我正在"南极洲希尔顿"与沙乌尔·哈纳尼（Shaul Hanany）会面。[41]

不，南极洲希尔顿不是一家有着接待大厅、酒吧和雪地摩托车的代客泊车服务的豪华酒店，而只是一个让人们暂时不会被冻死的小屋的别称。一扇门、几扇窗户、两把木质长椅，就是屋子里的全部了。它被从各个方向吹来的大量的冰与雪团团包围。顺便提一下，这里也没有供暖设备。

那天早些时候，我参观了美国国家科学基金会的长航时气球设备（LDBF），它离麦克默多站不远，后者是冰冻大陆海岸上的美国科研基地。在有效载荷运控中心大厅里，BLAST气球望远镜已经准备好迎接第五次也是最后一次任务。BLAST项目由宾夕法尼亚大学的马克·德夫林（Mark Devlin）主持，全称为"气球运载大孔径亚毫米望远镜"，它是用来研究银河系和其他星系中恒星形成速度的。这在地面上是不可能实现的（宇宙微波背景辐射会被大气中的水分子吸收），因此德夫林和他的团队通过一个巨大的氦气球将该仪器带到平流层上工作了大约两个星期。

在有效载荷运控中心大厅里，哈纳尼一直在检查他的气球实验EBEX（即"E和B实验"）[42]的进展。下午参观结束后，斯科特·巴塔英（Scott

Battaion）开着他的重型皮卡车来接我们，但不是去麦克默多站，那样会花费他太多的时间。他把我们送到一个枢纽站，那里有一条通往基地主要机场跑道"飞马场"的冰雪之路。在南极洲希尔顿，我们等待伊凡号的到达，它是有着超大轮胎、状似怪兽的麦克默多站机场巴士。

沙乌尔·哈纳尼是明尼苏达大学的一名物理学家，在一起等待机场巴士的将近一个小时的时间里，我向他询问了有关 EBEX 的一切。与此同时，哈纳尼变得越发焦虑。如果巴士一直不来，该怎么办？我们只能孤单地待在冰天雪地里，没有任何通信方式。

EBEX 是为了测量宇宙微波背景辐射的偏振模式而设计的，飞行预检测试看起来非常有前景，哈纳尼告诉我。发射将于两周内进行，在执行任务期间，EBEX 有可能取得革命性发现。哈纳尼和他的同事期待找到那些隐藏在大爆炸辐射偏振图样中的原初引力波的痕迹，并通过它们追溯宇宙的起源。

伊凡号机场巴士终于在白茫茫的地平线上以一个红点的形象出现了。司机（大家都叫他"Shuttle Bob"①）告诉我们车被困在雪堆里，因此造成了延误。半个小时后，我们回到麦克默多站，这里无论是看上去还是感觉起来都像一个军事基地。

2012 年 12 月，作为美国国家科学基金会南极记者项目当季度的三个入选者之一，我在麦克默多站待了一个星期。那是一次很棒的体验，我见到了地理学家、企鹅研究员、气候学家、陨石猎人（包括 NASA 的宇航员斯坦·勒夫）、冰川学家、天体物理学家等。我参观了英国探险家罗伯特·法尔肯·斯科特（Robert Falcon Scott）的小屋，这是 1911 年他和他的同伴在动身前往南极点之前建造的。我爬到了 230 米高的天文台山坡上，那里竖着一个纪念已故探险家的十字架。我去了当地的小礼拜堂，并与麦克默多的神父米歇尔·史密斯（Michael Smith）交谈。我听到一位微醺的天体生物学家（不，

---

① 中文名为"穿梭鲍勃"，在此化用了"Shuttle Bus"一词，因英文中 Bob 与 bus 较为相似，"鲍勃"（Bob）是司机的名字。——编者注

我不会泄露他的名字）在加拉格尔酒吧唱着走调的歌曲。我们这个小团体乘坐直升机游览了罗德斯角和埃文斯角，参观了"惠兰斯湖冰流冰下钻孔研究"（WISSARD）项目，徒步跨越了冰脊。当然，我还去看了长航时气球设备。

不过，我的游览行程中最壮观的部分就是 2012 年 12 月 10 日的阿蒙森－斯科特南极科学考察站一日游。麦克默多站位于南极大陆的海岸，靠近罗斯冰架，而阿蒙－斯科特站位于南极点上。我们乘坐自由精神号飞行了三个小时，它是一架螺旋桨驱动的、搭载着滑雪装备的洛克希德 LC-130 型军用飞机。那天可以说是南极点的温暖一天，我们身边刮过零下 37 摄氏度的寒风。尽管身着 ECW（极冷天气）装备，但我仍然不敢从南极站居住区行走 1 000 米左右到达"黑暗区域"，有许多与天文相关的实验正在那里进行。因此，我们搭乘履带式雪地车来代替步行。

黑暗区域中最令人惊叹的建筑之一是 IceCube 实验室[43]，然而，它的结构在它所进行的看不见的科学实验面前又相形见绌。IceCube 是世界上最大的中微子观测站，但是你无法看到它。它由深埋于南极冰层下占地一立方千米的 5 000 多个超灵敏光源探测器组成。实验室的建筑仅用来放置项目用的强大计算机系统。在坚实的冰层下，IceCube 的光电探测器记录着宇宙中微子穿行而产生的极罕有的闪光。（我在第 5 章中介绍过中微子，它们是很难捕捉到的亚原子粒子，大量产生于大爆炸时期，在超新星爆发中扮演了重要角色。）

在 IceCube 实验室不远处，是同样引人注目的马丁·波默兰茨天文台，它是以 2008 年逝世的南极天文学先驱的名字命名的。狭长的双层建筑的一端是一个直径 10 米的南极望远镜圆盘；另一端则是 BICEP2（宇宙泛星系偏振背景成像）[44]望远镜的圆锥形"项圈"。两者均用于观测宇宙微波背景辐射，"项圈"可以避免人类活动产生的杂散辐射进入灵敏的望远镜的视野。

BICEP2 望远镜的口径只有 26 厘米，比不少的业余望远镜还要小。但是它的焦面被冷却到仅比绝对零度高 1/4 度，并且安装了 512 个极度灵敏的超导感应器，用于记录从天空中来的每一个微波光子。与沙乌尔·哈纳尼的 EBEX 实验仪器一样，BICEP2 也被用于研究宇宙微波背景辐射的偏振模式。（至少在 2012 年 12 月是这样的。在那之后，它被一个更加强大的设备所取代。）

图 10-1　BICEP2 望远镜是坐落于马丁·波默兰茨天文台屋顶上的圆锥形"项圈"，距离阿蒙森-斯科特站很近。图中左侧是 10 米的南极望远镜

宇宙微波背景辐射于 1964 年被美国的无线电工程师阿诺·彭齐亚斯（Arno Penzias）和罗伯特·威尔逊（Robert Wilson）偶然发现。它是来自宇宙的最古老的"光"。因为在宇宙诞生后的最初 38 万年里，它太过炽热、致密和不透明，以至于电磁辐射无法在空间中自由传播。因此宇宙微波背景辐射是我们能够观测到的最接近大爆炸时期的物质。

正如我在第 9 章中所描述的，一开始炫目的高能辐射，如今已经褪色并冷却成毫米波段上几乎察觉不到的嘶嘶声，温度仅比绝对零度高 2.7 度。如果想理解宇宙的起源，你就必须深入研究这个冰冷的回声，无论有多难。

这不只是因为宇宙微波背景辐射太过微弱，还因为来自太空的微波很容易被地球大气中的水分子所吸收（这也是微波炉中的富含水分的食物加热得更快的原因，水分子吸收了几乎所有的辐射能量）。因此，到目前为止，观测宇宙微波背景辐射的最佳地点就是在太空中。果不其然，最好的宇宙微波背景辐射全天图像由三项太空任务相继生成。

第一项也可以说是最具革命性的太空任务是 COBE（宇宙背景探测者）[45]卫星。它萌芽于雷纳·韦斯在麻省理工学院的早期工作。1989 年 11 月发射升空的 COBE 率先揭示了宇宙微波背景辐射中的微小温度差异，其精度为万分之一度。图像中代表"热"和"冷"的小点分别对应早期宇宙中密度偏高和偏低的区域，它们最终分别演变成星系和星系团。如果没有那些原初的密度涨落，如今的宇宙将是一片仅有氢和氦的黑暗乏味的海洋，其密度约为每立方米一个原子核。那里没有星系，更别提恒星、行星或者人类了。所以，我们的存在应归功于这些微小的涨落。COBE 项目的负责人约翰·马瑟（John Mather）与乔治·斯穆特（George Smoot）因为他们做出的突破性发现而获得 2006 年的诺贝尔物理学奖。

宇宙微波背景辐射的更细节化图像来自 NASA 的 WMAP（威尔金森微波各向异性探测器卫星），发射于 2001 年 6 月，以及欧洲航天局（ESA）的普朗克巡天者，卫星，以马克斯·普朗克（Max Planck）的名字命名。普朗克卫星发射于 2009 年 5 月，一直工作到 2013 年 10 月。这两颗卫星都捕捉到关于早期宇宙的大量信息。从某种程度上说，它们将宇宙学升级为一门精密科学。[46]

宇宙微波背景辐射也可以从地面上进行观测，但不是在海平面上，因为地球大气有吸收效应，而应该在足够高且干燥的地方。将你的微波望远镜运到这样一个地方，大气中的大部分水蒸气都在你脚下，你就可以开始观测了。

南极就是这些独特位置中的一个。实际上，阿蒙森－斯科特站位于海拔2 835 米处。更重要的是，寒冷的南极天气极度干燥（严格来讲，南极洲的干燥程度可以与沙漠相提并论），大气中几乎没有水蒸气。1999 年，芝加哥大学选择在这里建造他们的度角尺度干涉仪（DASI）望远镜，在同一座山上有13 台独立探测器的吸引眼球的设备。BICEP1（BICEP2 的前身）于 2006 年开始运转，10 米南极望远镜的建造则于 2007 年年初完工。

另一个绝佳的观测点在智利北部的查南托高原。这个高原的海拔超过5 000 米，四周火山环绕，如今它是 66 个碟状"阿塔卡马大型毫米波 / 亚毫米波阵列"（ALMA）望远镜的家园。[47] 探访那里是一段名副其实的惊险旅程。2004 年 11 月，在我第三次去往查南托高原时，ALMA 还未开始运行。甚至连通往天文台的路都没修好。但类似 DASI 的宇宙背景成像仪当时已经在运转。三年后，6.5 米的阿塔卡马天文望远镜[48] 被一个巨大的锥形罩包围，用于屏蔽杂散辐射。如果你徒步来到附近 5 600 米高的塔科山山顶，就像我2013 年做的那样，你就会拥有利用这台仪器进行鸟瞰的绝佳视角。

很多太空任务和地基仪器都密切关注宇宙微波背景辐射或创世余辉，有时也被称作"宇宙的婴儿照"，但最新的实验全都聚焦于宇宙微波背景辐射的偏振模式。宇宙学的诸多圣杯之一就是 B 模偏振，它是由宇宙暴胀时期的原初引力波引起的。这部分内容涉及很多难懂的术语，我会带领你一步一步地走下去。

让我们先从偏振开始。光是一种电磁波现象，正如麦克斯韦于 19 世纪末发现的那样。通常情况下，变化的电场和磁场在每个方向上振动得同样强烈：水平方向、竖直方向、对角方向，以及其他任何方向。但光波一旦发生反射，就会引发偏振效应：一个方向上的振动要比另一个方向更强。

偏光太阳镜很好地利用了这一效应。当太阳光在一个平坦的表面（比如水面、雪面或者路面）发生反射时，它会被水平偏振到一个特定的角度上，即反射的光波在水平方向上振动得比在竖直方向上更强烈。偏光太阳镜会选择性地阻止水平振动，从而使这些反射光变暗变弱。如果你用一只眼睛看偏光太阳镜的话，你就会发现当你将镜片旋转 90 度时，这个效应极为清晰可见。

摄影师们也了解偏振效应。太阳光会被空气分子和尘埃粒子散射而发生偏振。将一个可旋转的偏振滤光片放在相机镜头前，你就能把天空的光线调得更暗，这通常用于拍摄效果比较夸张的照片。

当然，除了过滤偏振光之外，你还可以研究偏振效应的源头。举个例子，就空气污染而言，大气物理学家通过测量太阳光在不同波段上的偏振强度和方向，来了解污染颗粒物的大小、结构和成分。

宇宙微波背景辐射已经在宇宙中旅行了 138 亿年。由于星系之间的空间近乎完美的真空，宇宙微波背景辐射不可能是强偏振光。宇宙微波背景辐射的偏振强度大约是 3 000 万分之一，这意味着在天空中的任意点上，宇宙微波背景辐射都会在一个特定的方向上发生微小的偏振。

这个微小的偏振量很难测量到。想象一下将 6 000 万颗米粒随意地抛洒在地板上，并发现它们的方向有轻微的不同：29 999 999 颗米粒是东西朝向，30 000 001 颗米粒是南北朝向。这大概就是测量宇宙微波背景辐射偏振模式所需的探测器灵敏度。2002 年，DASI 首次实现了这种灵敏度。

那么，这些微小的偏振来自哪里呢？它们不是因为宇宙微波背景辐射被恒星或行星反射，又或者是被星际尘埃散射。这些微小的偏振量其实是宇宙微波背景辐射于 138 亿年前开始旅行时的胎记，是极早期宇宙中物质和能量不均匀分布的"指纹"。我在原初气体中已经提过那些微小的密度涨落——宇宙今天的大尺度结构的"种子"，它们不仅造成宇宙微波背景辐射的轻微温度变化（由 COBE 首次观测到的"热"点和"冷"点），还造成全天不同方向上极其少量的偏振效应。

这就是宇宙微波背景辐射的偏振效应。那么暴胀、原初引力波和 B 模图样又是什么呢？

暴胀发生于宇宙诞生不到一秒之时。或者，我应该说，宇宙学家们是这样"认为"的。但它并不是一个被证实的理念，更别提什么成熟的理论了。不过，暴胀是一连串假设情境的共同分母，它们中总有一个可能是真的。或者，就像大多数宇宙学家说的，其中总有一个必然是真的。原因在于，暴胀是已知的解决大爆炸理论的诸多棘手问题的唯一途径。

在这里，我不会讲太多细节，它归根结底就是一个时间极短的"指数膨胀"。在宇宙诞生后的 10^{-32} 秒里，空间连续膨胀 200 次（即"暴胀"）至最初的 2 倍。因此，空间中两个点的间距增大到原始值的约 10^{60} 倍。在这个极短暴胀期的末期，宇宙开启了"线性膨胀"模式。从某种程度上说，暴胀速度可以和人类的受精卵细胞最初阶段的增长速度相提并论。一开始，细胞数量的增长模式为：1，2，4，8，16……万幸的是，这种指数增长不久后就停止了，并转变成一个大幅减慢的速度（否则，现在的你会比可观测宇宙的尺寸还大）。

一些合理的量子力学原因令我们相信大爆炸的"砰"，即暴胀存在。更重要的是，它是我们可以想象出来的对为什么可观测宇宙看上去是均匀的，以及为什么时空似乎不具备任何整体曲率的唯一解释。该概念最初于 1980 年由阿兰·古斯（Alan Guth）提出，他当时是普林斯顿大学的理论物理学家。此后，这个概念被不断扩充和修正，斯坦福大学的美籍俄裔物理学家安德烈·林德（Andrei Linde）的贡献尤其重要。暴胀可能是一个很难理解甚至令人难以置信的存在，但是大多数宇宙学家已经对它非常熟悉了。

不同的暴胀情境浮现在科学家眼前，其区别仅体现在一些细节上：究竟是什么造成了暴胀？它是什么时候开始的？指数膨胀有多快？它持续了多长时间？又是怎么结束的？等等。毫无疑问，问题在于我们无法回溯到宇宙诞生后的 10^{-32} 秒内，去看看到底发生了什么。宇宙微波背景辐射是我们能够仔细研究的来自宇宙的最古老的光，其产生于大爆炸后的 38 万年。在这种情况下，宇宙学家们如何才能证明暴胀的确发生了，并辨别这些不同的暴胀版本呢？

暴胀像吹气球一样吹胀了空间中的一切。新生宇宙中亚原子的量子涨落膨胀成密度变化，从而在宇宙微波背景辐射中留下印记。同样，引力场中的量子涨落也被吹胀，但它不是变成密度涨落，而是成为在时空中荡漾的原初爱因斯坦波。至少理论上如此，这些原初引力波的振幅取决于暴胀的具体细节。

因此，如果我们能够探测到原初引力波，我们就会得到一个表明暴胀的确发生过的有力证据，甚至可能驳斥几种暴胀版本。不幸的是，暴胀产生的引力波不可能被直接探测到。在宇宙膨胀 138 亿年之后，它们的波长长达数亿光年，我们根本没有办法探测到它们。但是，它们也在宇宙微波背景辐射上留下了印记。就像宇宙微波背景辐射由于早期宇宙的密度涨落而略微偏振化一样，它因为和原初引力波相互作用，也略微偏振化了。

对由爱因斯坦波造成的宇宙微波背景辐射偏振的测量，可以告诉我们宇宙诞生的一瞬间发生的事情。这为我们打破 38 万年的限制，回溯到最开始的空间、时间、物质和能量，提供了一种独特的方法。于是，我们就只剩下一个问题了：原初引力波造成的偏振效应仅是密度涨落造成的偏振效应的几千分之一，后者本身就已经很微小了。那么，我们如何才能分清楚这两种效应呢？

此时，B 模图样要登场了。假设一位美洲糕点师傅为你提供了几千块相同的小蛋糕，每块上都挤了奶油。你怀疑其中可能有几块欧洲糕点师傅做的蛋糕，但却很难找到它们。在这两个大洲，糕点师傅用的是同样的食谱，所以蛋糕看起来都一样。你还得知当欧洲糕点师傅用裱花袋挤奶油时，他们总是顺时针或逆时针转动裱花袋，美洲糕点师傅则保持裱花袋不动。因此，美洲糕点师傅做出的蛋糕顶上的奶油是完美对称的，而欧洲糕点师傅做出的蛋糕上面的奶油却是略微偏转的，向着一边或另一边。这样一来，区分它们就变得很容易了，尽管这些蛋糕在其他方面都是相同的。

对于两种偏振模式来说，也是同样的道理。如果你绘制一幅图来展示天空中每个点的偏振强度和方向，就会形成一定的图样。对于由密度涨落引起的偏振来说，其图样是对称的，不具有特殊的"手性"。它们被称为 E 模图样。对于由原初引力波引起的偏振来说，其图样呈现出一个小旋涡，向左或向右。它们被称为 B 模图样。（这些字母的使用可以追溯到麦克斯韦，他用 E 表示电场，用 B 表示磁场。）

但有一个较小的"并发症"，即 B 模图样也可以在极化的宇宙微波背景辐射从大质量星系团附近经过时产生。星系团的引力透镜效应——与太阳弯曲星光类似——会造成在原本对称的 E 模图样中出现一个额外的小旋涡，这与暴胀或者原初引力波没有任何关系。幸运的是，引力透镜效应所造成的 B 模图样仅发生在天空中远小于 1 度的尺度上，它于 2013 年被南极望远镜首次观测到。因此，如果你想证实暴胀，并寻找来自宇宙诞生时的爱因斯坦波的存在证据，就必须搜寻更大的 B 模图样，其大小至少是天空中的 1 度。

现在，你应该知道为什么沙乌尔·哈纳尼的气球实验叫作 EBEX 了吧。它的目标就是从宇宙微波背景辐射的偏振效应中区分出 E 模图样和 B 模图样。B 模图样的发现将证明原初引力波的存在，从而证实宇宙暴胀理论。B 模图样则可以提供一些关于暴胀的确切起因及时间的信息。

EBEX 实验于 2012 年 12 月 29 日启动，它的长航时气球在南极上空飞行了大约两周时间，收集到很多有趣的数据，但却没有发现 B 模图样。在我的南极之旅期间，BICEP2 望远镜正在忙碌地收集南方天空一个长条区域的偏振数据。几个月的时间中，收集到的数据越来越多，宇宙微波背景辐射的偏振图样越来越清晰。终于，在 2013 年，BICEP2 团队开始兴奋起来。他们可能终于发现了难以捉摸的 B 模图样，即我们期待已久的暴胀"证据"，以及对我们的故事更重要的、可追溯到宇宙诞生瞬间的引力波的第一枚清晰的指纹。

◎

2014 年 3 月 12 日，星期三，哈佛-史密松天体物理中心发表了一则简短声明：3 月 17 日（星期一）中午，将举办一场新闻发布会"宣布一项重大发现"[49]。除此之外，没有任何其他信息。哈佛−史密松天体物理中心狭小的菲利普斯讲堂仅能容纳数量有限的记者，但是公共事务专员戴维·阿吉拉尔（David Aguilar）和克里斯廷·普利亚姆（Christine Pulliam）安排了视频直播。其信息技术团队说，他们的服务器可以轻松应对 1 000 位观众同时在线观看，因此一切看起来都很顺利。

但让阿吉拉尔和普利亚姆没有想到的是，关于这一声明的流言在社交媒体上传得沸沸扬扬——大爆炸！暴胀！引力波！引起了巨大的轰动，人们纷纷登录直播平台，导致直播网络在新闻发布会一开始的时候就崩溃了。过了好长时间，备用的远程观看选项才投入使用，即便如此带宽仍远远不够。

图 10−2　2014 年 3 月 17 日，在哈佛−史密松天体物理中心，BICEP2 团队召开一场新闻发布会展示他们的研究结果。图中人物从右到左依次是约翰·科瓦克（John Kovac）、郭兆林（Chao-Lin Kuo）、杰米·博克（Jamie Bock）和克莱姆·派克（Clem Pryke），最左边的是独立评论员马克·卡米奥库斯基（Marc Kamionkowski）

约翰·科瓦克是 BICEP2 项目的负责人，他回忆说自己从未经历过这样的事情。我猜他也从未在一场如此盛大的新闻发布会上第一个发言，否则他就会直接开始发布主要信息。正相反，科瓦奇为观众上了关于宇宙微波背景辐射探测历史的迷你一课。在他身后，幻灯片的标题用的是相对晦涩的措辞：
"使用 BICEP2 在角度量度上探测 B 模偏振"。只有那些宇宙学背景较为深厚
的观众才有可能理解这是什么意思。[50]

科瓦克的三位同事令事情变得更糟。来自斯坦福大学的郭兆林试图解释
暴胀，以及它是如何在宇宙微波背景辐射的偏振中产生原初引力波和 B 模图
样的。"这个概念真的很难解释。"他说。（我对此表示完全同意。）来自加州
理工学院与 NASA 喷气推进实验室（JPL）的杰米·博克就探测器的相关技
术做了一个更加难懂的演讲。克莱姆·派克是明尼苏达大学沙乌尔·哈纳尼
的同事，他主要谈论了数据分析。总而言之，通过这几位的发言，你无法感
觉到宇宙学中正在发生的变革。

但之后气氛发生了变化。阿吉拉尔和普利亚姆邀请理论物理学家马
克·卡米奥库斯基评论他们刚汇报的工作成果。卡米奥库斯基来自约翰·霍
普金斯大学，是发言席上唯一一个没有穿 BICEP2 黑色 T 恤的人，这个细节
凸显他是一个公正的局外人。卡米奥库斯基事先准备了发言稿，其中的第一
句话被第二天的众多新闻报道所引用。

"并不是每一天，"他说，"你都能在起床后听到发生在大爆炸后 10^{36} 分之
一秒的全新故事。"卡米奥库斯基对 BICEP2 的发现的评价是"真酷""宇宙
学遗失的纽带"。他继续说道，"这不仅是一次本垒打，更是一次满贯本垒打。
它是暴胀的确凿证据……也是引力波的第一次成功探测……如果这个结果成
立，就相当于暴胀给我们发送了一份电报，电报用引力波编码，记录在宇宙
微波背景辐射上。"

阿兰·古斯和安德烈·林德——暴胀理论的两个主要创始人——也坐在
观众席中，他们兴奋地讨论着令人难以置信的事实，几乎每一种暴胀情境都
暗示着平行宇宙的存在。正如林德对报告者说的那样，"暴胀的证据将会推动
我们严肃地看待多重宇宙"。

"太空涟漪成为揭示大爆炸存在的确凿证据"，发布会当天，《纽约时报》
网站上这样写道。《国家地理》的标题是，"大爆炸的发现开启通往多重宇宙

的大门"。BBC（英国广播公司）引用了阿兰·古斯的话，这个实验应该得
诺贝尔奖。在英国的《新科学家》周刊上，哈佛大学的理论家阿维·勒布
（Avi Loeb）称赞该成果是"过去15年里宇宙学领域最重要的突破"。克里斯
廷·普利亚姆收集了大约3 500份关于这次发布会的新闻剪报。BICEP2网站
的点击量在几天内就超过500万。

YouTube视频网站上有一段关于郭兆林将这个消息告知他的斯坦福大学
导师安德烈·林德的视频（在新闻发布会之前拍摄完成）[51]，在发布会后很
快流传开来。林德和他的妻子雷纳塔·卡洛斯（Renata Kallosh，也是一位理
论物理学家）显然被郭的消息打动了。当他们打开家门的时候，郭说道："我
带来了一个惊喜。5 sigma，0.2。"这是一个强得出人意料的信号，具有显著
的统计学意义。卡洛斯拥抱了郭，随后他们开香槟庆祝。

不过，大肆宣传和过于兴奋也有很大的弊端。关于BICEP2的很多警示
经常会被忽略，至少对于公众来说如此。而这显然不是科学家们的过失。会
议上的每一位研究者以及记者采访的每一位专家都说着同样的话："如果这确
实是真的""如果这些结果站得住脚""如果被其他实验证实""这需要进一步
的验证"。但是大部分人都跳过这些警示而只把注意力放在"大爆炸""重大
突破""多重宇宙""诺贝尔奖"这几个关键词上。

当然，吸引眼球的还有"引力波"。卡米奥库斯基非常明确地表示，这将
是一项空前的成就，刚好在爱因斯坦的广义相对论100周年的前一年达成。
没错，虽然引力波还未被直接探测到，但它们存在的间接证据，和著名的赫
尔斯－泰勒脉冲星及其他双中子星的存在一样让人信服。回溯到20世纪70
年代，科学家们对引力波存在的推断，与通过失物以及房门敞开来推断小偷
的存在一样多。而如今，他们终于在花坛中发现了小偷的脚印。

如果这一发现被证实的话。

在这次新闻发布会召开之后，一些理论物理学家表达了他们的担忧。报
告中的B模信号远比任何人的预期更强，其后果与之前的其他实验结果也
不太吻合。难道BICEP2团队真能确定这些观测结果仅有一种可能的解

释吗？

那些担忧都是有根据的，约翰·科瓦克和他的同事都很清楚这一点。BICEP2 观测的天空区域避开了银河系的盘面，以将光污染的风险降至最低。原因在于，银河系中的尘埃粒子也发射微波，在磁场存在的情况下，这些波会产生微小的偏振，呈现出 B 模及其他图样。如果可以在几个不同的波段展开测量，就更容易修正这一潜在的偏差。可惜的是，BICEP2 探测器仅对一种特殊的波长敏感：2 毫米，其对应的频率为 150 吉赫[①]。

这个团队为了证明他们没有受到愚弄，使用了他们所能收集到的关于银河系尘埃分布的最佳信息。他们同样倾向于将他们的观测结果和普朗克卫星的最新银河系尘埃分布测量结果进行对比。实际上，科瓦克确实找到普朗克团队，建议开展两个数据集的联合分析。但普朗克团队的科学家们客气地回复科瓦克，得在他们公开发布普朗克卫星的观测结果才可以，那可能需要再等上一两年时间。

BICEP2 望远镜在 2013 年年初被拆除了。实验已经完成，数据分析也差不多结束了。他们应该冒着被他人抢先发布成果的风险，再等上一两年，还是及早告知同行他们的发现？

这一两难的问题在 2013 年 4 月有了答案，在荷兰诺德韦克的欧洲空间研究和技术中心（ESTEC）举办的一场会议中。这次会议叫作"普朗克卫星所看到的宇宙"，会议深入而彻底地检查了该任务的初始科学结果。在会议的第二天，普朗克团队展示了他们初步得出的银河系尘埃分布图以及它的偏振图。

图像是量化科学数据的可视化表现，它们只是初步结果。但是，这总比什么都没有强。BICEP2 团队决定继续前进，最终他们准备好了一篇论文并投稿给《物理评论快报》。2014 年 1 月初，科瓦克走进研究所的公共事务办公室。这些消息可能促成一场新闻发布会吗？

一般情况下，大学或者科研单位不会在相关论文发表之前就公开研究结

---

① 1 吉赫 =10^9 赫兹。——译者注

果，公开研究结果的行为往往发生在当一个或多个匿名审稿人有机会认真审读并给出专业评价的时候。（你或许还记得 20 世纪 30 年代爱因斯坦对同行评议的不满。）但是，哈佛－史密松天体物理中心的公共事务专员们决定不等那么久了，他们担心消息会泄露。因此，他们在 2014 年 3 月 17 日上午组织了一场短暂的 BICEP2 项目的科学座谈会 [52]，同样是在菲利普斯讲堂，并在会后安排了一场新闻发布会。

糟糕的是，那些结果并没有经受住时间的考验，正如此前评论家预期的那样。其他科学家刚一开始钻研这些结果（已于新闻发布会当天被发布在项目网站上），就在科瓦克团队处理银河系尘埃污染的方式上遇到了严重的问题。很快，事情变得明朗起来，一些大胆的 BICEP2 团队成员宣称必须考虑到盐颗粒（又或者尘埃）。当年晚些时候，他们与普朗克团队的联合分析终于开始了，BICEP2 论文的第一版不得不部分改写。这个分析的最低限度对 B 模图样来说只是一个非常小的值，但考虑到测量中的不确定性，你甚至不能排除它们不在那里的可能性。因此，没有令人信服的证据可以证明原初引力波存在。暴胀的证据也不存在。

至少此时不存在站得住脚的证据。

◎

回顾这段经历，约翰·科瓦克并没有表现得特别懊悔。科学是一个永无止境的、收集更多数据并修改结论的过程，他说。况且，研究者们一直都清楚地知道科研的不确定性和潜在的困难，他们的专业形象不会因此蒙羞。"不过，"他补充道，"我们学到了关于互联网时代科学普及的重要一课。你必须非常清楚你所做和所说的一切。你也必须确保所有可能的警示都已经得到明确的传达。"（我可能还得加上一句，"网络直播要有足够的带宽"。）

在我写这本书时，距 BICEP2 首次发布探测结果已经过去差不多三年时间了。与此同时，在同一座山上由 5 台类似 BICEP2 的望远镜构成的凯克阵列已经在两个频率上扫描天空好几年了。事实上，早在我 2012 年 12 月参观南极洲的时候，它就已经处于运行状态了。自 2016 年 5 月以来，一台更大更高效的设备也加入了搜寻队伍，那就是 BICEP3。BICEP3 的口径为 68 厘米，其焦面上安装了不少于 2 560 个独立的微波探测器。

这些设备附近的南极望远镜如今安装了一台偏振照相机。智利北部查南托高原的阿塔卡马天文望远镜亦如此。一些小型仪器也在运行中，它们的名字很有趣，比如 "QUIJOTE"（诃吉德）、"POLARBEAR"（北极熊）、"AMiBA"（阿米巴）、"CLASS"（等级）。中国的天文学家们正在西藏阿里建造一台全新的光学望远镜。当然，还有一些跟进沙乌尔·哈纳尼的 EBEX 实验的高空气球观测任务，比如 SPIDER（光电勘测分段平面成像探测器）和 PIPER（原始膨胀极化探测器）。如今，这些项目中的任何一个随时都有可能率先宣称探测到大尺度 B 模图样和原初引力波。

这一竞争将比以往更激烈，科瓦克说。他又补充道，合作也远比以往多。很多科学家都参与了不止一个实验，不同团队正在联合分析他们的数据。现在，整个科学共同体正在为未来制订计划。在从今往后的几年时间里，可能是时候考虑一项新的太空任务了。

BICEP2 探测器的故事对参与其中的科学家富含教育意义，LIGO 和 Virgo 团队也从中学到了一些东西。从 20 世纪 60 年代开始引力波实验起，就有很多不确定的、错误的主张，引起了很大的难堪。围绕 BICEP2 探测结果过早宣布的新闻炒作，未将该领域摇摇欲坠的声誉提高哪怕一丁点儿。所以，LIGO 团队和 Virgo 团队决定，他们不会贸然宣布探测到引力波，除非他们有十分的把握，而且结果已经通过同行评议。而且，即便如此，与世界媒体、公众的沟通，也必须做到专业的管理和精确的控制。

高新 LIGO 已经准备好投入运行了。汉福德和利文斯顿的探测器都达到了"完全锁定"状态——这是就干涉仪而言的，相当于光学望远镜的"开光"。初次调试已经完成，科学家、工程师和技术人员正在做最后的测试和检查。两台探测器在工程模式上已经实现联机。2015 年 9 月 18 日，星期五，第一次观测运行正式开始。

同时，LIGO 团队的科学家们正在商议他们的后续计划：如果探测到引力波该怎么办？如何验证它的真实性？什么时候发布新闻？为什么在结果被完全确定之前对外界保密很重要？他们的计划中包含了所有的规则和指南。有了灵敏度更强的高新探测器，第一列爱因斯坦波可能会在几周或者几个月内就被捕捉到。

但愿如此。

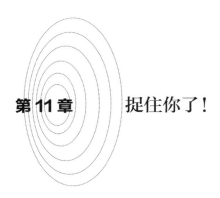

第11章　捉住你了！

　　时空涟漪正在宇宙中疾驰。它是四维尺度上的一个微小扰动。它忽左忽右，非常轻微地改变着局域曲率。在过去的 13 亿年中，它被极大地削弱了。但它依然在那里，作为一次戏剧性事件的微弱回响，就像闪电袭来一段时间后，远处的轰隆雷声才慢慢地消退。

　　引力波并不孤独。有很多与之类似的波动在宇宙中传播，在每一个可能的方向上，并且有着很宽的频率和振幅范围。时空像鼓膜一样不停地颤抖着，几乎察觉不到。但是引力波非常特殊，注定成为被人类真正探测到的第一种波。

　　这列波在空间中以每秒 30 万千米的速度运动，在大约 10 万年前闯入我们的星系。它一边在银河系中朝着我们移动，一边向恒星和行星发送微小的信号。1915 年，即爱因斯坦构建起广义相对论的那一年，这列波距离邂逅一颗居住着好奇生物的小星球仅有 100 光年远。

　　它从南方而来，日期是 2015 年 9 月 14 日星期一，时间是世界时 09:50:45。在不到一秒的时间里，地球被拉伸和压缩了 10^{21} 分之一。这颗星球上的一切也随之伸展和收缩，包括利文斯顿激光干涉引力波天文台和汉福德天文台。

很快，一切又归于平静。引力波继续向更远处前行，1.3 秒后，它经过了月球轨道。几个小时之内，它就会离开太阳系，继续温和地揉捏着它前进道路上的一切。

◎

2015 年 9 月 14 日是一个普通的日子。在伦敦，歌手、作曲家艾米·怀恩豪斯（Amy Winehouse）的父母可能正在悼念他们的天才女儿。如果她 4 年前没有自杀，这一天就 32 岁了。怀旧的空间科学家则可能会回想起苏联的"月球 1 号"空间探测器，它于 56 年前的这一天在月球上着陆，成为首个进入其他天体的人造物。而对大多数人来说，这只是平常的一天，没什么特别的。

这一天早上，博士后研究员马可·德拉戈（Marco Drago）[53] 独自坐在德国汉诺威爱因斯坦研究所的办公室里。他曾在意大利帕多瓦大学学习物理，那是伽利略曾经的家园。德拉戈空闲时会弹奏莫扎特和贝多芬的钢琴曲。他还出版了两本意大利语的奇幻小说。

在当地时间大约 11 点 54 分时，德拉戈的电子邮箱收件箱里突然出现了一封邮件。那是来自 LIGO 探测器数据传输计算机的一条自动警报：很多神秘的数字以及自动生成的超链接。看来，设备探测到了某种异常现象，在大约 3 分钟前。

德拉戈点开其中一个超链接，图像在他的电脑屏幕上弹出，显示着探测器的输出结果。他知道这些图像应该长什么样子：波浪线，代表那些悬挂在干涉臂末端的石英镜面的微乎其微的运动。那是地震噪声，的的确确。即使是 LIGO 探测器也不能使镜面在万分之一个原子核直径的水平上完全静止。

但是，这一次不一样。没错，噪声还在那里。但它叠加在一个更强的信号上：一列交替起伏的正弦波。越来越强，越来越快。它快速地消失后，背景噪声还在。信号和噪声共存的时间仅为1/10秒左右。而且，这不仅出现在利文斯顿探测器的输出结果里，汉福德亦然。这不仅有趣，而且非常有趣。

德拉戈走进他的同事安德鲁·隆德格伦（Andrew Lundgren）的办公室。隆德格伦在这里的工作时间比德拉戈长，也更有经验。他们一起看了图像。图中的波浪线与德拉戈和隆德格伦熟知的模拟图十分相像。频率和振幅的上升……这是引力波信号典型的"啁啾"。这有可能是什么呢？这个信号出乎意料的强。它清晰可见，甚至不需要用专门的过滤软件将它从噪声中提取出来。一定有另一种解释。这不可能是一个真实的……又或者是呢？

"我们呼叫控制室吧。"隆德格伦说道。两台探测器正在以工程模式运行。第一次观测运行的时间安排在星期五，人们正在进行各种各样的调试。这极有可能是一次国际性的"硬件注入"（hardware injection），只是为了测试系统的反应。没错，一定是这个原因。别紧张。

此时汉福德时间是凌晨三点半。没有人接电话，值班的操作员纳特西尼·基邦周（Nutsinee Kijbunchoo）刚刚走出控制室而错过了电话。在列文斯顿（当地时间凌晨五点半），操作员威廉·派克（William Parker）回复说他不知道硬件注入这回事。是啊，在过去的两周里，LIGO的科学家阿娜玛利亚·艾弗勒（Anamaria Effler）和罗伯特·斯科菲尔德（Robert Schofield）已经做了无数次诊断测试。前一天是最后一天，他们实际上工作到很晚，直到凌晨四点半左右才离开。

这次究竟是什么？

可能存在一个无人知晓的硬件注入吗？由LIGO组织指派的一个秘密团队进行的一次盲注？为了让所有人保持警惕，并检查LIGO探测器的整体运行情况？类似的测试在第一代LIGO探测器上实施过。为什么要在第一次观测运行正式开始前进行测试呢？更何况，隆德格伦告诉德拉戈，一次恰当的盲注所需的复杂事件链仍在准备当中。

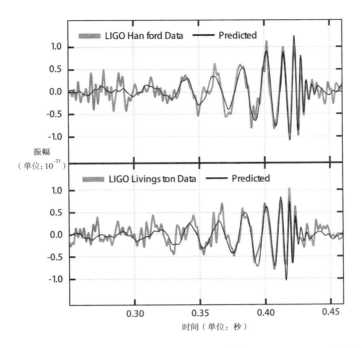

图 11-1　人类有史以来第一次探测到的引力波信号 GW150914，由汉福德（上图）和利文斯顿（下图）的 LIGO 探测器捕捉到。这两幅图展示的是这列波的振幅和时间的关系。振幅和频率都随时间增大，这是一个真实引力波信号典型的"啁啾"轮廓。粗线是真正的测量值，细线是基于质量分别为 36 和 29 个太阳质量的双黑洞合并的理论"预测"

　　中午 12 点 54 分，在德拉戈首次看到警报邮件弹出的一小时后，他给 LIGO 科学合作组织的不同团队（包括爆发源分析工作组、数据分析软件组、致密双星合并组、校验组、探测器性能人员、调试和天文台团队、LIGO 开放科学中心），以及邮件组列表（lsc-all@ligo.org）群发了一封邮件。

　　大家好，

　　cWB 于一个小时前在 GRaceDB 上记录了一个非常有意思的事件。
　　链接是：

http://gracedb.ligo.org/events/view/G184098

除了 LIGO 合作组织的成员，其他人都会觉得这封邮件就像在胡言乱语。cWB（coherent Wave Burst）指的是相干波暴探测传输，GraceDB（Gravitational Wave Candidate Event Database）指的是引力波候选事件数据库。（顺便说一下，不要试图在你的电脑上打开这个链接，你得有一个 LIGO 账号才能登录。）接下来还有几行超链接。马可在邮件的最后请求得到更多相关信息。

我们快速调查后认为，它并没有被标记为一次硬件注入。有人可以证实它不是一次硬件注入吗？

马可

在美国，这时还是晚上或者说凌晨，所以美国的 LIGO 合作组织成员得过几个小时才会阅读这封邮件。不过，加州理工学院的斯坦·惠特科姆[54]是个例外。出于某些原因，他失眠了。大约凌晨 4 点时，他从床上起来，打开笔记本电脑查看邮件。德拉戈的消息在几分钟前送达。"天啊！"惠特科姆嘟囔道，"未来几个月我有的忙了。"

惠特科姆从 1980 年起便待在加州理工学院。他是那份著名的"蓝皮书（1983）"的作者之一，该报告首次对类 LIGO 干涉仪进行了价格评估。他和罗纳德·德雷弗在加州理工学院的 40 米原型机实验上有过密切的合作。在工业领域工作了 6 年后，他于 1991 年回归 LIGO 组织，担任指导委员会的联合主席，最终成为 LIGO 组织的首席科学家。

斯坦·惠特科姆宣布，他将于 2015 年 9 月 15 日从加州理工学院退休。这并不意味着他会完全离开这个领域。他已经答应了 LIGO 组织的发言人加布里拉·冈萨雷斯（Gabriela González），一旦高新 LIGO 探测器发现什么有意思的东西，他就会担任探测委员会的联合主席。这似乎是一份平静的工作——现场会议、电话会议和文案。但是惠特科姆得先有一些自由时间,他打算 9 月 16 日开车去科罗拉多看望他的母亲。

现在半路上杀出了这件事。一例真实又令人振奋的啁啾,而非一次模拟。极短暂的持续时间,较低的终结频率,这很有可能来自两个超大质量黑洞的碰撞。低质量中子星的合并需要更多的时间,此外,由于它们的尺寸非常小,当它们最终合并时,轨道频率会更高。就这样,LIGO 组织得到了第一个探测结果。抓住它啦!

惠特科姆现在没法再回到床上了,这是自然的。那天早晨当他和他的妻子一起外出遛狗时,他告诉妻子,"我知道自己承诺过退休后会花更多的时间待在家里。但恐怕我要食言了"。惠特科姆并没有取消他的科罗拉多之旅,但在母亲家,他每天都要对着电脑工作好几个小时。

然而,加布里拉·冈萨雷斯可不太高兴。冈萨雷斯出生于阿根廷,是路易斯安那州立大学巴吞鲁日分校的物理学家。自 2011 年以来,她一直担任LIGO 科学合作组织的正式发言人,追随麻省理工学院的雷纳·韦斯、雪城大学的彼得·索尔森以及佛罗里达大学的戴维·瑞兹(David Reitze)[55] 的足迹。在过去的数月和数周时间里,她一直忙于协议、章程的起草和定稿。很显然,马可·德拉戈完全没有关注这些协议,他将消息发送给所有人,以及"lsc-all"邮件列表。幸好,那是一个受控列表,而且冈萨雷斯是管理员,所以不会发送成功。但她无法阻止德拉戈的邮件到达他所填写的其他团队的邮箱地址。此刻,他们恐怕正在互相讨论呢。

当然,冈萨雷斯也很兴奋。一开始,她认为这个强有力的信号一定是某个测试的结果。但她很快发现,那时并没有测试在进行。她收到麦克·兰德里(Mike Landry)的短信(他是汉福德天文台的探测任务主管):加布里拉,你授权了一次盲注吗?乔·吉亚米(Joe Giaime)是列文斯顿天文台的负责人,他也问了她同样的问题。当然,她没有,虽然她在与项目负责人协商之后可以这么做。简单的检查证实没有盲注,至少不是通常的那种盲注。因此,这必定是一个名副其实的引力波信号,除非程序出了故障、设备不太正常，或是有黑客恶意侵入。但那是探测委员会的工作。一切都处于正常程序当中。

有一件事还没有落实：发给其他观测者的自动警报服务。大约 20 个地基和空基天文台与 LIGO 科学合作组织达成了一项特殊的协议。一旦探测到引力波，他们就会把望远镜和观测仪器瞄准估计的波源。其目的是检测在 X 射线、光学或者射电波段里是否有什么可见的东西。任何电磁信号——比如来自某些爆发事件的高能辐射——会以和爱因斯坦波一样的速度（即光速）旅行，因此它应该会在同样的时间到达，但停留的时间很有可能会比引力波长。

此时，LIGO 组织还不能确定这个信号是真实的引力波信号。而且，就算它是真的，他们也无法确定它具体来自哪里。但是，冈萨雷斯和欧洲 Virgo 合作组织的发言人弗维尔·里奇（Fulvio Ricci）决定，向合作的搜寻团队发送一条消息，告知他们这个引力波信号可能源自南天的一大长条区域的坐标。如果天空中有什么可见信号，它也很快就会消失，因此他们最好立刻开始搜寻，即使这个位置坐标的精确性非常低。

然而，冈萨雷斯最担心的是保密问题，她需要确保除合作组织之外没有人知道这个信号。暂时还没有。探测协议中的一项关键性信息就是"必须保密"。在约瑟夫·韦伯探测器实验和 BICEP2 项目之后，还没有人想发布又一条不得不最后撤回的新闻。太没面子了。

9 月 16 日，冈萨雷斯与 Virgo 合作组织的发言人里奇、欧洲万有引力天文台台长费德里科·费里尼，以及 LIGO 的执行主任戴维·瑞兹、副主任阿尔伯特·拉扎瑞尼（Albert Lazzarini）达成一致意见。他们共同撰写了一封邮件，发送给 LIGO-Virgo 合作组织（或 LVC）的 1 000 多位成员。邮件内容如下：

　　大家好，

　　到目前为止，你们应该已经听说在上周末一个有趣的候选事件在

ER8 数据流中被发现……我们已经和那些能够跟进这一事件的合作伙伴
分享了这一信息……

　　我们想要提醒所有人，必须在 LVC 范围内做到严格保密，特别是对
于这个候选事件，一般来说对所有的候选事件和结果都应是如此。就合
作结果与非 LVC 成员的谈话和交流不应该发生，直到结果被公开。泄密
和谣言只会让我们的研究变得更困难。

　　你们当中有些人可能会被朋友或同事问到这个候选事件，或者未
来可能的候选事件……请务必向 LIGO 和 Virgo 的发言人报告任何来自
LVC 组织外人员的具体问题。

　　谢谢！

　　　　　　　　加布里拉，弗维尔，戴维，阿尔伯特，费德里科

　　然而，当你的团队刚刚获得一项世纪性发现时，你很难管住自己的嘴。马
可·德拉戈告诉了他的父母。斯坦·惠特科姆告诉了他的妻子。其他人告诉了
他们的男朋友或女朋友。在马萨诸塞州剑桥市，有人在输入邮箱地址时犯了一
个拼写错误，无意间将这一消息透露给了麻省理工学院财务部门的员工。幸运
的是，他们不太懂物理。但无论如何，这一消息都极有可能被泄露出去。

　　而且，这种事确实发生了。有人把这个消息告诉了劳伦斯·克劳斯
（Lawrence Krauss）[56]，他是亚利桑那大学的一名理论物理学家，写过几本科
普畅销书。克劳斯没有说出透露消息者的名字。这个人不是合作组织的成员，
但却是一位著名的、得过奖的实验物理学家。9 月 25 日，克劳斯在推特上发
布了这个消息：

　　有传言说 LIGO 探测器探测到了引力波。如果是真的，那就太棒了，
我也会继续发布更多细节信息。

克劳斯的推文引爆了社交媒体，加布里拉·冈萨雷斯为此变得非常沮丧。记者们纷纷联络她：LIGO 真的探测到什么了吗？什么时候的事？怎么做到的？为什么要保密？只探测到一次吗？会召开新闻发布会吗？那天晚些时候，冈萨雷斯不得不再写一封邮件发给 LIGO 和 Virgo 组织的成员。

*……请**不要**对这些推文发表任何意见或做出任何回应，当然更要避免泄露任何相关信息……再次重申，请不要参与社交媒体上的相关讨论。*

加布里拉

附：对于这个重大消息如此快地落到媒体手里，我感到非常失望。LIGO 组织有很多成员，但我真心认为我们彼此可以更加信任，从而使我们的科学任务不受干扰地完成。

她决定不去联系克劳斯，其他人也不会这样做。显然，忽视这些谣言似乎是眼下最好的策略。她针对媒体做出的正面回应则是希望记者们可以耐心等待，"我们需要几个月的时间去分析和理解数据中的前景和背景，因此目前我们什么也不能说"。

当然，科学记者还问了冈萨雷斯关于盲注的事情。他们中有人还记得 2009 年和 2011 年的事件，那是关于第一代 LIGO 探测器和第一代 Virgo 探测器。在这两个团队当中，每个人都知道盲注的可能性。合作组织里两三位高层拥有在干涉仪的数据流中创造假信号的权限，其目的在于测试探测器分析软件的效率，检验理论学家们是否得出有关引力波信号特征的正确结论，获取撰写专业出版物的经验，以及找出过程中是否有需要改动的地方。

一旦探测到任何可能的引力波信号并开始进行深入分析，盲注团队就会将他们是否注入假信号的真相放入信封密封起来。只有分析该特定信号的工作完成后，答案才会揭晓。

这无疑令人们非常忙碌。2007 年秋天和 2008 年的大部分时间，LIGO 组织的科学家们都忙于深入分析一个在 2007 年 9 月 22 日被探测到的信号，将其称为"秋分点"事件真是再合适不过了。三台探测器——汉福德 LIGO，利文斯顿 LIGO 和 Virgo——都记录下一例伴有噪声的微弱啁啾。它看起来似乎是两颗中子星旋进、碰撞和合并产生的。

然而，后续分析表明"秋分点"事件不足以证明人类探测到了爱因斯坦波。这个"信号"是一个统计学上的巧合事件的可能性实在太高了，因此在 2008 年秋天，科学家们一致同意，"秋分点"事件不能被看作一个真实的引力波候选事件。

直到 2009 年 3 月所有分析都已经完成后，这个信号是一次盲注的真相才被揭开。除此之外，还有一次更早的盲注，就发生在"秋分点"事件的 9 天前，很显然它被探测器程序彻底漏掉了。总而言之，这是一次非常有指导意义的经历。

第二次著名的盲注发生在 2010 年 9 月 16 日，叫作"大犬"（Big Dog）事件。"大犬"是一个更加明显的信号，同样地，它也被这三台探测器捕捉到了。它看起来就像科学家所预期的一颗中子星和一个黑洞碰撞的引力波信号。三个观测站略微不同的到达时间表明，这次碰撞是在大犬座中的某个地方发生的，它也因此得名。

这一次，一切看上去都非常令人信服。几个月之内，科学家们就完成了所有分析，并撰写了一篇论文准备投稿给《物理评论快报》。他们的工作令人钦佩，即使他们清楚"大犬"很可能是一次假信号。2011 年 3 月 14 日（也是爱因斯坦的 132 周年诞辰），在团队人员一致通过论文的最终版后，真相在加利福尼亚州阿卡迪亚的一次会议上被揭开。当时 LIGO 组织的主任、加州理工学院的杰伊·马克思（Jay Marx）打开了"信封"（它其实是一个装有幻灯片报告的 U 盘），观众席中的约 350 名合作组织成员这才得知，他们一直追寻的不过是海市蜃楼。尽管那篇论文最终未被投给《物理评论快报》，大家还是开了香槟，肯定自己付出的努力。它再一次表明，在同次观测运行中，第二个盲注事件也没有被发现。

"秋分点"事件和"大犬"事件都是在 9 月份发生的。[57]难怪 2015 年 9 月的信号出现时，很多科学家都怀疑他们又一次被愚弄了。但是，加布里拉·冈萨雷斯知道这次不一样，也不可能一样。当然，她是不会把这个消息分享给好奇的记者们的。记者们只被告知，过去的确盲注过假信号。但她告诉合作组织成员，所有人都应该意识到 9 月 14 日探测到的信号很可能是真的。

艰苦的工作或许才刚刚开始。这个信号不是盲注的真相并不能充分证明它源自太空中真实的引力波，还有很多其他可能的原因，比如计算机软件故障。要探测到汉福德和利文斯顿干涉仪镜面上的微小振动取决于数千行计算机代码。计算机软件永远摆脱不了发生故障的风险，这一点每个程序员都很清楚。因此他们必须对此做仔细检查。

这个信号或许是由地球另一侧的地震引起的？这意味着需要有人去美国地质勘探局（USGS）求证。会不会是巨大陨石造成的大气冲击波，甚至可能在一些无人居住区域发生了撞击？这需要有人去查证次声波的记录。地球磁场的某些奇怪现象有可能产生这种信号。等离子体物理学家收集到的卫星测量数据也需要检查。有时，巨大的雷暴甚至有可能在电离层产生波动。很多自然现象都可能会触发这些精细的仪器，一切都需要一遍一遍地检查。

这就是探测委员会的任务，委员会由 LIGO 组织的斯坦·惠特科姆和 Virgo 组织的费德里克·马里昂（Frédérique Marion）共同负责。他们知道应该做什么，事先制订的手册上已经写好了预案。委员会成员——无论是美国的还是欧洲的——都有各自的任务，每人只专注于几个潜在的问题。核对清单上画满了对号，电子表格也填满了。进展虽然缓慢但却笃定，每一种可能的解释都被一一排除了。比如，根据一个关于雷击的国际气象数据库的记录，就在这次探测前后，非洲西部的布基纳法索划过一道猛烈的霹雳，而后续的详细分析表明，它不可能影响到 LIGO 探测器的镜子。

还有很多其他事项需要检查。没错，这个信号在两台 LIGO 探测器上都可见，而且几乎发生在同一时刻。几乎同时获取到天文事件的引力波信号，是建造两台干涉仪的初衷。即便如此，仍然需要排除每一种可能的局域噪声。简单来说，一扇门被重重关上或者一辆卡车刚好经过，类似的情况在同一时间发生在两个观测站或许不大可能，但也不是全无可能。因此，这是探测委员会的另一项主要任务。当事件发生时，有人在干涉仪的管道中吗？要想核实，就得检查所有可获得的日志、摄像机和传声筒。探测器附近发生了什么异常的事情吗？来自各种环境感应器的记录应该可以提供必要的信息。会不会是磁场异常或者其他仪器干扰了镜子的悬挂系统、激光器或光电探测器？一切都被监控和记录下来，他们只需查看所有数据从而逐个排除各种可能性。

还有一种可能性，那是斯坦·惠特科姆噩梦中的情景：4 个研究生在利文斯顿的酒吧边喝啤酒边琢磨如何侵入 LIGO 系统，只是为了好玩。毕竟，合作组织中有很多非常聪颖的人。也许有人可以想出一种巧妙的方式进入数据库，或者替换某台电脑的主板。这样一来，你甚至不能排除信号其实是一个前雇员的恶意报复举动造成的可能性。不过最后，即使这种可能性也被排除了。

惠特科姆承认，绝对的确定性在科学中是极其罕见的。美国的中央情报局、朝鲜的秘密警察，或者新版《碟中谍》电影的主人公都有可能愚弄他的探测委员会。但不会是团队中某个恶作剧的人，或者某个令人厌恶的局外人。正如一位委员会成员所说，如果某个人成功"导演"了这一切，那他就可以得一个诺贝尔奖了。

在 2015 年 10 月和 11 月期间，每一种可能的交叉检查都已完成：附近电路线的故障，低空飞行的飞机，真空泵的机械磨损，一名技术人员将手机落在了探测器区域。但这些都不能解释 9 月 14 日的信号。探测委员会甚至检查了合作组织中其他团队和小组的活动，以验证他们是否将工作完成得很好。整个过程一直持续到 12 月。

之后，每个人都深信它就是来自深空的第一个引力波信号。而且，它不会是最后一个。10 月 12 日，另一个似是而非的候选事件被探测到，尽管比起第一个来说不那么明显。第三个信号有着极高的置信度，于 12 月 26 日被探测到。三周后的 2016 年 1 月 19 日，高新 LIGO 探测器的第一次观测运行结束了。时空的涟漪第一次在地球上被探测到。在阿尔伯特·爱因斯坦说出这个预言的一个世纪之后，难以捉摸的引力波终于被捕捉到了。宇宙正在广泛散播它的秘密，兴致高昂的科学家们开始解码这些信息。

2015 年 9 月 14 日早晨出现在马可·德拉戈电脑屏幕上的那个信号，如今有了一个正式的名字：GW150914。

从 2015 年 10 月起，LIGO 组织的教育和公共宣传团队就已经开始思考如何将这一新闻公之于众。当然不是在关于这一发现的论文被发表之前，因为没有人想重蹈 BICEP2 的覆辙。或许应该在 4 个月之后。

此外，任何新闻发布会都应该经过精心的筹备和排练，以避免可能出现的沟通不畅。他们计划同时召开两场新闻发布会，一场由美国国家科学基金会在华盛顿特区举办，另一场由 Virgo 组织在欧洲万有引力天文台举办。这需要和很多利益相关方进行协商，也许可以求助于一位在太空和天文方面科普经验丰富的专家。

高能物理学家菲奥娜·哈里森（Fiona Harrison）有一个提议。哈里森是加州理工学院的物理、数学和天文学系系主任，也是 NASA 的核光谱望远镜阵列（NuSTAR）项目的首席科学家。她曾与公共信息专员惠特尼·卡尔文（Whitney Clavin）[58] 在加州理工学院西北几英里处的喷气推进实验室共事，她知道惠特尼是媒体沟通方面的专家。

喷气推进实验室是 NASA 的行星科学任务和地球观测的研发中心。它由加州理工学院运营，两个机构之间有着诸多联系。卡尔文听到这个重大消息时表现得非常兴奋，对由她负责协调媒体宣传更加兴奋。

在喷气推进实验室，卡尔文经常与两位图像艺术家一起工作。多年来，罗伯特·赫特（Robert Hurt）和蒂姆·派尔（Tim Pyle）创作了数百幅各种主题的信息图、视频动画和精美的印象画，从系外行星到红外天文学。赫特是一名受过专业培训的红外天文学家，当卡尔文告诉他，他们将会为 LIGO 探测到的第一个引力波信号制作所有图表和视频时，他先是高兴地大叫，然后备感压力。派尔是一位没有科学学位的专业图像艺术家，他问道，"什么是引力波？为什么罗伯特这么激动？"

和所有的 LIGO 合作组织成员一样，他们得闭上自己的嘴。卡尔文不能向喷气推进实验室的任何人透露自己的行踪。这实在是太难了，她需要和太多的人协调宣传事宜，但又不能有半点疏忽，绝对不可以。

接下来就是对将在新闻发布会上发言的科学家进行训练。他们是：LIGO 的执行主任戴维·瑞兹、发言人加布里拉·冈萨雷斯，以及创始人雷纳·韦斯和基普·索恩。更多的邮件、电话和电话会议接踵而来。保持专注，尽量简洁，简单清楚地表达信息，避免用科学术语，多用吸引人的比喻。卡尔文让他们练习了 5 次，其中三次是在电话中，两次是面对面练习。瑞兹很享受这个过程，韦斯和索恩则比较焦躁，他们有时觉得失去了演讲的乐趣。不过，每个人都对最终的结果感到高兴。

罗纳德·德雷弗，LIGO 项目的第三位发起者，却无法参加发布会。他已经 84 岁高龄了，而且患有阿尔茨海默病，不得不待在格拉斯哥大学的一个看护室里。不过，美国国家科学基金会主席弗兰茨·克洛多瓦（France Córdova）一定会出席。新闻发布会选在美国国家记者俱乐部举行，那儿离白宫不远。卡尔文确认了网络直播有足够的带宽。新闻发布会将会在 YouTube 上直播。

选择发布会召开日期也很困难，它必须匹配每个人忙碌的日程。关于这一发现的论文必须在《物理评论快报》上发表，还有两篇论文需同时被其他刊物发表。2016 年 1 月初，他们做出了决定：在 2016 年 2 月 11 日（星期四）

召开新闻发布会。剩下的就是要注重细节、一丝不苟的问题了，当然还要防止有人在最后时刻走漏消息。[59]

事实证明，不走漏风声真的很难做到。1 月 11 日，亚利桑那大学物理学家劳伦斯·克劳斯发布了第二条推文：

> 我之前发布的关于 LIGO 的传言已被证实。请继续关注！引力波可能已经被探测到了！真令人兴奋。

这条推文像病毒一样到处扩散。LIGO 组织的科学家们被惹恼了，他们指责克劳斯不负责任地窃取公众注意力。而克劳斯却认为，社交媒体可以实现民众与科学进步的直接联系。他还称自己的推文就像"电影预告片"，可能会增加媒体的兴趣。1 月 22 日，克劳斯在他所在的大学开展了题为"爱因斯坦的遗产：庆祝广义相对论 100 周年"的专家讨论会。LIGO 组织的基普·索恩也是与会专家之一。至少可以这样说，两位理论物理学家之间的交流十分尴尬。

在新闻发布会前的倒数第八天，发生了另一起更具体的泄露事件。一封来自加拿大麦克马斯特大学粒子物理学家克里夫·伯吉斯（Cliff Burgess）的邮件，以图片的形式出现在推特上。邮件写道：

> 大家好，关于 LIGO 的传言似乎是真的，据说会在 2015 年 2 月 11 日正式发布（无疑会有新闻报道），要格外留意。
>
> 据看过那篇论文的人说，他们探测到了来自双黑洞并合的引力波。他们还声称，根据两台探测器的距离，它们的探测结果与引力波以光速传播的预测相符，置信度达到 5.1 sigma。两个黑洞的原始质量分别为 36 个和 29 个太阳质量，最终合并为 62 个太阳质量的大黑洞。据说这个信号非常壮观，他们甚至发现了最终形成克尔黑洞的"铃振"。

2 月 8 日，LIGO 组织发布了关于召开新闻发布会的消息。不同于以往只发布在媒体资讯频道，这次他们也在推特上进行发布：

通知：LIGO 新闻发布会将在 2 月 11 日东部标准时间上午 10:30 举行！点击 http://bit.ly/1TLlihq 了解 # 高新 LIGO & 引力波 #！

同一天，美国科学作家乔书亚·索科尔（Joshua Sokol）在《新科学家》杂志网站上发布了一个故事[60]，详细叙述了他对欧洲南方天文台（ESO）的网上观测日志的调查。他发现，对 LIGO 项目的一系列跟踪观测开始于 2015 年 9 月 17 日，在南部空区的一大片区域里；另一系列跟踪观测开始于 2015 年 12 月 28 日，在白羊座和长蛇座的位置。"LIGO 可能令人难以置信地走运。"索科尔写道。

那时流言满天飞：第一个信号在 2015 年 9 月 14 日被捕捉到，第二个是在 2015 年 12 月底，可能还有一个在 2015 年 10 月。就在新闻发布会[67]召开的前一天，我用谷歌搜索了"GW150914"。因为"大犬"事件在 2010 年被称为 GW100916。当时，一些 LIGO 项目的隐藏网页还不能公开，而我刚好搜到一个。除了 GW150914，网页上还提到了 GW151012 和 GW151226。因此，这就是流言所提到的三个日期。除此之外，没有更多细节。几个小时后，这个页面便无法访问了。[61]

终于到了 2016 年 2 月 11 日。美国国家科学基金会主席弗兰茨·克洛多瓦[62]首先做了一个简短的介绍。克洛多瓦于 1978 年在加州理工学院获得物理学博士学位，那时基普·索恩是她毕业论文委员会的评审之一。LIGO 项目还只是"他们眼中的微光"，她这样说。如今，一切都改变了。"打开一扇新的观测窗口，我们就能以全新的视野观察我们的宇宙，以及其中一些最激烈的现象。"她告诉听众。她也回忆道，1992 年 LIGO 项目的启动资金是美国国家科学基金会历史上最大的一笔投资。

接着是一个简短的开幕视频，伴随着欢快的背景音乐。这样的情绪也洋溢在新闻发布会的 5 位发言专家身上，包括克洛多瓦。"这就是科学发现，"她说，"它不会选简单的事情做。"她的点评包含了几个数字：两台探测器，1 000 名科学家，16 个国家，25 年。在视频的结尾，基普·索恩这样表达自己的感受："我看着它，然后我想，'天哪！'这看起来就是它。"

之后，戴维·瑞兹走上讲台。屏幕上展示出一张两个黑洞合并的图片。瑞兹环顾整个房间，眉飞色舞地说，"女士们，先生们。我们——探测到——引力波了。我们终于做到了！"全场热烈鼓掌。

瑞兹将这一发现与伽利略开拓观测天文学领域的成就相提并论。他称黑洞碰撞是"十分惊人的"。瑞兹就 LIGO 探测器的灵敏性打了个比方，即用人类头发粗细的尺度来测量我们到最近恒星的距离。"LIGO 项目是一次实实在在的科学上的'登月计划'。"他说，"而且，我们做到了。我们登上了'月球'。"

加布里拉·冈萨雷斯描述了真实的探测过程。"这是许多即将到来的引力波信号中的第一个。"她向听众保证。她强调，这是很多人共同的工作成果，"它需要整个地球村的努力。"接下来，雷纳·韦斯讲述了有关引力波的知识。他通过朝着多个方向拉动一块塑料网来演示时空的压缩和拉伸。韦斯还解释了 LIGO 探测器是怎么工作的。"如果这项技术可以为爱因斯坦所用，他肯定能够创造出 LIGO 探测器。"他俏皮地说，"他聪明极了，通晓足够的物理知识。"

最后，基普·索恩讲到了他最喜爱的话题——黑洞。双黑洞合并，造成了"时空结构中一场猛烈的暴风雨"。"这场暴风雨虽短暂却非常强大，片刻间所释放出的能量是宇宙中所有恒星能量总和的 5 倍。"

这次网络直播吸引了差不多 10 万名观众全程观看，几天后，有 50 万人次收看了重播。在 2 月 11 日的新闻发布会于上午 11 点 15 分结束时，这个重大新闻引爆了互联网。虽然这才是 2016 年，但人们已经开始评价其为"21 世纪的科学发现"。

次日早晨，《纽约时报》的头版刊登了一张看似科幻的照片，上面是一名身穿白大褂的技术人员站在 LIGO 探测器的一个激光管道中。标题是

WITH FAINT CHIRP, SCIENTISTS PROVE

EINSTEIN CORRECT

（凭借微弱的啁啾声，科学家们证明爱因斯坦的预言是对的）

A RIPPLE IN SPACE-TIME

（时空中的涟漪）

AN ECHO OF BLACK HOLES COLLIDING

A BILLION LIGHT-YEARS AWAY

（来自 10 亿光年外黑洞碰撞的回声）

图 11-2　2016 年 2 月 11 日，LIGO 的执行主任戴维·瑞兹（左）在华盛顿特区的新闻发布会上宣布发现引力波的消息。在他右边是 LIGO 的发言人加布里拉·冈萨雷斯，以及 LIGO 的两位创始人雷纳·韦斯和基普·索恩

　　和大约 100 年前天文学家们证实爱因斯坦关于星光偏折的预言时的新闻标题相比，这些题目可能不是那么有噱头。但正如弗兰茨·克洛多瓦所言，"爱因斯坦可能面带笑容，不是吗？"那个周末，一张照片传遍了网络，上面是佐治亚理工学院里的爱因斯坦的巨型塑像，环绕他的脖子的是一条手写的标语："早就告诉过你"。

在遥远的德国，引力波先驱海因茨·比林此时已经 101 岁高寿了，他遵守了 1989 年对卡斯滕·丹兹曼做出的承诺：一直活到引力波被发现的那一天。但是，年迈的比林几乎又聋又盲，还遭受着严重失忆症的困扰。和德雷弗一样，他也待在一间看护室里。在他片刻清醒的时候，他的年轻同事把这个好消息告诉了他。"是的，没错，引力波。"他用德语答道，"我遗忘得太久了。"比林于 2017 年 1 月 4 日逝世，终年 102 岁。

当罗纳德·德雷弗的亲人告诉他 LIGO 探测到引力波的时候，德雷弗是否真正理解并感到欣慰，我们并不是很清楚。不过，在他观看新闻发布会时，他的眼睛在发光。随后的 4 个月时间里，德雷弗、雷纳·韦斯和基普·索恩一起被授予了 4 个重要科学奖项：基础物理学特别突破奖，格鲁伯宇宙学奖，邵逸夫天文学奖，科维理天体物理学奖。（前两个奖项由 LIGO-Virgo 合作组织的所有成员共享。）同时，Virgo 项目的创始人阿达尔贝托·贾佐托和圭多·皮泽拉荣获了 2016 年的阿马尔迪奖章——由国际广义相对论和引力学会每两年颁发一次的欧洲科学奖项。[63]

罗纳德·德雷弗于 2017 年 3 月 7 日去世。几乎是众望所归，LIGO 项目的另两位创始人在某天将会获得诺贝尔物理学奖。

第12章　黑魔法

没有人见过黑洞。直到今天，天文学家和物理学家仍在探讨它们是否存在。LIGO 组织声称发现了距我们 13 亿光年之遥的两个黑洞的碰撞。那么，它们存在的间接证据是什么？答案是：时空的微小振动，不超过一个质子直径的千分之一，在不到 1/5 秒的时间内。你可能会说，这真是一次认知的飞跃。

很显然，天文学不再是它曾经的模样了。过去，人们只是望着天空找寻彗星或者爆炸的恒星。那就是丹麦的天文学家第谷·布拉赫（Tycho Brahe）在 16 世纪晚期所做的事。之后，用望远镜观测夜空，你也许会发现双星系统、火星表面的黑斑，或者暗淡星云的旋涡结构。所见即所得。

那样的日子已经一去不复返了。新发现如今常常基于看起来没那么令人信服的测量结果和大量的数据处理工作。这儿有几个光子，那儿有一个不起眼的光谱特征，这些都涉及统计数据和概率分析。其目标在于，从可用数据中提取尽可能多的信息。

引力波天文学也不例外。要记住，呈现在马可·德拉戈的电脑屏幕上的那些起伏的曲线——GW150914——确实是我们得到的唯一可用的证据。频率和振幅骤然剧烈攀升，然后归于平静。什么有可能造成这些微小的涟漪呢？运行数据分析软件，并得到答案：遥远宇宙中的两个合并的黑洞。没有人真正看到过这些，听起来就像魔术一样。

尽管如此，像基普·索恩这样的理论学家仍然对他们的主张非常自信。由于这个信号只被两台探测器捕捉到，我们很难确切地判断它是从哪个方向上来的。至于距离，我们也无法精确地知道：它可能在 8 亿—18 亿光年之间的某个位置上。不过，碰撞发生的环境倒是比较明确。

在某个遥远的星系，两个黑洞正在相互绕转。一个的质量是太阳的 36 倍，另一个是 29 倍，比天文学家们预想的要大得多。对于这个量级的黑洞来说，其事件视界的直径有几百千米。

几百万年来，随着微弱的引力波辐射从这个系统中带走能量，两个黑洞以极慢的速度相互绕转，就像赫尔斯－泰勒脉冲星的情况一样。随着它们越靠越近，两个黑洞的绕转速度也越来越快。强大的加速度意味着高振幅的引力波，轨道周期变短意味着引力波频率变高。

最终，两个黑洞间的距离缩短到 350 千米，以高于光速一半的速度相互绕转。接着，在不到一秒的时间里，它们合并为一个更大的黑洞，大约是太阳质量的 62 倍。任何一个小学生都知道 36+29=65，那么其余 3 倍的太阳质量去哪里了？它被转化为能量（$E=mc^2$），以巨大的引力波暴的形式被发射出去。

我在前文中提过，时空极度坚硬。但如果一股脑地将相当于三个太阳质量的能量倾倒在一个特定的位置上，即使坚硬如时空也会不由自主地开始抖动。就在最终合并而成的大黑洞的事件视界之外大概几千千米的位置上，引力波在短暂的瞬间里将任何物体的大小拉伸或者压缩了百分之一。这听起来可能不怎么激动人心，但足以弄坏大多数分子脆弱的化学键了。在这种情况下，人类将无法活着，广义相对论会杀死你。

如果能从稍微安全的距离上观看，两个黑洞的合并其实是非常壮观的景象。在 2016 年 2 月 11 日的新闻发布会上，索恩展示了一段电脑动画[64]，它基于电影《星际穿越》中使用的同一类科学算法。该动画展示了在背景恒星的映衬下，以墨黑色圆盘呈现的两个黑洞的剪影。随着它们的相互绕转，背景恒星的光发生了弯曲，这是每个黑洞的事件视界处的强引力场所致。这一引力透镜效应令人产生了一种幻觉，恒星仿佛在移动和闪烁。两个黑洞朝着彼此旋进，然后合并，最后形成的单个黑洞像敲击铜锣一样"铃振"收场。在影片结尾，一切都恢复平静。十多亿年之后，这一事件所产生的时空涟漪来到地球，尽管它的振幅小到几乎让人察觉不到。

图 12-1　这是两个中等质量的黑洞即将碰撞和合并的超级计算机模拟图，它是假想出来的当地观测者在引力波信号 GW150914 产生前所看到的景象。围绕着双黑洞的旋涡图案，是背景恒星的光被黑洞绕转产生的强时空曲率弯曲形成的引力透镜

　　那么，科学家们是如何确认事情就是这样发生的呢？这个短片看起来令人信服，但它只是基于广义相对论方程的一段动画而已。索恩和他的同事是

怎么知道两个黑洞的质量，以及它们合并后的最终质量呢？他们怎么知道这的确是一次黑洞的合并，而非其他全然不同的事件呢？仅基于 LIGO 探测器捕捉到的短暂信号就能断定吗？

在一定程度上，这是基于共识和简单的推论得到的。爱因斯坦理论告诉我们，致密双星会产生引力波，其频率是它们轨道频率的两倍。在它们合并之前，观测到的波的频率大概是 200 赫兹，这说明两个天体在以每秒大约100 次的速度相互绕转。这一信息足以揭示其巨大的质量和密度。事件的持续时间也是重要的线索。对于小质量天体来说，旋进的过程会持续较长时间。对于小直径天体来说，合并会发生在更高的轨道频率上。爱因斯坦波在铃振阶段的频率取决于最终形成的黑洞的质量。

当然，要精确地估算质量的大小，还需要进行更彻底的分析。而这存在一个大问题：实际上，我们不可能从观测的波谱数据出发，反推出合并的特征。因此，理论学家必须用数万个计算过的波谱来比对观测结果，并找出最匹配的那个。

对于指纹来说亦如此。每枚指纹都是独一无二的，侦探发现的每枚指纹，都有且只有一个人可以匹配。但是，仅凭一枚指纹很难找出嫌疑人。因此，侦探需要借助存储了数百万枚指纹的数据库，从中搜索并找出最匹配的一个。

这就是为什么理论学家们忙于计算各种不同的合并情景下的预期引力波波形。两颗 1.4 倍太阳质量的中子星碰撞（就像赫尔斯 - 泰勒双星一样），会发出什么样的引力波呢？如果两颗中子星的质量更大，会怎么样？如果一颗中子星的质量比另一颗大 50%，会怎么样？如果大 40% 或 60% 呢？如果是一颗中子星和一个黑洞碰撞，或者两个黑洞碰撞呢？如果考虑潮汐效应或偏心轨道呢？

不同的天体，不同的质量和质量比，不同的视角，不同的转动态……对于每种可能的变化，都可以计算出其最终波形。长年累月，理论学家们已经创建了一个储存了几万种不同波形的资料库。GW150914 的特征与两个质量分别为 36 倍和 29 倍太阳质量的黑洞碰撞的预期波形最为吻合。这听起来好像黑魔法，但却是严肃的科学。

坦白说，那些计算并不简单。广义相对论涉及的数学运算非常复杂，这就是为什么爱因斯坦构建该理论花费了很长时间。比如，黑洞使得周围的时空发生了弯曲，时空曲率代表了一定的能量。按照爱因斯坦的看法，能量等价于质量。因此，这些能量产生了额外的弯曲。由于广义相对论的非线性行为，任何相关计算都变得非常困难且耗费时间。

另一个难题在于对坐标系的理解。在牛顿理论中，每个事件都可以用绝对的空间和绝对的时间来描述，时间和空间构成一个不变的坐标系。然而，在爱因斯坦理论中，没有什么是绝对的，坐标系（时空）本身也被那些事件影响着。就黑洞而言，黑洞让其周围的时空发生剧烈弯曲，并将弯曲时空扯碎、吞噬。你也许能想象得出，当坐标系被撕扯得四分五裂时，想要计算出一个物体的行踪是多么难。

因此，计算来自致密双星合并的预期波形是很难的。即使最简单的情形，也不是你用袖珍计算器就能算出来的。直到 20 世纪 70 年代，数学物理学家们才首次计算成功。今天，大多数计算方面的困难都已经被解决了。不过，具有强大处理能力的超级计算机依然需要合理的时间才能完成计算。因此，建立一个存有几万种不同波形的数据库是一项艰巨的任务。

无疑，爱因斯坦波数据库还应包含来自致密双星合并之外的其他事件的波形。不对称的超新星爆发会产生非常不同的波形，一个表面有小隆起的快速自转的中子星亦如此。由于密度高，中子星被视为自然界中最完美的球体，一个海拔仅为 1 毫米的"小山包"就能够产生可观测的引力波。在所有情况下具体细节可以存在很大的差异，这取决于特定的环境。

不管怎样，有了观测波形和预期波形的高度吻合，没有人怀疑 GW150914 是由两个质量分别为太阳的 36 倍和 29 倍的黑洞合并产生的。而且，根据广义相对论告诉我们的爱因斯坦波的原始振幅，我们可以很容易地计算出碰撞发生的距离：只需从观测振幅入手。[65]

同样地，第二个引力波信号（GW151226）的波形与两个质量分别为太阳的 14.2 倍和 7.5 倍的黑洞合并的预期波形相契合。这次合并发生在距离我们 14 亿光年的地方。出于明显的原因，这次事件的分析工作并没有在 2016 年 2 月 11 日之前启动——LIGO 和 Virgo 的科学家们都忙着准备他们的第一次发布呢。加布里拉·冈萨雷斯、弗维尔·里奇和戴维·瑞兹于 6 月 15 日在加利福尼亚州圣迭戈的第 228 届美国天文学会会议上宣布了 GW151226 的消息 [66]。

由于所涉及的黑洞质量偏小，第二次事件的旋进阶段的速度较慢。和 GW150914 的 1/5 秒相比，这次观测到的信号持续了 1 秒多。观测到的波动周期数也更多：54 个周期（即 27 圈轨道），与第一次事件的 10 个周期（5 圈轨道）形成鲜明对比。最终形成的黑洞质量又一次小于两个原始黑洞的总和：20.8 倍太阳质量。因此，在这次事件中，相当于 90% 太阳质量的能量被转换成引力波。

那么，在 2015 年 10 月 12 日探测到的第三个引力波信号呢？据 LIGO 团队所说，它可能产生于两个质量分别为太阳的 23 倍和 13 倍的黑洞合并，在距离我们 30 多亿光年的地方。但是，这次探测的统计学置信度要远远小于前两个事件。考虑到探测器的正常背景噪声变动，这个事件约有 1% 的概率不是真实的引力波。正是出于这个原因，它没有被冠以正式的"GW"名称。取而代之，它被称为"LVT151012"，其中"LVT"代表 LIGO-Virgo Trigger（事件）。这并不意味着大部分合作组织成员没有将其看作一次货真价实的探测，而是它处在一个不那么令人信服的 99% 的置信水平上。

因此，LIGO 探测器第一次探测到的引力波波形全部指向两个合并的黑洞。据某些科学家说，这个结果甚至可以看作黑洞存在的第一个直接证据。的确，从定义上看，黑洞不发射任何形式的光（或者其他电磁辐射），所以你无法直接观测到它们——除非你"感觉"到它们在时空结构中产生的微小振动。黑洞和宇宙其他部分之间唯一的直接交流是通过引力完成的，它们唯一使用的语言就是引力波。现有的其他关于黑洞存在的证据都是间接的。

◎

　　黑洞的概念实际上远比爱因斯坦的广义相对论出现得早。回溯到 1783 年，英国牧师兼地理学家约翰·米歇尔（John Michell）是第一个提出这个概念的人。这发生在艾萨克·牛顿逝世后仅半个世纪的时候。万有引力定律广为人知，并且看起来牢不可破。米歇尔知道，每个天体都有一个所谓的逃逸速度，即从天体的引力控制下完全逃离所需的速度。比如，大家都知道的地球的逃逸速度是每秒 11.2 千米；太阳的逃逸速度是每秒 617.5 千米。

　　如果太阳的质量比现在还大呢？米歇尔想道。那么它的逃逸速度将会更大，这是自然的。如果一个恒星的质量和体积都足够大，它的逃逸速度就可能大到每秒 30 万千米的地步，即光速。如果光不能从恒星逃逸，会怎么样？

　　在英国皇家学会《自然科学会报》（*Philosophical Transactions*）刊发的一篇论文中，米歇尔给出了答案："如果自然界真的存在这样的物体，其密度不比太阳小，而其直径是太阳的 500 多倍，它的光就无法到达我们……由于这类物体的存在……我们无法看到任何信息。"换句话说，如果光无法从它的引力作用下逃离，它对于我们就是不可见的。米歇尔没有称这些物体为"黑洞"，而是把它们叫作"暗星"。

　　毫无疑问，米歇尔所说的暗星与时空弯曲没有任何关系。而且，时空弯曲的概念在 1783 年也不存在。此外，18 世纪的科学家还没意识到光速在自然界中是最快的事实。因此，米歇尔假想的暗星没有被当作像黑洞一样的任何东西都无法从中逃逸的天体。他认为，虽然光不能从一颗暗星上逃逸，但一艘宇宙飞船也许是可以的。（当然，1783 年还没有宇宙飞船。）

　　今天的黑洞概念可追溯至 1916 年，就在阿尔伯特·爱因斯坦发表他的广义相对论的几个月后。根据爱因斯坦的场方程，空间中有可能存在引力强到足以让时空弯曲至它自身的区域。这个场方程的解由两位聪明绝顶的科学家各自独立发现。一位是 42 岁的德国物理学及天文学家卡尔·施瓦西；另一位是荷兰数学物理学家约翰内斯·德罗斯特（Johannes Droste），他当时 29 岁，是亨德里克·洛伦兹的研究生。

1914 年，在第一次世界大战开始时，施瓦西加入了德国军队。1915—1916 年，他在东部前线和俄军作战，同时与一种罕见的皮肤疱疹疾病做斗争，该病可能是导致他于 1916 年 5 月去世的主要原因。在抗争间隙，他尽力抽出时间和精力撰写三篇科学论文，其中有一篇是关于黑洞的。他还与在柏林的爱因斯坦通信交流他的发现，德罗斯特的数学推导非常巧妙，得到了爱因斯坦的赞赏，但论文直到 1917 年才发表。

无论如何，一个足够强的点状引力场显然会表现出一些奇怪的特性。第一，在一定距离范围（即"施瓦西半径"）内，时空被强烈地弯曲，以至于在任何方向上的每一种可能的运动，最终都会到达比初始位置离中心更近的地方。这是没有东西可以逃离施瓦西半径内的区域的另一种表达方式，无论是一个基本粒子、一艘宇宙飞船，还是一束光。第二，在施瓦西半径处的引力红移效应极强，以至于时间不仅显著变慢，甚至趋近于完全停滞的状态，至少从外部观测者的角度来看是这样。第三，任何穿越施瓦西半径（也被称为事件视界）的物体最终都会到达最中心的地方——一个零维的、密度无限大的数学上的点。这就是场方程告诉我们的，表明我们对黑洞内部的理解还不充分。

怪不得大多数物理学家，包括爱因斯坦在内，都认为施瓦西度规是广义相对论的一个可笑的数学上的怪异特性。如此古怪的东西不可能是现实物理世界的一部分，难道不是吗？毕竟，我们没有必要把"符合广义相对论"和"在自然界中存在"等同起来。

但在 1934 年，沃尔特·巴德和弗里茨·兹威基预言了中子星的存在。中子星是大质量恒星以灾难性超新星爆发的形式结束生命时发生坍缩的核，由紧密地挤在一起的中子（不带电的粒子）构成。其实你也可以将中子星想象成一座城市大小的原子核，它的确和原子核一样有着大到令人难以置信的密度。

在巴德和兹威基发布预言的 5 年后，理论物理学家罗伯特·奥本海默（Robert Oppenheimer）——后来被称为"原子弹之父"——争辩道，中子星如果质量太大就将无法支撑自身的引力。一颗三倍太阳质量的中子星将进一步坍缩，没有任何已知的物理定律能够对此加以阻止。事实上，理论学家认为，引力坍缩永远不会停止。根据奥本海默和他的同事哈兰·斯奈德（Harlan Snyder）的计算结果，物质可以被压缩至密度越来越大，最终的结果是，在空间中的某个区域，引力十分强大，没有什么可以从中逃逸。

但这恰恰是施瓦西和德罗斯特在 1916 年所描述的：无限大的密度，极大的时空曲率，被困住的光，以及那个时间看似停滞的"表面"。奥本海默和斯奈德将这类天体称为"冻星"。"黑洞"这个名称直到 20 世纪 60 年代才开始使用。在施瓦西和德罗斯特的论文发表的半个世纪之后，它于 1964 年第一次出现在美国记者安·尤因（Ann Ewing）的新闻故事中，而后在 1967 年被约翰·惠勒采用。

那时，天体物理学家们再也不能忽视黑洞的问题了。如果大质量恒星的核会坍缩成中子星（在恒星经历过超新星爆发之后），超大质量恒星的核就会坍缩成一个黑洞。事情就是这么简单。尽管如此，很多人依然对这些高深莫测的天体的存在持怀疑态度。这听起来太疯狂了。如果光不能从黑洞中逃逸，就没有办法通过观测来证实它们的存在，难道不是吗？

又过去了半个世纪，情况有了很大的改观。在过去的几十年里，天文学家们发现了大量黑洞存在的间接证据。根据定义，黑洞的确是不可见的，但我们可以观测到黑洞对它周围环境的影响。这有点儿像《隐身人》：你看不到他，但他在院子里留下了脚印。当他坐在你的床上时，床单也会变皱。

有一种办法可以让黑洞暴露它的存在。想象一个有两颗大质量恒星的双星系统。质量超大的那颗恒星演化得更快，它变成了超新星，它的核坍缩为一个黑洞。之后，第二颗恒星膨胀成巨星。旋转的黑洞撕扯着膨胀恒星的外层气体。在骤跌入黑洞之前，气体先积聚在黑洞周围的一个薄且转动的圆盘上。这个所谓的"吸积盘"变得极热，并开始发射 X 射线。

　　这正是科学家们在 1971 年的发现：天鹅座中的一个明亮的 X 射线源（被称为天鹅座 X-1）与一颗超巨星同时出现。多普勒测量结果表明，这颗恒星在以 5.6 天的周期围绕着一个 10 倍太阳质量的天体运行。这个大质量伴星不可能是一颗寻常的恒星，否则它就可以在望远镜中被观测到。它也不可能是一颗中子星，因为中子星的质量不可能是太阳的三倍以上。此外，观测到的 X 射线表明，这个大质量伴星出于某种原因把气体加热至几百万度。唯一可能的解释就是，这是一个被极热的吸积盘环绕的黑洞。

　　如今，很多的 X 射线双星都被视为藏有黑洞。由于它们是爆炸恒星的残骸，因此它们被称为恒星质量级黑洞，或简称为恒星级黑洞。此外，天文学家们在星系的核心区域发现了超大质量黑洞，它们有几百万倍乃至几十亿倍太阳质量。在大多数情况下，它们通过发射大量的高能辐射来表明自己的存在。此外，它们还向太空中喷射出强大的带电粒子流。这类活跃的星系核被称为类星体。这些高能辐射来源于黑洞的吸积盘。这些带电粒子流可能是由强大的磁场产生的，不过，这至今依然是一个谜。

　　超大质量黑洞也会通过影响星系核心区域恒星的运动来表明自己的存在，星系核心区域的恒星速度分布可能暗示那里有一个质量非常大、非常致密的天体。1984 年，M32（仙女座主星系的一个伴星系）核心区域的恒星速度分布为第一个超大质量黑洞的发现提供了线索。就银河系来说，天文学家们甚至观测到一些单个恒星在约 400 万倍太阳质量的隐形天体周围旋转。这只可能是一个超大质量黑洞，除此之外，没有其他可能的解释。

　　多亏这些日益增多的间接证据，黑洞逐渐地走出推测和科幻的黑暗房间，进入被天体物理学们认可的物理实在宫殿。即便如此，探测到来自两个碰撞黑洞的引力波被看作黑洞存在的完美证据。有史以来第一次，我们得到了大自然的明确信息，黑洞或者暗星、施瓦西度规、冻星，无论你想怎么称呼它们，它都是宇宙不可或缺的组成部分。

　　这也是一条有说服力的信息。在产生 GW150914 的双黑洞合并的极短瞬间，以爱因斯坦波的形式释放出，不少于三倍太阳质量的能量。事实上，黑洞碰撞是宇宙中已观测到的最强大的事件之一。

在你对下一回合的天文数字表示惊叹之前，我先回答一个可能让你困惑已久的问题：如果黑洞是一个任何物质都无法逃脱的时空区域，那么它们是如何失去质量的呢？一开始，两个黑洞的质量分别是太阳的 36 倍和 29 倍。然而，在合并之后，只剩下一个 62 倍太阳质量的黑洞。其余的三倍太阳质量是如何逃离两个黑洞的"引力之掌"的呢？

答案很简单：上述情况并没有发生。也就是说，合并后的黑洞没有将物质如魔法般地喷射出去。事实上，说它们包含物质是一种误导。无论黑洞是以何种方式形成的，进入其中的物质都会在那个密度无限大的"奇点"被毁尸灭迹。遗留下来的物理实在是很强的时空曲率。如果一位天文学家在讨论黑洞的质量，那么他不是指一定量的物质，而是指一定量的时空曲率——任意一个黑洞的可观测特性之一。

这就是 13 亿年前在那个未知名的遥远星系里发生的事。两个时空"涡旋"，各有各的曲率大小，它们被卷入一场猛烈的时空"风暴"，在那里合并成一个更大的"龙卷风"。时空曲率总和的大部分（约 95%）被用于形成最终的单一黑洞，而只有不到 5%（相当于 3 倍太阳质量）被转换成引力波。

如果你将 3 倍太阳质量（6×10^3 千克）和光速的平方（9×10^{16} 米 ^{2}/ 秒 ^{2}）代入爱因斯坦的著名方程 $E=mc^2$ 中，最终得到的能量为 5.4×10^{47} 焦耳。它是太阳每天输出总能量的 16 万亿倍。由于如此巨大的能量在 15 毫秒左右的时间内被释放出去，输出功率的峰值高达 3.6×10^{49} 瓦特，是可观测宇宙中所有恒星和星系的辐射总量的约 10 倍。

当阿尔伯特·爱因斯坦研究所的行政主管布鲁斯·艾伦（Bruce Allen）试图将他对 GW150914 的兴奋之情分享给他的两个儿子时，12 岁的马丁和15 岁的丹尼尔一开始并没有十分惊讶。于是，艾伦做了一些快速而粗略的计算，将这一事件释放的能量和《星球大战》电影中"死星"的毁灭力量做比较，后者是影片中银河帝国的"终极武器"。"死星和黑洞碰撞相比简直就是小把戏。"艾伦告诉他的儿子们，"合并过程中释放的能量足以将 100 个银河系大小的星系中每个太阳系中的每个行星蒸发掉。"听到这里，马丁和丹尼尔终于被打动了，"哇，太酷了！"

另一个吸引人的地方在于，双黑洞的碰撞和合并确实是一个极强的引力事件。在第3章中，我们见识了物理学家们如何想尽各种办法来检验爱因斯坦的广义相对论预言。但是，相对论效应只在非常强的引力场中（或者速度接近光速时）才变得显著。当然，将原子钟放在飞机上环游世界，在地球轨道上测量陀螺仪的漂移，或者度量空间探测器消失在太阳背后时无线信号的延迟，这些都是有效的方法。但是，这些都是弱引力实验。即使是一对双中子星，也不过是"弱引力场环境"，至少就广义相对论的预言来说如此。

而在黑洞的事件视界处观测发生了什么，则是一个全然不同的故事。它使物理学家们得以在一个强引力场环境中检验爱因斯坦的理论。这也是他们对引力波天文学的前景如此激动的原因之一。黑洞碰撞产生的时空涟漪提供了对宇宙中最极端环境的宝贵探测机会，那里就是物理学家们想开展测试的地方，也是他们想对爱因斯坦进行批判的地方。

如前文所述，物理学家们认为广义相对论不大可能对引力问题一锤定音。这个理论和量子力学（20世纪物理学的另一大支柱）不兼容。为了使对引力的成功描述与对自然界中其他作用力（以及所有已知粒子）的成功描述相兼容，两个理论中至少有一个必须以某种方式进行修改。通往"万有理论"这一终极目标的正确之路犹未可知，但或许在黑洞的边缘附近有一个指示路标。研究黑洞碰撞产生的爱因斯坦波有可能找到这个路标，从而帮助物理学家提升对自然界基本性质的理解。

顺便说一下，还有一种在黑洞边缘处验证广义相对论预言的可行方法。荷兰拉德堡德大学的海诺·法尔克（Heino Falcke）、麻省理工学院的西普·多尔曼（Shep Doeleman）等射电天文学家正在将各个大陆的巨型毫米波射电望远镜联合起来，希望由此创造出所谓的"视界面望远镜"。视界面望远镜将拥有比历史上的任何天文台都要清晰的视野，其目标是银河系核心处的超大质量黑洞。尽管它距离我们有2.7万光年之遥，在恒星和发光气体云明亮的背景下，我们应该有可能观测到这个黑洞的事件视界。这一图像类似于基普·索恩在 LIGO 新闻发布会上所展示的墨黑圆盘。将图像上黑洞的精确外观与广义相对论的预言做比较，二者可能存在的偏差或许会指出通往理论的道路。

◎

万有理论可能仍然是未来的一个梦。但是，引力波的第一次成功探测已经带来了新的天文物理学。事实上，发表于 2016 年 2 月 11 日的一篇关于 GW150914 的论文，完全致力于阐述这一发现的天体物理学意义。令人惊讶的是，这次事件已经为大质量恒星的演化提供了全新且重要的见解。

在高新 LIGO 上线之前，合作组织中的许多成员都预期它们可主要用于探测中子星碰撞事件。实际上，中子星合并事件能被探测到的最远距离，已经成为量化干涉仪灵敏性的标准方式。比如，对于第一代 LIGO 和第一代 Virgo 来说，其灵敏性能"到达"5 000 万—6 500 万光年的距离；在高新 LIGO 的第一次观测运行中，它只有设计的最终灵敏性的 1/3，就已经到达 2 亿光年的距离了。

当然，天体物理学家们也期待探测到黑洞碰撞事件。如果一对绕转的中子星彼此旋进，那些绕转的双黑洞也会如此。而且没错，黑洞的碰撞可以在更远的距离上被探测到。因为其质量越大，所造成的爱因斯坦波的振幅就越大。这就是尽管 GW150914 产生于 13 亿光年之遥的地方，也能在地球上被探测到的原因。

但是，没有人知道宇宙中双黑洞的数量，人类连一个单黑洞都未发现过。因此，没人可以精确预测多长时间会发生黑洞的碰撞和合并。与此相反，银河系中的双中子星已经被发现，赫尔斯 - 泰勒系统是第一个。结合统计分析和科学猜想，不难粗略地估计出像 LIGO 这样的干涉仪可能探测到的碰撞事件的数量。对于第一代 LIGO 来说，大约是每十年一次；而对于高新 LIGO 来说，大约是每年几次。（别忘了，灵敏性提高两倍意味着"到达"距离也会增长两倍，从 6 500 光年增加到 2 亿光年。对应的空间体积则变成原来的 27 倍，探测成功的概率也达到原来的 27 倍。）

所以，就中子星合并来说，科学家们对探测成功的概率比较有把握。这可能就是他们认为这类事件将会率先被高新 LIGO 探测器捕捉到的主要原因。对于没有足够天文学背景的物理学家来说，2015 年探测到的引力波信号来自黑洞碰撞的事实让他们着实惊讶。而有些人，比如加州理工学院的斯坦·惠特科姆，则始终认为黑洞合并将会主导 LIGO 的探测。惠特科姆的观点是，它们虽然不那么常见，但你能"看到"它们直到很远的地方。基普·索恩在他 1994 年出版的《黑洞与时间弯曲》一书中描述了一种"未来"景象，让人不禁回想起发生在 2015 年 9 月的事件：

> 根据波形，计算机解析出来的信息不仅有旋进、合并及铃振，还有初始黑洞和最终黑洞的质量和转速。每个初始黑洞都是太阳质量的 25 倍，它们的转速变慢了。最终黑洞的质量是太阳的 46 倍，并以最大允许转速的 97% 自转。相当于 4 倍太阳质量的能量（2×25−46=4）被转换成时空曲率，并被引力波带走。

太接近了！

顺便提一下，根据 GW150914，关于单个黑洞的转速只有少量信息可以被获取到。不过，相关数据揭示了合并而成的 62 倍太阳质量的最终黑洞在以最大允许转速的 67% 自转。根据 GW151226，科学家们发现两个黑洞中至少有一个以超过最大允许转速的 20% 自转，而那个 21 倍太阳质量的最终黑洞则以最大允许转速的 74% 自转。（由于黑洞没有表面，将转速表示成每秒的转数，或是每秒千米的形式，都不具任何意义。一个黑洞的最大允许转速，或者更精确地说是它的最大允许角动量，就是事件视界外的物体会以光速绕转的值。）

有了这个富有远见的"预言"，索恩可能对 36 倍和 29 倍太阳质量的双黑洞的发现并不感到惊讶。但很多天文学家却非常惊讶。黑洞合并是一码事，而黑洞的质量如此大则完全是另一码事。当然，星系核心区域黑洞的质量极其大，但它们的形成史往往大不相同。如前文所述，双星系统中的黑洞被称为恒星级黑洞，它们是大质量恒星演化的最终产物。而且，很少有天体物理学家能够想到形成如此量级黑洞的方法。

你可能会天真地认为，一颗极大质量的恒星最终会自然而然地留下一个质量非常大的黑洞。但是，需要注意的是，你不能创造出一个你想要的极大质量恒星。一团在自身质量的作用下收缩的巨大气体云会变得炽热并发出辐射，阻止更多的气体向形成中的恒星聚拢。气体云中少数重元素的存在只会使这一效应增强。因此，恒星的质量通常无法达到太阳的 100 倍以上。

如此大质量的恒星足以产生一个 36 倍太阳质量的黑洞吗？并不能。在它们短暂的生命进程中，极大质量恒星的大部分外层气体被强大的星风吹到太空中。同样，如果恒星包含少量比氢和氦重的元素，星风就会变强。因此，在它短暂生命的最后阶段，100 倍太阳质量的恒星极有可能已经失去了一半的质量。剩下的一大部分则会在超新星爆发时被喷射出去。最后剩下的那个坍缩成黑洞的恒星核预计不会超过 10—15 倍的太阳质量。

现在你应该可以理解为什么天文学家们对 LIGO 的第一次成功的探测结果感到如此惊讶了。它被看作黑洞存在的第一个直接证据，它也表明双黑洞的确存在。要知道，之前没有人发现这样一个系统。此外，它还向我们揭示，自然界有能力形成远超 10 倍太阳质量这一公认极限的恒星级黑洞。

拉德堡德大学的海斯·奈里蒙斯（Gijs Nelemans）[67] 是《天体物理学杂志通信》上刊发的那篇 GW150914 相关论文的两个协调编辑之一。奈里蒙斯是安东·潘涅库克（Anton Pannekoek）的外孙，而潘涅库克与爱因斯坦是同一代人，也是荷兰天体物理学的奠基人，阿姆斯特丹大学的天文学研究所就是以潘涅库克的名字命名的。奈里蒙斯表示，GW150914 是大自然慷慨的馈赠。它不仅是人类有史以来探测到的第一个爱因斯坦波，还提供了关于大质量恒星的诞生和演化的重要且全新的信息。

奈里蒙斯和他的合作者认为，黑洞的前身一定包含非常少的重元素，从而减少了它们在星风中的质量流失。此外，如果它们诞生自一个相对"纯净"的星际气体云，比氢和氦重的元素的数量可以忽略不计，那么它们可能会从真正的大质量恒星开始演化。稍微修正公认的天体物理学常识或许能解释几十倍太阳质量黑洞的形成。

目前为止，还有许多问题有待回答，其中包括双黑洞的准确的形成史。它们始于一对极大质量恒星吗？或者说，这对黑洞是在各自形成之后很久才彼此相伴的？根据某些理论，几十倍太阳质量的黑洞甚至可能回溯到宇宙极早期。无论哪种形成史是正确的，对恒星级黑洞合并的额外探索都无疑会为研究宇宙中大质量恒星的诞生、演化和死亡提供线索。除此之外，天文学家们也期待能够更多地了解黑洞的总体特性。

那么，在遥远星系核心区域的超大质量黑洞呢？关于这些宇宙巨怪，引力波会告诉我们些什么？事实证明，可提供的信息太多了。但不是通过像LIGO和Virgo这样的激光干涉仪，而是把宇宙当作我们的探测器。是时候回到脉冲星了。

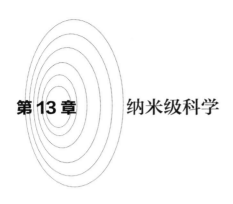

第13章　纳米级科学

帕克斯是澳大利亚新南威尔士的一座城市，距悉尼西部大约 5 小时的车程。它建于 1853 年，以澳大利亚国父亨利·帕克斯（Henry Parkes）的名字命名。从朴实的市中心到"碟子"只有 20 分钟车程。在纽维尔高速公路上朝着城北行驶，然后在望远镜路右转，几分钟之后就能看到一台巨型射电望远镜。

"碟子"——64 米口径帕克斯射电望远镜的别名——于 1961 年建成。那时，射电天文学还处于婴儿时期。除了研究来自天空的射电波之外，这台仪器还在跟踪航天器方面扮演了重要角色。20 世纪 60 年代，它接收到来自 NASA 的行星际探测器水手 2 号和水手 4 号的信号。1969 年 7 月，"碟子"在接收来自阿波罗 11 号登陆月球的实时电视图像上发挥了重要作用。

对于天文学家而言，帕克斯天文台 [68] 主要以脉冲星研究闻名。银河系中几乎一半的已知脉冲星都是这台望远镜发现的。没错，以现在的眼光看，它是一台过时的仪器，但它依然几乎每天都在观测脉冲星。其研究目标之一就是通过脉冲星计时法探测引力波。

图 13-1 "碟子"是澳大利亚 64 米口径帕克斯射电望远镜的别称。这台望远镜为脉冲星天文学做出了至关重要的贡献

正如我在第 6 章中解释的那样，脉冲星是一颗快速自转的中子星，在空间中有着良好（针对我们而言）的取向。它每自转一圈，其辐射光束就会扫过地球。结果是，我们可按有规律性的时间间隔得到一系列的射电脉冲信号。与原子钟相比，脉冲星是更加精确的计时工具。

多亏这种令人难以置信的规律性，对脉冲信号到达时间的测量才能让我们收获有关脉冲星运动的各种信息。这就是乔·泰勒和乔尔·韦斯伯格发现第一对脉冲双星 PSR B1913+16 的缓慢轨道衰减的方法。记住，这是引力波存在的第一个有说服力的间接证据。

还有一种更直接的方式，可以让脉冲星证实捉摸不定的时空涟漪的存在。假设有一列引力波在宇宙中旅行，交替地挤压和拉伸着空间。如果其波长足够长（这意味着对空间的拉伸和挤压发生得非常缓慢），那么我们应该有可能探测到引力波在遥远脉冲星的脉冲信号到达时间上产生的效应。原因如下：如果地球和脉冲星之间的距离拉伸了一点儿，脉冲信号就得花费更长的时间才能到达射电望远镜；如果距离缩短了一点儿，脉冲信号就会到得早一点儿。

当然，像 GW150914 这样短暂的事件不能以这种方式被观测到，因为它很难影响到单个脉冲信号。但是，缓慢的、持续不断的时空起伏——不是频率为几百赫兹的波，而是几纳赫兹（1 纳赫兹 =10^{-9} 赫兹），后者缓慢到前者的一千亿分之一——可能被观测到。这种极低频率的爱因斯坦波在理论上确实存在，它们应该源自遥远星系核心区域的超大质量双黑洞。仅用激光干涉仪无法探测到这些纳赫兹频率波段的波，而需要用我们的星系作为探测器。此外，还需要很多耐心，关于这一点，帕克斯天文台的射电天文学家和他们的国际同行将会证明给你看的。

早在 1978 年，斯滕伯格国家天文研究所的苏联天体物理学家米哈伊尔·萨任（Mikhail Sazhin）就率先提议用脉冲星直接探测纳赫兹频率波段的引力波。一年之后，在《天体物理学杂志》（*Astrophysical Journal*）上，耶鲁大学天文学家史蒂芬·德特韦勒（Steven Detweiler）也将脉冲星计时测量称为搜寻引力波的方式之一。不过，德特韦勒推断，观测必须达到更精确的水准，这一技术才能真正发挥作用。

显然，如果你想通过测量脉冲信号到达时间的微小变化来寻找低频爱因斯坦波，那么你需要借助极有规律性的脉冲星。此外，在理想情况下，脉冲信号只有非常短暂，才能使最精确的计时成为可能。一个像 PSR B1919+21 的脉冲星——第一颗被约瑟琳·贝尔于 1967 年发现的脉冲星——就不是很有用。它的脉冲信号持续时间大约是 40 毫秒。［它们的形状也非常不规则，正如英国后朋克乐队"快乐分裂"的粉丝所熟知的那样，在该乐队 1979 年的首张专辑《未知的欢乐》（*Unknown Pleasures*）的封面上，就印着那颗脉冲星的频率相位图。］

幸运总会降临，一颗全新的、理想的脉冲星于 1982 年被偶然发现。加州大学伯克利分校的唐·巴克尔（Don Backer）和史里尼瓦斯·库尔卡尼（Shrinivas Kulkarni）研究了银河系中的一个神秘射电源，叫作 4C21.53。天文学家们从未发现这个射电源在脉动，是不是它闪烁得极快，以至于其脉冲信号还没有被探测到？巴克尔和库尔卡尼决定对其进行检查。令他们惊讶的是，4C21.53 确实是一颗脉冲星，其自转周期短到令人难以置信——1.557 7 毫秒。这颗巨大的中子星的质量比太阳重 50%，一座城市般大小，以每秒 642 圈的速度自转。

就这样，巴克尔和库尔卡尼发现了第一颗毫秒脉冲星[69]。它被称为 PSR B1937+21，以它在天空中的坐标命名。它在约瑟琳·贝尔于 15 年前发现的那颗脉冲星的不远处，但离地球更远一些。

不久，射电天文学家们又发现了其他毫秒脉冲星。它们大多是双星系统的一分子，显然，来自伴星的气体被致密的中子星吸积。气体的涌入加快了中子星的自转速率，就像当你朝着其转动方向吹纸风车时，它会转得越来越快一样。由于毫秒脉冲星转动得如此之快，它们的射电脉冲信号的持续时间远小于一秒。而且事实证明，它们相当有规律。

其中一颗最著名的毫秒脉冲星是 PSR B1257+12。它位于室女座，距离我们约 2 300 光年。它于 1990 年被波兰射电天文学家亚历山大·沃尔兹森（Aleksander Wolszczan）发现，他使用的是 305 米口径的阿雷西博射电望远镜（1974 年发现赫尔斯－泰勒脉冲星的那台仪器）。PSR B1257+12 的脉冲频率是 161 赫兹，对应的自转周期为 6.22 毫秒（对于一颗毫秒脉冲星来说不是很快）。但是，这颗星的其他一些特性吸引了沃尔兹森的注意，即它的脉冲周期并不恒定。

1992 年，沃尔兹森与他的美国同行戴尔·弗雷（Dale Frail）一起，想出了一个令人惊叹的解释：两个小天体围绕着脉冲星转动，其周期分别为 66.54 天和 98.21 天，这导致脉冲星表现出微小的脉冲周期变化。多亏了多普勒效应，这些细微的变化在脉冲信号到达时间上暴露了自己。通过计时测量，沃尔兹森和弗雷推断出了这颗脉冲星的两颗伴星的质量：分别是地球质量的 4.3 倍和 3.9 倍。这是历史上第一次，天文学家们发现太阳系外也有行星在绕着恒星转动。[70]

两年后，科学家们在数据中发现了第三颗行星，它刚好是月球质量的两倍，处在一个公转周期为 25.26 天的轨道上。2015 年 12 月，国际天文学联合会（IAU）正式将这三颗行星以鬼神类神话中的角色分别命名为"尸鬼"（Draugr）、"促狭鬼"（Poltergeist）和"噩梦之神"（Phobetor）。名字的选择依据是，这三个小天体绕转的是超新星爆发后的恒星残骸这一事实。事实上，这些行星可能形成于产生脉冲星的超新星碎片。（第一颗环绕类日恒星运行的行星直到 1995 年才被发现。）

最重要的一点是，如果 PSR B1257+12 不是一颗毫秒脉冲星，这些行星就永远不会被发现。快速自转、如时钟般精确以及极短的脉冲持续时间，这就是为什么寻找和研究脉冲频率的细微变化时需要确保计时的精确度。

在过去的几十年中，大约 150 颗银河系内的毫秒脉冲星被科学家所发现。它们大部分定居在球状星团（成千上万颗恒星蜂拥成一个巨大的球形）中。这便说得通了：在球状星团密集的核心区域，脉冲星有很大的机会进入一个双星系统，并在伴星的影响下自转速率加快。比如，巨大的球状星团"杜鹃座 47"至少是 22 颗毫秒脉冲星的家园。另一个叫作 Terzan 5 的星团，则至少包含 33 颗快速自转的毫秒脉冲星。

Terzan 5 中的一颗毫秒脉冲星叫作 PSR J1748−2446ad。它于 2005 年被加拿大籍荷兰裔天文学家贾森·赫塞尔斯（Jason Hessels）发现。由于自转周期仅为 1.396 毫秒，所以它是迄今为止已知的自转速率最快的毫秒脉冲星。它的自转速率是每秒 716 圈，比你厨房里的搅拌机还快。这颗脉冲星的赤道的转动速度约为光速的 1/4。

20 世纪 80 年代晚期，事情已经很明显了：毫秒脉冲星可能是用作探测极低频率爱因斯坦波的星际探测器的理想天体。这远在 LIGO 项目启动之前。一些脉冲星天文学家甚至认为，他们也许能够抢在激光干涉仪之前实现对引力波的第一次直接探测。

加州大学伯克利分校的射电天文学家唐·巴克尔和罗杰·福斯特（Roger Foster）于 1990 年在《天体物理学杂志》上发表的一篇论文中阐述了这一过程，"建立一个脉冲星计时阵"，密切关注分布在天空中的多颗毫秒脉冲星，即阵列。如果只观测一颗脉冲星，你永远不可能确定时间变化是由引力波引起的。但如果在一段较长的时间里精确测量多颗毫秒脉冲星的脉冲信号到达时间，你就会有足够的数据，并从中挑选出那些只可能是由低频引力波造成的微小时间偏差。持续的计时测量时间越长，成功概率就越大。

在他们的实验中，巴克尔和福斯特使用的是美国国家射电天文台的 43 米口径格林班克射电望远镜。他们在三颗毫秒脉冲星上采集了两年的观测数据。第一颗是 PSR B1937+21——已发现的最快的毫秒脉冲星，由巴克尔和库尔卡尼于 1982 年发现；第二颗是 PSR B1821-24，位于球状星团 M28 中；第三颗是 PSR B1620-26，在另一个球状星团 M4 中被发现。（有趣的是，第三颗脉冲星的计时测量结果最终显示，它也被一颗行星陪伴着。）

三颗脉冲星和两年的观测数据并不足以探测到引力波，但他们至少这么做了。如果天文学家们能够收集全天区数十颗毫秒脉冲星在 10 年中的精确计时测量数据，纳赫兹引力波应该就会现身了。是时候工作去了。

◎

在此之前，我们应该先了解一下纳赫兹的波及其来源。纳赫兹波的确非常奇怪。你应该还记得，任何波的周期都是它的频率的倒数。如果一列波的频率是 100 赫兹，这意味着每秒内有 100 个波峰（及波谷）从你身边经过。因此这列波的周期（两个连续波峰的间隔）是 1 秒钟的 1/100。频率为 1 赫兹的波的周期显然是 1 秒。

因此，任何频率为 1 纳赫兹（十亿分之一赫兹）的波，其周期应该是 10亿秒。这比 30 年还要长！如果一列经过的引力波的频率为 1 纳赫兹，那么时空会在 15 年内缓慢地膨胀一丁点儿，然后在接下来的 15 年再收缩一丁点儿。其拉伸和压缩的量——波的振幅——可能非常小，量级是十万亿分之一。因此，我们试图探测的是那些以蜗牛步幅前进的微小变化。

纳赫兹引力波也是以光速传播的。如果波的周期是 30 年，它的波长就是 30 光年。所以，如果我称之为"慢"波，并不是指它们的真实速度慢，而是指要感知到它们的存在需要花费很长时间。

哪种宇宙事件可能产生这种极低频率的时空涟漪呢？我们已经看到那些由绕转天体产生的引力波，比如双中子星或者双黑洞。你或许还记得每一圈轨道运动对应两个波周期，如果两颗黑洞每秒彼此绕转 100 圈，它们产生的爱因斯坦波的频率就是 200 赫兹。也就是说，波的周期是轨道周期的一半。

正如我们所知，频率为 1 纳赫兹的引力波的周期为 30 年，所以这种引力波应该来自每 60 年相互绕转一圈的两个天体。但是轨道周期为 60 年的双中子星或者两个恒星级黑洞无法产生可探测的引力波，因为它们的质量和加速度实在太小了。别忘了，GW150914 对 LIGO 探测器可见的情况仅发生在波的振幅骤然增大的时候，即刚好在两颗黑洞碰撞和合并之前。

对于轨道周期为 60 年的两个天体而言，要想使它们产生的引力波达到可探测的水平，它们的质量必须非常非常大。想象遥远星系核心区域的两个超大质量黑洞：两个饥饿的黑色巨怪，每一个的质量都是太阳的百万倍，它们跳着慢舞，每 60 年彼此绕转一周。事实上，它们正在跳一场死亡之舞，就像它们的那些小质量的弟弟妹妹一样，朝着彼此旋进，在遥远的未来碰撞、合并。

如果超大质量双黑洞在宇宙中确实存在，毫无疑问，它们的轨道周期范围很大，从几个月到数千年。相应地，它们所产生的引力波频率范围也会很大，从 0.1 毫赫兹（1 毫赫兹 =0.001 赫兹）到 10 皮赫兹（1 皮赫兹 =10^{15} 赫兹）。显然，我们很难观测到那些周期长达几个世纪的引力波。它们的效应在人的一生中不会改变多少，因此我们几乎没有机会探测到它们。再说，对于如此长的轨道周期，只有质量极大的黑洞才能产生足够振幅的引力波。而脉冲星计时阵应该可以探测到频率为 1 纳赫兹到 10 纳赫兹的引力波。

那么，超大质量的双黑洞存在吗？没错，它们确实存在。正如你在第 12 章中读到的那样，大多数星系的核心区域都有超大质量黑洞。它们极有可能形成于几十亿年前，与星系同时诞生。有关它们起源的细节资料还不完善，但是天文学家们已经探测到 120 亿光年之遥的类星体。类星体是由极大质量黑洞"主宰"的明亮的、能量充沛的星系核。我们能够在这么远的距离上观测到它们，说明它们在宇宙年幼时就已经存在了。谁知道呢，也许每一个星系的诞生都伴随着一个超大质量黑洞的形成。

现在我们了解到，如果超大质量黑洞存在，那么超大质量双黑洞也必然存在。这是因为随着时间的推移，星系总会发生碰撞、合并。即使是在膨胀的宇宙中，邻近的星系——比如在巨大的星系团中——也会感受到彼此的引力拉扯。它们靠得越来越近，最终合并成一个更大的星系。如果这两个星系的核心区域都包含一个超大质量黑洞，那么这两个黑洞也会逐渐靠近，成为合并星系核心区域的超大质量双黑洞。

在宇宙中，天文学家们随处都能观测到星系的合并。当然，这对于我们来说发生得太过缓慢，以至于不能第一时间看到究竟发生了什么。取而代之，呈现在我们眼前的是来自星系碰撞各个阶段的照片，就像交通事故的现场快照。扭曲的旋涡，气体和恒星构成的潮汐尾，新星的形成，这些我们可以想象到的星系碰撞阶段都能在我们的宇宙中找到。将这些观测数据和计算机模拟结合起来，就能得到一幅相当不错的关于整个过程的图像。

事实上，我们的银河系正处于和离它最近的邻居——仙女座星系——的碰撞进程中。它们现在相距 250 万光年之遥，但是它们正在以每秒 100 千米的速度靠近彼此。几十亿年后，这两个雄伟的旋涡星系将会碰撞并合并成一个巨大无比的椭圆星系。由于它们的核心区域各有一个超大质量黑洞，合并而成的银女系（Milkomeda，即两个星系名字的组合）的核心区域将会有一对超大质量黑洞。

超大质量双黑洞已经被天文学家们观测到了，虽然不是直接观测。大约距离我们 35 亿光年之遥的类星体的周期性亮度变化与多普勒测量数据，就是证据。对细节的观测和配套的计算机模拟都指向一种解释：两颗质量极大的黑洞正在相互绕转。目前，这两个黑洞相距万亿千米（可以说是一光年的相当一部分）之遥。它们预计将在几万年后合并。

所以，你可能会推断，宇宙被极低频率的引力波所淹没。它们来自空间中任何一个可能的方向。它们有着非常宽泛的频率范围（但几乎都在纳赫兹的频率波段上）。它们的振幅范围也很大，具体取决于黑洞的质量，当然，还与引力波的旅行距离有关。它们共同连续不断地拉伸和压缩时空，而且非常缓慢。这就是天文学家们所说的引力波背景。

　　以下这个比方有助于我们理解它。设想你正在极为平静的海面上的一艘小船里。要观测海面上的微小涟漪，并不是太难。此时如果有人向你小船附近扔一块大石头，你就会感到你的小船开始摇摆。但是，想探测到水面小而持续的起伏是非常困难的。这些波可能振幅更大，频率却更低。如何才能测量到这些"波背景"呢？

　　答案非常简单：你的"探测器"不是你乘坐的小船，而是你周围的那些小船。漂浮在海面上的其他小船可能和你的小船一样，会因为那些小而快的波动而轻轻摇摆。但如果你观测它们很长一段时间，这些运动就会被抵消掉。而低频率的波则会使其他小船缓慢地上下起伏。测量若干小船的长期运动就能够揭示海面缓慢波动的存在。如果知道自己到周围每个小船的距离，收集足够多的测量数据，你甚至有可能识别出几个独立的低频波的波源。

　　这就是脉冲星计时阵的工作原理。海洋表面是时空，周边的小船是银河系中的毫秒脉冲星。当然，脉冲星并不会上下起伏（正如我之前说过的，没有哪个比喻是完美的）。而当低频引力波经过时，地球和某颗特定脉冲星之间的空间会被交替地拉伸和压缩。也就是说，地球和脉冲星之间的空间在以一个非常微小的数值交替增大和减小。如果多年不停地追踪脉冲信号的到达时间，这一效应最终应该会显现出来。就是这么简单！

　　其实也没有那么简单。如果地球和脉冲星在空间中保持相对静止，而且脉冲星是完美的时钟，那么脉冲信号到达时间中的所有变量将都来自爱因斯坦波。但是，事情远比这复杂。脉冲星并不完美——自然中没有什么是完美的。它们的转速在减慢，尽管非常缓慢。它们也可能出现一些"小差错"，其转动周期会发生很小的变化。脉冲星自转突快可能是由中子星表面的"星震"造成的，或者源自其外壳和内部超流体的相互作用。如果不对这些效应进行测量和修正，你就永远也不可能探测到引力波。

此外，毫秒脉冲星通常是双星系统的一部分。你需要修正它们的轨道运动，但也会影响脉冲信号到达时间。同样，射电望远镜在太空中的运动也需要修正。地球自转、地球绕太阳公转、来自太阳系其他行星的微小引力扰动、潮汐效应、太阳在银河系中的运动乃至大陆漂移，这一切因素都要被考虑进去。其中的关键在于，精确地模拟出所有可能的影响并将其从测量结果中筛除。在这种情况下，来自一个完全稳定脉冲信号的任何时间偏差都有可能是引力波的。

原则上，你可以用单个毫秒脉冲星来做这个实验。但是那样的话，你就无法确认你探测到的是引力波而非别的东西。所以，你需要更多的毫秒脉冲星，越多越好，最好能覆盖整个天空，并且随机分布。你需要密切观察它们很多年，最好是几十年。你观测得越久，你的实验就会越灵敏。知道脉冲星的距离有助于你更好地分析观测结果。也许你会发现几个大于平均值的纳赫兹的引力波波源，它们来自超大质量双黑洞。

脉冲星计时阵最棒的地方在于，它们是免费的。银河系中布满了高精度的时钟，我们无须再去研发和建造复杂、昂贵的激光干涉仪。你唯一需要的是一台足够大的射电望远镜，以及将脉冲信号从观测数据中摘取出来和精确测量脉冲信号到达时间的电子设备。这相当复杂，但不用花费数亿美元。从某种程度上说，观测脉冲星计时阵是以经济的方式捕捉引力波。

不过，这需要坚持不懈和耐心。它属于慢节奏的科学。如果你今天启动这类项目，就不要期冀在 10 年或者 15 年内得到结果。至少到目前为止，澳大利亚的"帕克斯脉冲星计时阵"（PPTA）项目是这样。它于 2004 年正式启动，但至今还未探测到什么明确的东西。因此，澳大利亚望远镜致密阵列（ATCA）的负责人乔治·霍布斯（Geroge Hobbs）及 30 多位团队成员一直在耐心地收集更多的数据，以提高实验的灵敏性。

帕克斯脉冲星计时阵项目仅用了一台仪器，即口径为 64 米的"碟子"。在其他观测项目中，巨大的射电望远镜瞄准大约 20 颗毫米脉冲星，收集对每颗星几分钟的计时测量结果。如果脉冲频率是 200 赫兹，5 分钟就会产生 6 万个脉冲信号。每个射电脉冲信号可能持续 0.1 毫秒左右，而且看起来可能彼此不同。但是，对 6 万个脉冲信号取平均值，就能够让脉冲周期精确到大约 100 纳赫兹，或者 1 毫秒的万分之一。[71]

欧洲正在进行一项类似的观测计划。"欧洲脉冲星计时阵"（EPTA）项目于 2006 年启动，正在运行 5 台不同的射电望远镜。第一台是英国卓瑞尔河岸天文台的 76 米洛弗尔射电望远镜。它从 1969 年开始观测脉冲星，在约瑟琳·贝尔发现第一颗脉冲星后不久。第二台是德国的 100 米埃尔斯伯格射电望远镜。第三台是荷兰的韦斯特博克综合孔径射电望远镜，由 14 个 25 米的碟形天线组成，1999 年开始观测脉冲星。第四台是法国的南赛分米波射电望远镜。第五台是意大利的 64 米撒丁岛射电望远镜，于 2014 年加入该项目。

用三台及更多望远镜观测同样的脉冲星有一个巨大的好处。如果只使用一台望远镜，仪器上的一个反常技术问题就可能在不经意间搞砸你的观测数据。如果使用两台望远镜，你至少可以发现出了差错，因为两台仪器可能提供不同的结果，但你不知道问题出现在哪台仪器上。如果使用三台仪器，你就心里有底了。这 5 台望远镜设计迥异，整合不同的数据集可能是一件非常复杂的事情。不过，欧洲的脉冲星天文学家们已经将他们的脉冲星计时工具进行了标准化，以便得到更精准的测量结果。

自 2007 年以来，美洲的两台射电望远镜也正式加入脉冲星计时阵项目，它们是波多黎各的阿雷西博望远镜与美国的 100 米格林班克望远镜。北美纳赫兹引力波天文台（NANOGrav）项目，把来自 15 个大学和研究所的几十名射电天文学家聚集在一起。三个项目（PPTA、EPTA 和 NANOGrav）团队[72]

在一个叫作国际脉冲星计时阵（IPTA）[73] 的松散合作组织中协同工作。

就在几年前，射电天文学家们依然暗自希望可以抢在 LIGO 和 Virgo 组织的物理学家们之前发现爱因斯坦波存在的直接证据。2010—2011 年，LIGO 和 Virgo 激光干涉仪因为升级而停止运行，升级后的探测器分别在 2015 年和 2016 年才上线。与此同时，脉冲星观测却一直在进行中。2013 年，北美纳赫兹引力波天文台项目的主管泽维尔·西门子（Xavier Siemens）与他的同事在《经典引力和量子引力》期刊上发表了一篇乐观的文章，指出"我们很有可能在 10 年内探测到引力波，最早会在 2016 年"。

显然，这并不是真的。LIGO 和 Virgo 组织因第一次成功探测到引力波而惊艳了全世界。2016 年 2 月 12 日，即 GW150914 新闻发布会的第二天，以下信息被发布在国际脉冲星计时阵的官方网站上：

> 国际脉冲星计时阵祝贺 LIGO 和 Virgo 组织取得的重大发现。第一次直接探测到引力波在科学和技术上都极具纪念意义，并且应该得到广泛认可……国际脉冲星计时阵正在逐步提高对纳赫兹引力波的探测能力，这类引力波主要来自超大质量双黑洞的旋进。我们期待有一天我们也能探测到引力波，但今天，我们举杯庆祝 LIGO 的巨大成功。

他们的乐观情绪丝毫未减。2016 年 3 月，NASA 喷气推进实验室的斯蒂芬·泰勒（Stephen Taylor）与他的同事发布了一项新的分析报告，预言纳赫兹引力波在 10 年内被探测到的概率是 80%。

需要注意的是，所有估计都基于理论模型，引力波背景的强度则取决于大量假设。然而，模型和假设都有可能是错的。没错，星系包含超大质量黑洞；没错，星系碰撞并发生合并。但是，魔鬼很有可能就藏在细节之中。超大质量黑洞的质量分布范围是怎样的呢？换句话说，它们中有多少是在一个确定的质量范围之内？星系和超大质量黑洞是如何演化的呢？星系多久碰撞一次？如果这些合并在远古时代发生得更加频繁（这很有可能），那么合并概率究竟是如何随时间而降低的呢？

其他的不确定性与碰撞之后发生的事件有关。两个超大质量黑洞需要经过多长时间才能受引力牵引"下沉"到合并星系的中心？它们最终真的会足够靠近彼此从而发射出可被探测到的引力波吗？这一切都与星系核心区域中黑洞和单个恒星及气体云的相互作用方式有关，而我们对此几乎一无所知。

有很多可能的因素导致我们对探测引力波背景的预期存在偏差。比如，在宇宙诞生早期超大质量黑洞可能更少，星系合并的概率可能比我们通常预期的要低，超大质量黑洞可能需要花几十亿年才能靠近彼此，可能有数百万场"停滞的合并"，旋进阶段也许比理论学家们所认为的要快得多。又或者，这些不同的因素会混杂在一起，劈头盖脸地向我们砸来。

与此同时，脉冲星计时阵项目——尽管还没有任何成果——也是拼图上不可或缺的部分。引力波背景的强度为天文学家们提供了有关星系演化和超大质量黑洞的有用信息。多亏这些长达数十年的项目，理论学家们才找到了一些真实的数据来验证他们的理论。不少有关星系合并演化的理论模型已经被推翻，因为它们所预言的纳赫兹引力波强到随时可被探测到。同样地，如果纳赫兹引力波在不久的将来被探测到，它们的特征将会告诉我们很多在宇宙深处以及星系合并时核心区域发生的事情。

当下，脉冲星天文学家们继续一丝不苟地做着他们的工作。每两周左右，他们就会对几十颗毫秒脉冲星的脉冲信号到达时间进行一次测量，在不断增长的数据库中加入实时数据。年复一年，这个过程虽然缓慢，但其灵敏度必然会提高。没有人怀疑这个项目最终会取得成功，我们面对的是逐渐增加信心的问题。

时间快进到 2030 年，过去的仪器已经被淘汰了。阿雷西博、帕克斯、格林班克望远镜都在 10 年前出现了资金问题，因为政府机构决定不再资助它们。巨大的射电望远镜成了露天博物馆的展品，被人们评价为文化、工业及科学遗产。昔日的控制室如今用作科普教育中心，小学和初中的学生团体经常在此出入。这些巨大"碟子"的维修保养工作则由当地的天文社团及业余无线电组织的志愿者负责。

在欧洲，情况也差不多，尽管参与欧洲脉冲星计时阵项目的几台射电望远镜仍在被天文学家使用。在荷兰的东北部，韦斯特博克综合孔径射电望远镜刚刚庆祝了它的60岁生日。一个小型的现场展览凸显了这个天文台最重大的天文发现，包括20世纪70年代得到的第一个有关星系中暗物质存在的确凿证据。展览的最后部分讲述了纳赫兹引力波的探测故事，在21世纪20年代初，通过将欧洲脉冲星计时阵的5台望远镜联合成一台将近200米的"虚拟"望远镜，使得引力波的探测成为可能。启动时间更早的大型欧洲脉冲星阵列（LEAP）项目[74]，其灵敏性终于得到了必要的提高，令人信服地测量了引力波背景。

同时，脉冲星天文学成为一个兴盛的科学领域。银河系中有2万颗脉冲星被发现，大约是其预期总量的10%。其中有超过1 000颗毫秒脉冲星，最快的那颗转速高达每秒1 130圈。已知脉冲星的行星数量增长到34颗，来自14个不同的系统。脉冲双星在宇宙中到处都是。吸引眼球的一个特殊系统于2027年被发现，由于它具有距离短、周期极短，以及轨道快速衰减的特性。即将被送入太空的LISA（激光干涉空间天线），预计将探测到两个相互绕转天体的微弱的中频引力波信号。

在约瑟琳·贝尔国际脉冲星研究中心，科学家们也在常规的基础上研究纳赫兹引力波。国际脉冲星计时阵项目如今监测着大约500颗毫秒脉冲星，计时精度已提升到10纳秒左右。除了一个特征明确的背景以外，5个更强的超低频引力波被发现且被定位，其源自星系团核心区域的星系中的超大质量双黑洞。

如果在这幅想象的未来图景中有什么可以成真，那它们至少大部分源自令这颗星球上其他所有望远镜都相形见绌的新型射电天文台。而且，它不是像帕克斯、阿雷西博或者中国的 500 米口径球面射电望远镜（FAST）那样的单天线仪器，也不是像荷兰的韦斯特博克、美国的甚大天线阵（VLA）那样的经典射电干涉仪。平方千米阵（SKA）[75] 计划由数百个射电天线以及上千个简易的偶极天线组成，最终它的总接收面积将达到一平方千米，这就是它的名字的来源。碟形和棒状天线都会被光纤联结起来共同工作，每秒将数百 TB（太字节）的原始数据输入一台强大的中央超级计算机。这将成为有史以来人类所建造的最庞大的科学设备。

如果你认为澳大利亚的帕克斯是一座低调的小城市，就去看看这片大陆另一端的默奇森吧。房子松散地分布着，仅有一个商店、一间酒吧及一座加油站。寥寥数人居住在这里，而内陆的农场附近人烟更多。总而言之，默奇森和美国马里兰州的面积相仿，但仅有 110 名居民。这里是射电天文学家的伊甸园。

布拉迪观测站附近有一个巨大的养牛场，澳大利亚的天文学家们已经建造了 36 个 12 米口径的碟形射电天线，分布在一片巨大的沙漠之中。这就是澳大利亚平方千米阵列射电望远镜（ASKAP）[76] 于 2012 年建造完成，灵敏的相控阵天线的安装又花了几年时间。天文学家们在 2016 年春开展了第一次科学观测，仅使用了 11 个天线。

在澳大利亚平方千米阵列射电望远镜不远处是默奇森宽场阵列射电望远镜（MWA）[77]，后者看起来根本不像一台射电望远镜。默奇森宽场阵列望远镜是由数十个相控阵天线或者说"瓦片"组成的，每个瓦片包含 16 个蜘蛛状偶极天线，范围不超过 50 厘米。这一技术最先由荷兰的低频阵列（LOFAR）望远镜使用。澳大利亚平方千米阵列望远镜和默奇森宽场阵列望远镜相辅相成：澳大利亚平方千米阵列望远镜是世界上最快的射电望远镜之一，主要用于大型巡天项目；默奇森宽场阵列望远镜则专注于探测来自宇宙的低频射电波，可追溯到大爆炸后的几百万年。

之所以选择这个偏远的内陆区域，是因为它的无线电干扰极其小。手机的使用是被严格禁止的。澳大利亚平方千米阵列望远镜的控制大楼有一个金属层，用于阻止大楼中计算机和电子仪器的射电波泄露。无线电干扰的主要来源之一是高空飞机，因此天文学家们试图推动一些空中航线的迁移。这片区域平坦、炎热、干燥，有广阔的红色沙地，以及居住着蚊子、猛禽和袋鼠的灌木植被。

几年后，默奇森观测站将成为平方千米阵澳大利亚部分的核心。基于默奇森宽场阵列望远镜的经验，天文学家们将会建造成千上万个更大的偶极天线，它们的形状好像圣诞树，重量与一个人的体重相当。它们会被聚集在圆形基站里，散布于方圆几百公里的澳大利亚红色沙漠中。这些天线被光纤连接并联通到珀斯的一台巨大的超级计算机，将构成最灵敏的低频射电耳朵。

与此同时，在南非卡鲁盆地的一个叫作卡那封的小镇西北部，还有两台平方千米阵列射电望远镜在运转。氢原子再电离时代阵列（HERA）射电望远镜由 19 个简易的 14 米天线构成，到 2018 年年底将会增加到 350 个天线左右。MeerKAT 射电望远镜是一个由 64 个 13.5 米口径的射电天线构成的阵列，它将被纳入平方千米阵中频部分的第一个建设阶段，项目即将启动。[78]

最终，几百个碟形天线将会在这里一起工作，共同研究射电星系和类星体、星系的起源和演化、超新星遗骸、太空中的"原始汤"分子，以及脉冲星。平方千米阵（尤其是它的南非部分）由于其极高的灵敏性，将会引领我们进入一个全新的脉冲星计时阵探测时代。

还有一个引力波研究领域有待平方千米阵发挥重要作用，那就是识别引力波的来源。"感受到"时空的微小振动无疑会告诉你不少有关宇宙灾难的故事，比如超新星爆发、中子星合并。但是，科学家们总想要更多。仔细想想，这其实是非常正常的反应。如果你脚下的大地开始震动，你会环顾四周判断这可能是由什么造成的。你得到的线索自然越多越好。这就是为什么天文学家们正在搜寻所谓的引力波事件的电磁对应体，并与尽可能多的观测数据结合起来。通过射电望远镜以及快速响应的光学仪器，我们可能会真正"看到"那些产生引力波的天文事件。

欢迎来到多信使天文学时代。

第14章　后续问题

　　加那利群岛拉帕尔马岛上的穆查丘斯罗克天文台是我见过的最迷人的地方之一 [79]。拉帕尔马岛是一座陡峭的火山岛，其最高点比大西洋海平面高出 2 423 米，离摩洛哥的海岸线不远。穆查丘斯罗克天文台位于这座火山巨大的喷火口的北部边缘。从圣克鲁斯德拉帕尔马的港湾小镇出发，沿着一条有多个急转弯的险恶道路就能到达布满石块的山顶，在那里你经常可以透过云层俯瞰火山的斜坡。你会感觉自己真正站在了世界之巅，伸手即可够到星星。

　　1997 年 2 月 28 日（星期五）的深夜，天文台的一个圆顶开始出人意料地移动。这台 4.2 米威廉·赫歇尔望远镜原本计划观测巨蛇座所在的那片天空。但它大幅突然朝西边移动，指向地平线上非常低的一片天区。天文学家约翰·提尔汀（John Telting）拍摄了几张猎户座西北部一小片天区的照片。当晚，这些数码相片通过互联网传至荷兰阿姆斯特丹大学。很快地，两名研究生保罗·格鲁特（Paul Groot）和提图斯·加拉马（Titus Galama）就在新兴的伽马射线暴天文学领域取得了突破性进展。

　　我知道，这本书应该是关于引力波而不是伽马射线暴的。但这两个话题的关系非常密切，我们从本章中可以看到这一点。如果我们想要理解天文学家们对短暂现象的快速跟踪观测的需求，知道这个关于伽马射线暴的故事就很有必要。因此，让我简短地介绍一下伽马射线暴。[80]

20 世纪 60 年代末，神秘的高能伽马射线暴在美国的"维拉号"（Vela）卫星的数据中被科学家发现。经过 10 年的研究，天文学家们才相信这些短暂的爆发起源于宇宙。又过了 10 年左右，NASA 的康普顿伽马射线天文台于 1991 年 4 月被发射升空。这座太空天文台的目标之一，就是尽可能多地收集这些神秘的宇宙爆发的数据，并查明它们是什么。（这些来自太空的高能伽马射线不能在地面上被观测到，因为这些杀伤力极大的辐射会被地球的大气层所吸收。这对人类来说无疑是一桩幸事。）

然而，解开伽马射线暴的谜团比预期要困难得多。不出所料，康普顿天文卫星上的 BATSE 仪器在短短几年内就记录下数百个爆发。但它很难精确地找出射线暴在天空中的位置，更别说它们的距离了。此外，这些短暂的爆发——有时持续时间不到一秒——发生在所有地方，似乎是随机的。从它们的分布情况来看，你无法判断它们是离我们较近的事件（也许是碰撞的小行星或者附近恒星表面的爆发），还是遥远星系中的大事件。

1996 年 4 月发射的意大利—荷兰 X 射线天文卫星 BeppoSAX 改变了这种状况。除了一台伽马射线探测器，这颗卫星上还载有 X 射线探测器。这主要是考虑到，任何宇宙爆发都只能产生持续时间极短的高能伽马射线，而低能 X 射线的持续时间可能更长。此外，X 射线探测器可以更加精确地定位爆发事件在天空中的位置。如果这一信息能够足够快地传递给地球上的天文学家，就有可能观测到射电波段的"余辉"，甚至是光学对应体。

因此当保罗·格鲁特和提图斯·加拉马得知 BeppoSAX 卫星在那天早些时候探测到一个爆发时，他们知道自己必须尽快做出反应。从原则上说，他们不应该利用这一信息做射电观测以外的事情。而且，在那天晚上，这台英国—荷兰的威廉·赫歇尔望远镜原本应该进行其他观测。但令人沮丧的是，格鲁特和加拉马无法联系上他们的导师扬·范帕拉迪斯（Jan van Paradijs）并与之商量。最后，格鲁特决定忽视这些条条框框。于是，他将在拉帕尔马的约翰·提尔汀叫醒，并要求他对着 BeppoSAX 卫星指向的区域进行拍照，即猎户座的西北部。

很快，光学对应体便被发现了。真相变得明朗起来：这个伽马射线暴发生在一个非常遥远的星系中，距离我们几十亿光年。也就是说，这次爆发释放的能量十分巨大——伽马射线暴是宇宙中探测到的能量最大的事件。这一革命性发现带领我们进入了高能天体物理学中的一个全新领域，并强调了对于瞬时宇宙现象的快速跟进观测的重要性。

今天，快速跟进观测已经成为天文学领域的家常便饭，而且在大多数情况下是完全自动的。在空中的伽马射线或 X 射线望远镜观测到奇怪的爆发事件的几分钟后，地面上的小型程控望远镜就会开始拍摄天空中的可疑区域，搜寻可见的光学对应体。大型望远镜通常无法如此快速地响应，但它们有时候也会中断其常规观测项目，协助辨识奇怪事件的"罪魁祸首"。

引力波信号当然也不例外，而且理由很充分。因此，2015 年 9 月 17 日，位于智利北部帕瑞纳山上的欧洲南方天文台 VLT 巡天望远镜开始观测南方天空，寻找 LIGO 探测器在三天前所探测到的引力波信号的光学对应体。虽然自动报警服务还没有启动，但是 LIGO 和 Virgo 组织的发言人加布里拉·冈萨雷斯和弗维尔·里奇告诉了那些天文学家应该朝何处观测，正如保罗·格鲁特和提图斯·加拉马告诉他们在拉帕尔马的同行应该在哪儿寻找伽马射线暴可能的光学对应体。

和加那利群岛的拉帕尔马一样，智利北部是世界上从事光学天文学的最佳地点之一。帕瑞纳山是智利海岸山脉中的一座偏僻、贫瘠的山，位于安托法加斯塔海滨小镇南边约 130 千米的地方。当我于 1998 年第一次去参观的时候[81]，到达那里的必经之路是一条 80 千米长有着深深车轮印的沙路，犹如可怕的火星地貌。后来当地铺设了道路，但沿路的风景并没有改变。2000 年詹姆斯·邦德系列电影《007：大破量子危机》的最后一幕便摄于此处。

帕瑞纳山是世界上最高产的一台地面光学望远镜——甚大望远镜（VLT）的家。它由欧洲南方天文台于 20 世纪 90 年代建成，包括 4 台一样的 8.2 米望远镜。4 台望远镜均配备很多台灵敏的照相机和光谱仪。为了支持甚大望远镜的观测运行，一台小型的 2.6 米仪器被建于这 4 台巨物旁边。这台 VLT 巡天望远镜于 2011 年完工，它的视场更加宽广。它的 268 百万像素的照相机能在几分钟内捕捉到一大片天区中的非常暗的恒星，所以 VLT 巡天望远镜是搜寻 GW150914 可能的光学对应体的极佳仪器。

遗憾的是，这台望远镜的搜寻并没有什么结果。世界上其他天文台进行的对应体搜寻也一无所获。也许真的没有什么光学对应体。我们能期待从两个黑洞碰撞中得到什么样的光学信号呢？不过，这可能与其他一些因素有关。毕竟，没有人准确地知道爱因斯坦波是从哪个方向来的。换句话说，搜索范围太大了。尽管如此，每个人仍然认同快速跟进观测的重要性，在光学、红外、紫外、毫米波、X 射线、伽马射线或者射电波段寻找对应体。产生引力波的事件所发出的任何电磁辐射，无论是哪一类都有可能提供宝贵的附加信息。

图 14-1　智利帕瑞纳天文台的鸟瞰图，由欧洲南方天文台运营。中央的巨大场地上坐落着 4 台 8.2 米望远镜，组成了欧洲南方天文台的甚大望远镜。还有一台小型 VLT 巡天望远镜，用于搜寻 GW150914 的光学对应体。甚大望远镜的远处是可见光和红外巡天望远镜（VISTA）

那么，电磁对应体的搜寻为什么如此重要？我来打个比方，假设你是足球场边的一名耳鼻喉科专家。在安静的比赛期间，你听到有人打喷嚏。这个喷嚏声听起来有些古怪，由于你是一名专家，你想知道与此相关的一切。你听到这个喷嚏声来自右侧的某处，但却无法仅凭耳朵对其进行准确定位。而且，基于你听到的声音大小，你对它的距离仅有一个模糊的概念。你无法判断是谁打了这个喷嚏，可能是任何人。

不过，如果你非常快地转头寻找，就在喷嚏声发出后的一瞬间，你也许可以看到场馆里有这么一个人，她的手仍捂着她的鼻子，在她伸手拿面巾纸之前。找到了打喷嚏的人，你就能准确地知道声音传播的距离，据此你可以计算出这个喷嚏声的音量大小。你还可以研究这个人的生理机能，从而了解有关这个古怪喷嚏声的更多信息。

这里有两件事很重要。第一，如果你用一种特定的方式观察某个现象，那么用另一种完全不同的方式观察同样的现象总会有所启发。如果你听到了什么，那么你也想看到它。如果你捕捉到一次伽马射线暴，你就会想用射电望远镜或者光学仪器对其进行跟进观测。如果你的仪器探测到微弱的时空涟漪，你就想找到它的电磁对应体。第二，如果现象维持的时间非常短暂，那么快速跟进观测是必须的。

◎

很多个世纪以来，天文学一直是一门慢节奏的科学。行星渐渐地改变它们在天空中的位置，星座看起来则一成不变。一颗流星或者一颗偶然的彗星可能激起一时的兴奋之情，但总体而言，天文学家们永远不必着急。他们今天研究的东西也可以留到明天研究，甚至是明年。

如今，那些时光已经一去不复返了。在过去的几十年里，我们将视野扩展到几十亿光年之遥的地方以涵盖电磁波谱上的每个波段。我们还极大地提高了观测的灵敏性。结果我们发现，看似恒定不变的天空其实是一个假象。短暂的现象才是普遍的，唯一不变的就是变化本身。

恒星在有规律地脉动，亮度也在变化。红巨星在超新星爆发中死亡。矮星展现出强大的耀斑。如果来自伴星的太多物质聚集在一颗白矮星的表面，一场巨大的热核爆发（一颗新星）就会接踵而至。小行星被撞得粉碎。彗星撞向行星。快速自转的中子星在射电或者 X 射线波段脉动。黑洞将高能粒子流喷射到太空中。类星体在闪烁。双中子星发生碰撞与合并。"宇宙"（cosmos）一词来自希腊语"秩序"（order），但宇宙却处于不断的变化和动荡之中。目前，还有很多转瞬即逝的事件尚无定论，因为我们收集的观测数据还不充足。

顺便说一下，在有些情况下，宇宙不该成为被指责的对象。天空中的一次明亮闪光看似一次恒星爆发，实际上却有可能是太阳光在某颗通信卫星的天线上发生反射造成的。NASA 的费米太空望远镜记录下的一些伽马射线暴并非产生于遥远的星系，而是地球上的风暴所致。近期，澳大利亚帕克斯天文台的科学家们甚至被他们厨房里的微波炉愚弄了。"碟子"记录下神秘的射电信号，持续了 1/4 秒左右，天文学家们以神话生物"鹿鹰兽"为之命名。然而，他们最终发现这个"鹿鹰兽"是在微波炉的门被提前打开时产生的，绝非什么新宇宙谜题，而是因为耐心不足的天文学家和技术人员认为他们的午饭已经被加热得足够久了。（这再次验证了在射电天文台保持绝对宁静的重要性。）

显然，真实的宇宙瞬变现象对于天文学家来说更加有趣。在某些情况下，它们依然十分神秘，比如快速射电暴。和"鹿鹰兽"一样，它们是持续时间远不到一秒的射电爆发。而且，它们也是由 64 米的帕克斯射电望远镜首次发现的。不过，快速射电暴的确来自外太空。几乎可以确认的是，它们和伽马射线暴一样源自遥远的星系，虽然它们的真实性尚未可知。迄今为止，没有人能够足够快地响应快速射电暴的探测，在另一个波段上观测它。如前文所述，速度是极其重要的。

快速射电暴如今的处境与早期的伽马射线暴天文学类似。在大多数情况下，我们不能精确地获知它们的距离，也就很难说它们释放的真实能量是多少。而且，由于在其他波段上没有可利用的对应体观测数据，后续工作很难进行。所以，怪不得那位帮助确定伽马射线暴的距离的荷兰天文学家也渴望解开快速射电暴之谜。2006 年至 2017 年年初，保罗·格鲁特担任荷兰拉德堡德大学天体物理系系主任[82]。与南非和英国的同行一起，他希望他们的 65 厘米 MeerLICHT 光学望远镜[83] 能取得成功。

利用 MeerLICHT，搜寻对应体的响应时间几乎可以缩短到零。MeerLICHT 是南非索色兰天文台最新的 65 厘米程控望远镜。它的设定观测方向与 MeerKAT 射电望远镜完全相同在距前者 250 千米远的北部。如果射电望远镜恰好观测到一个快速射电暴，其光学对应体亮到足够可见，它的图像就会自动被这台程控望远镜拍摄下来。就速度而言，你不能在观测的同一时刻进行拍摄。

你可能认为这也是发现引力波的光学对应体的一个有效的策略。然而，利用像 LIGO 和 Virgo 这样的爱因斯坦波探测器，我们很难让一台光学望远镜一直朝向同一个方向。原因很简单，LIGO 和 Virgo 是全向敏感的，无论引力波从哪个方向来到地球，只要波足够强，它们便会记录下来。毫无疑问，我们不可能拥有连续覆盖整个天空的灵敏光学望远镜。一台望远镜的视场通常远小于满月的视角，因此天文学家们不得不接受不能同时观测各个地方的事实。

公认的解决方法是为 LIGO 和 Virgo 设计警报系统。一旦一个可信的引力波候选事件被探测到，天文学家们就会得到有关其来源方向的通知，然后指挥望远镜和空间天文台联合工作。从原则上说，这一切都可以自动完成。探测算法不停地筛查激光干涉仪的数据流。当一个信号看起来足够显著（比如 GW150914 和 GW151226）有必要进行更多分析时，便可以基于数据计算得出其大致的天空位置。接下来，它会通过互联网被发送给所有与 LIGO 和 Virgo 合作组织签订正式协议的观测团队。如果他们使用程控望远镜跟进观测，对应体的第一幅图像可能会在爱因斯坦波被探测到之后的数分钟内得到。

◎

引力波的对应体应该是什么类型的呢？它们的可见时间有多长呢？天文学家们对此思索了很久。要想回答这些问题，他们先要知道什么类型的宇宙事件可以产生能被观测到的引力波。

现有的激光干涉仪对频率为 10~1000 赫兹的引力波敏感，这类引力波主要是由中子星或黑洞的碰撞、合并产生的。这类事件在很远的距离上对 LIGO 和 Virgo 是"可见的"。最终，当这些高新探测器完全达到它们的设计灵敏性时，天文学家们将能够观测到几亿光年之遥的中子星合并。关于黑洞的碰撞，由于黑洞质量更大，其对应的距离将会大大超过 10 亿光年。而两个黑洞的合并甚至能够在几十亿光年的距离上被观测到，只要黑洞的质量足够大。

那么，你能从光学望远镜或者红外、X 射线、射电波段上观测到什么呢？这就要看情况了。"干净"的黑洞合并不会产生任何电磁辐射。毕竟，正如基普·索恩所描述的，这样的事件只是"时空结构中的暴风雨"。其周围没有可以发出任何辐射的存在——没有原子，没有分子，什么都没有。黑洞合并事件与宇宙中的其他部分交流的唯一方式就是引力波。

这正是对应体猎人对于 GW150914 是由两个黑洞合并所产生的这一事实有些失望的原因。可以想象，宇宙碰撞事件发生的地方可能包含一些星际气体和尘埃形式的物质，但是鉴于两个黑洞极大的引力拉扯，可能不会留有多少物质。由于没有物质来加热或者制造冲击波，这一事件产生可探测电磁辐射的机会就很小。（但无论如何，这都无法阻止天文学家们搜寻对应体。）

而中子星合并或者中子星和黑洞的合并，就是另一个故事了。一颗中子星包含至少相当于 1.4 倍太阳质量的正常核粒子。当然，如果两颗中子星碰撞，最终的结果很有可能是一个黑洞。而如果一颗中子星撞进一个黑洞，它的大部分质量将会永远消失。但在这两种情况下，大量物质可能被加热至极高的温度，并以部分光速被喷射到太空中。当爆炸波进入周围的星际物质时，尽管可能不够坚固，但强大的冲击波将在较宽的波段上产生电磁辐射。总而言之，包含至少一颗中子星的碰撞预计会产生壮丽的宇宙"烟花"。

事实上，这就是引力波和伽马射线暴之间的联系开始发挥作用的地方。早在 20 世纪 90 年代初期，一些天体物理学家就提出，伽马射线暴可能由遥远星系中的中子星合并产生。这远在爆发事件的距离尺度被确立之前。今天，几乎没有人怀疑中子星合并应该对观测到的大部分伽马射线暴负责。

我们要知道的关键信息是，伽马射线暴分为两类，每一类均代表不同族群的宇宙现象。短伽马射线暴仅持续不到两秒的时间，而长伽马射线暴可以持续数秒，甚至几分钟。长暴很可能源自极其强大的超新星爆发，或者叫作超超新星爆发，它们是超大质量、快速旋转的恒星在生命的最后灾难性地坍缩成黑洞的过程。关于短暴，科学家们提出了不同的设想，而中子星合并模型是目前最流行的。

那么，让我们把精力集中在短伽马射线暴上。对于它们中的一部分，科学家探测到了其微弱的 X 射线和光学波段的余辉。这些余辉比原始的伽马射线暴持续得久得多，甚至超过一天。现在，你可能会天真地认为我们已经明确地知道引力波对应体是什么样子的了。毕竟，我们大多谈论的是完全相同的物理现象——中子星合并。如果一个引力波暴也是由中子星合并产生的，难道你不会期待发现一个几乎同时发生的高能伽马射线闪光吗？

可惜，事情并没有这么简单明了。原因在于，伽马射线暴是高度"波束化"的。它们瞬间释放的巨大能量被选择性地射向两个相反的方向。对于超超新星（长暴）来说，辐射沿着坍缩星的转动轴发出。对于中子星碰撞（短暴）来说，辐射有可能沿着垂直于合并恒星的轨道平面发出。显然，在这个方向上，大多数物质以非常接近光速的速度从系统中被喷射出去。

如果我们碰巧看向那两个波束（或者喷射流）中的一个，就会以伽马射线暴的形式观测到这场巨大的爆发。但如果我们碰巧看到的是它的边缘，就会完全观测不到伽马射线暴，也看不到多少余辉。换言之，很多中子星的合并都不会以伽马射线暴的形式被观测到，宇宙里中子星合并的真正数量远比天文学家探测到的伽马射线暴的数量多。

引力波则截然不同，它们朝着各个方向传播（尽管强度不一定完全相同）。即使某次中子星合并由于其在空间中的朝向而无法以短伽马射线暴的形式被我们观测到，其作为引力波波源依然可能被观测到。不过，需要注意的是，这样的波非常微弱，以至于很难被探测到。因此，我们只能预期观测到来自几亿光年距离范围内的中子星合并。

没错，引力波波源和短伽马射线暴之间可能有联系，但这是一个复杂的问题。事实上，这有些类似于中子星和脉冲星之间的关系。快速自转、高度磁化的中子星发出射电波束，如果它的朝向适当，我们就会以脉冲星的形式探测到那些中子星，即使它们距离我们几万光年之遥。中子星的真实数量无疑比我们观测到的脉冲星数量多得多。然而，中子星的各向同性辐射是非常微弱的。这就是为什么一颗不能以脉冲星形式观测的中子星，只在它非常靠近我们（距离为几百光年左右）的时候才能被看到。

现在我们可以这样说，LIGO 和 Virgo 能够探测到一对中子星合并产生的引力波，当且仅当这一事件发生在几亿光年的距离范围内。如果这一碰撞事件产生强烈的射电波束，就有两种可能性：一是波束指向我们的观测方向（概率很小），二是波束未扫过地球（概率很大）。在第一种情况下，我们希望看到极亮的短伽马射线暴以及在很多不同波段上非常明显的余辉。这样的事件无疑会被在太空轨道上运行的伽马射线天文台记录下来。而在第二种情况下，我们需要知道这一合并事件可能产生哪种各向同性辐射。

理论学家认为他们知道这个问题的答案。在碰撞发生之后，被喷射到太空中的物质极其炙热。而且，它不像在中子星阶段那样致密。于是，核聚变反应再次启动。单个中子衰变成质子——带正电的核粒子，质子和中子又一起形成了大质量的核物质团块，然后立即分裂成更小、更稳定的原子核。放射性元素快速衰变，产生大量辐射，大部分处于红色和红外波段。余下的是一个正在膨胀并缓慢冷却的重元素云团，其中包含宝贵的金和铂。

根据哈佛－史密松天体物理中心的埃多·伯格（Edo Berger）的计算，两颗中子星的碰撞可能会产生不少于 10 倍月球质量的纯金。事实上，这种珍贵金属的几乎所有储备——包括你的婚戒、手镯或者其他金饰——很有可能都是由中子星碰撞产生的。

在后碰撞阶段核能坩埚所发射的能量，其估计值少于超新星爆发的能量。但是，它是新星爆发（白矮星表面的热核聚变）所产生能量的大约 1000 倍。这就是这一事件经常被称为"千新星"[84] 的原因。

2013 年夏，英国莱切斯特大学的尼尔·坦维尔（Nial Tanvir）及其同事首次从一个短伽马射线暴中观测到了预期的千新星辐射。这次短暴于 6 月 3 日被探测到，来自一个距离我们约 40 亿光年之遥的星系。之后，坦维尔团队通过哈勃空间望远镜于 6 月 12 日观测到逐渐褪色的火球。这一发现被普遍视为短伽马射线暴是中子星合并的有力证据。而且，由于千新星辐射的各向同性，它也是那些我们看不到伽马射线暴的中子星合并的可能电磁对应体。

现在，我们知道了在引力波被探测到之后能看到什么。如果时空涟漪是黑洞合并产生的，那么几乎不会伴有任何形式的电磁辐射。但如果至少有一颗中子星参与其中，你便可以期待一个短暂的高能爆发，发出蓝色的光，接着是在红色和红外波段的缓慢褪色的光。随后，膨胀的物质可能会发出射电波。当然，这只是目前的理论预测；宇宙可能为我们准备了许多惊喜。

有关对应体的发现有一条重要的附加信息，就是我们到引力波波源的距离。就 GW150914 和 GW151226 来说，对其波源的距离估计非常不确定，因为它们仅基于这些波的观测振幅以及理论模型。但如果某个对应体是在一个遥远的星系中发现的，就可以轻易地确定该星系的距离，只需测量这个星系的红移即可。如果你知道了距离，就能推断出碰撞的能量性质，包括引力波的能量性质。这是一条检验和改进已有模型的不错的途径。

总而言之，寻找电磁对应体并开展跟进观测是明智的做法，多个天文学领域都对此表示出浓厚的兴趣。几十个团队和 LIGO 及 Virgo 组织签订了合作协议：一旦探测到新的引力波信号，他们就会收到警报。他们的搜寻合计覆盖了整个电磁波谱，从最长的射电波段到最短的伽马射线。他们还使用了多种仪器，从小型自动化照相机到大型光学望远镜和射电天线，以及地球轨道卫星。放心吧，全世界将会关注这一切，只要干涉仪的镜子再次摆动起来。

我已经解释了为什么快速跟进观测引力波信号是重要的，以及哪种对应体是我们能看到的。不过，还有一个主要问题需要解决。正如前面提到的，搜寻范围实在太大了。至少，那是高新 LIGO 第一次观测运行期间的情况。推算出引力波来源方向的唯一方法，就是对引力波到达多台探测器的时间进行精确计时。但是，如果仅配置了两台探测器，通常不太可能找到答案。原因显而易见。

利文斯顿和汉福德的两台 LIGO 探测器相距约 3 000 千米。请你想象一条直线连接两个观测站，并在两个方向上延伸到太空中。假设产生引力波的宇宙碰撞事件正好发生在那条直线上。在这种情况下，这些波从第一台探测器到达第二台需要 0.01 秒（请记住，引力波以光速传播，即每秒 30 万千米）。因此，如果汉福德比利文斯顿早 0.01 秒探测到信号，你便知道这一事件发生在那条直线的汉福德一端。如果汉福德比利文斯顿迟了 0.01 秒，这些波就来自那条直线的另一端。

当然，波像上文所述一丝不差地排成一行的概率微乎其微。在大多数情况下，两者的时间差将会小于 0.01 秒，因为这些波的到达方向会与连接两个观测站的直线成某个角度。（如果它们沿垂直于连接线的方向到达，就会几乎没有时间差——两台探测器同时记录下信号。）但是，你无法知道这些波是从哪个方向到达的。你唯一能做的就是在天空中画一个圈，然后断定碰撞发生在圆圈上的某处。两者的时间差越小，这个圆圈就会越大。

探测结果的一些其他特征也许会告诉你，为什么这个圆圈的某一部分比其他部分更有可能包含引力波波源。不过，可能发生合并的区域通常是一个巨大的香蕉状天区。快速寻找对应体因而需要覆盖天空的一个巨大区域。但是，如此大的一片天空很可能包含许多可疑天体：一个月前还没有并将在未来几天逐渐消退的小光点。关于它们中的每一个，你都需要确定其并非其他类型的瞬变现象，比如，遥远的超新星、恒星耀斑或者其他现象。最后，你恐怕无法确定自己是否真正找到了爱因斯坦波的波源。

随着高新 Virgo 于 2017 年 2 月 20 日正式建成，事情无疑变得明朗起来。当三台探测器观测到同一个引力波信号时，就有了三个组合：利文斯顿 LIGO- 汉福德 LIGO，利文斯顿 LIGO-Virgo，汉福德 LIGO-Virgo。三个组合意味着有三种不同的方式做相同的分析，由此可以在天空中圈出三个香蕉状区域。它们会在一个较小的区域发生重合，那就是我们搜寻对应体的地方。其实，如果第一例爱因斯坦波的对应体在这本书出版前就已经被发现了，我不会感到太过惊讶，尽管在我写作本书的时候，高新 Virgo 依然被镜子的石英悬挂线问题所困扰。（同时，高新 LIGO 的第二次观测运行于 2016 年 11 月 30 日启动；截至 2017 年 4 月，已探测到 6 个候选事件。）

几年之后，第四台激光干涉仪将在日本启动。未来，第五台将在印度上线。你可以想象得到，越来越多的探测器将会提供更加精确的定位，引力波波源的跟进研究将很快成为天体物理学中的一个成熟且有前景的领域。

电磁对应体的搜寻不仅在地面的光学和射电望远镜上进行，实际上，第一台宣布搜寻成功的仪器很有可能是一个空间天文台。毕竟，最高能量的电磁辐射——伽马射线和 X 射线——根本不可能在地面上被观测到。几个观测伽马射线和 X 射线的天文学家团队也与 LIGO-Virgo 合作组织达成了协议，他们已经准备好让自己的空间望远镜指向干涉仪所提供的方向。

比如，2004 年 11 月 NASA 发射的雨燕卫星 [85] 已经参与搜寻工作有一段时日了。雨燕旨在探测和研究伽马射线暴，它装备了一台伽马射线探测器、一台 X 射线望远镜，以及一台紫外 / 光学望远镜。仅靠它自己，雨燕就可以探测新的伽马射线暴，确定它们在天空中的位置，以及搜寻光学对应体。

NASA 戈达德航天飞行中心的首席观测员尼尔·格瑞斯（Neil Gehrels）表示，雨燕卫星也能快速搜寻 X 射线、UV 或光学上的引力波对应体。雨燕曾为多个 LIGO/Virgo 触发做过跟进观测，它还在"大犬"事件上投入了几天时间。

据格瑞斯说，NASA 的另一台仪器——费米伽马射线太空望远镜[86] 也可能会扮演决定性的角色。费米卫星于 2008 年 6 月发射升空，它的宽场伽马射线探测器覆盖了大约一半的天区。所以，如果一个引力波信号携高能伽马射线暴而来，费米就有约 50% 的概率可以探测到。倘若如此，雨燕卫星或许可以根据费米的探测结果给出一个更加精确的定位。几分钟之内，地基光学望远镜就会开始在一个比 LIGO 和 Virgo 提供的小得多的天区中搜寻光学对应体。（遗憾的是，尼尔·格瑞斯将无缘这一搜寻结果，他于 2017 年年初逝世，终年 64 岁。）

那么，地面上的仪器呢？一些大型望远镜配备有宽场照相机，可以不断地成像。我们已经知道帕瑞纳山的 VLT 巡天望远镜配备有 268 百万像素的照相机。此外，智利托洛洛山美洲际天文台的 4 米口径布兰科望远镜配备有 520 百万像素的暗能量相机。美国茂宜岛哈雷阿卡拉天文台的 1.8 米口径望远镜配备有两台 14 亿像素的 Pan-STARRS（全景巡天望远镜和快速反应系统）天文相机。然而，这些大型仪器并不是主要用于瞬变天体的快速跟进研究的。相反，小型相机才更适用于这类任务，其中一台这样的小型相机在帕洛马山天文台[87]。

圣迭戈东北部帕洛马山的塞缪尔·奥斯钦望远镜很容易被人们错过。开车到这座天文台的参观者通常惊叹于 5.1 米海尔望远镜的巨大圆顶，从参观者走廊看一看这座巨大的反射望远镜，在礼品店买个纪念品，然后驾车离开。这情有可原，海尔望远镜以天体物理学家乔治·海尔（George Hale）的名字命名，的确是一台引人注目的仪器。它于 1948 年首次亮相，并在此后超过 25 年的时间里一直是世界上最大的望远镜。20 世纪 70 年代初，当我成为一名业余天文学家时，海尔望远镜的地位相当于年轻人心目中的哈勃空间望远镜。在这台宏伟仪器的下面行走令人心生敬畏。

而 1.2 米的塞缪尔·奥斯钦望远镜离海尔望远镜的圆顶只有很短的车程。它也被称为帕洛马 – 施密特望远镜（得名于它的光学设计），它有一个巨大的视场，是满月视角的 12 倍多。这台望远镜在 20 世纪 50 年代被用于制作著名的帕洛马山天文台巡天观测——北天区的一个庞大的图册。

今天，像哈勃（后来以他的名字命名了空间望远镜）这样的帕洛马山天文学家几乎不可能认出这台仪器。一个乒乓球桌大小的巨大百叶窗被装在望远镜的顶上。为了容纳一台高度冷却的大型 CCD（电荷耦合器件）相机以及附加的光学器件，管子被切开了。电缆和电子设备到处都是。此外，它还变成全自动的了，这里晚上无人值守。欢迎来到兹威基瞬变探测器（ZTF），它是这个星球上最强大的超广角相机之一。

兹威基项目科学家埃里克·贝尔姆（Eric Bellm）[88] 说，这台仪器每 1.5 分钟左右便可以进行 30 秒的曝光。基于其灵敏的电子器件，每张照片都可以显示出和 20 世纪 50 年代玻璃底片几乎同样数量的恒星，而后者的曝光时间约为一个小时。从原则上说，兹威基相机可以在一个晚上拍摄整个可见天区，每秒钟产生约 100 兆比特的巨大数据流。

兹威基瞬变探测器是以加州理工学院天文学家弗里茨·兹威基（Fritz Zwicky）的名字命名的，他率先开展了寻找其他星系中超新星爆发事件的巡天调查。这台仪器也监测着遥远的超新星和其他短暂的天文现象。当然，它还能对引力波警报做出响应。在收到警报后的一分钟内，这台仪器就能转向正确的方向并开始寻找光学对应体。[89]

在南半球，兹威基瞬变探测器未来的一个竞争对手将是智利的 BlackGEM 项目 [90]。BlackGEM 是由三台 65 厘米的自动望远镜组成的阵列于 2018 年启动。如果可以得到更多的资金支持，这个阵列有可能扩大到 5 台甚至是 15 台望远镜，每台均配备有灵敏的 CCD 相机。BlackGEM 项目的首席科学家是荷兰天文学家保罗·格鲁特，他也是发现伽马射线暴的第一个光学对应体的人。事实上，本章前面介绍的 MeerLICHT 望远镜，就是 BlackGEM 仪器的原型。

比起其他对应体搜寻项目，BlackGEM 有一些优势。第一，它专门用于引力波的跟进观测研究，这是它的主要科学目标。（相较之下，兹威基瞬变探测器由于承担着其他任务，每个月最多只能跟进观测几次触发。）第二，由于该阵列包含多台望远镜，所以非常灵活。如果 LIGO 和 Virgo 提供的搜索区域非常细长，就像 GW150914 和 GW151226 一样，那么每台望远镜可以分别瞄准这个"香蕉"的一部分。如果搜索区域非常小，或者一个对应体被探测到了，那么这些望远镜可以一同观测，灵敏度更高。

图 14-2　BlackGEM 阵列将由若干台 65 厘米的程控望远镜组成。一旦 LIGO 或者 Virgo 探测到一个新的引力波信号，BlackGEM 就会跟进搜寻可能的光学对应体

拉西拉山位于智利拉塞雷纳的东北部，被选作 BlackGEM 的台址。拉西拉山上空的大气远比帕洛马山更加稳定，因此观测条件更好，这是 BlackGEM 的第三个优势。20 世纪 60 年代，拉西拉山成为欧洲南方天文台的第一批望远镜之家。如今，欧洲南方天文台的大部分任务都转移至更北边的帕瑞纳山，但也有一些仍在拉西拉山进行。BlackGEM 天文台坐落于马鞍状的山脊之上，被平缓起伏的山丘围绕，延伸至遥远的天际。这是一个非常安静的地方，常可以看到野生的毛驴和阿塔卡马的狐狸。在一个晴朗的白天（这样的日子很多），你可以轻易地看到大约 25 千米外的卡内基研究所管理的拉斯坎帕纳斯天文台。

◎

这么多偏远的山，这么多天文台，这么多灵敏的仪器和致力于揭开宇宙奥秘的天文学家。帕洛马山的兹威基瞬变探测器或者拉西拉山的 BlackGEM 望远镜会第一个发现引力波的光学对应体吗？又或者宇宙碰撞事件的跟进研究会依赖于射电观测或者 X 射线和伽马射线的测量？工作在平方千米阵和它的各台望远镜的射电天文学家们，已经开始讨论最佳的响应策略了。X 射线天文学家们希望国际空间站可以挂载一台全天监视器，现有的地面和空间天文台也想分一杯羹。成功就在不远处，一切都只是时间问题。

最终，同时看向各个地方也可能会梦想成真。建造中的 8.4 米大型综合巡天望远镜（LSST）[91] 将会配备一台 30 亿像素的照相机，以极高的灵敏度每三天拍摄全天一次。这台望远镜坐落于智力帕穹山的顶峰，将会发现成千上万个短暂的瞬变现象，比如超新星、耀星和小行星，并绘制数十亿个星系的位置和形状，从而研究整个宇宙的结构和演化。

在帕穹山北面的托洛洛山上，艾弗里望远镜（Evryscope）已经在工作，它每两分钟就能巡视 1/4 个天空。该项目由北卡罗来纳大学教堂山分校的尼古拉斯·罗（Nicholas Law）主持，有 27 台专门设计的 7 厘米口径的望远镜，它们以超广角鱼眼镜头的形式一起工作。显然，由于它的通光口径较小，艾弗里望远镜不像大型综合巡天望远镜那样能看到非常暗的恒星或者极其微小的细节。但如果在全球放置更多的艾弗里望远镜，就可以实现不间断的全天巡视。

这是天文学的未来：每一种想要的观测；天空的每一个角落；每时每刻；每一个可能波段的光子，从最高能量的伽马射线到最低能量的射电波；来自太空的亚原子粒子，比如宇宙射线和中微子；时空中的微小涟漪。所有这些信息加在一起，就构成了关于奇妙宇宙的珍贵信息。

LIGO 探测到引力波，标志着多信使天文学的诞生。

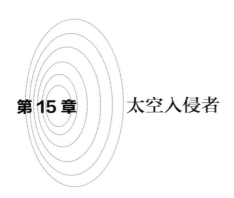

第15章　太空入侵者

食物很美味，但是接收效果太糟糕了。

我指的是手机信号的接收。作为国际记者团的一员，我被欧洲航天局邀请参加他们的 LISA 开路者号探测器的发射活动，地点是法属圭亚那库鲁的圭亚那太空中心。[92] 在发射活动的前一天，我们在丛林中间库鲁河畔的一家酒店享用了一顿丰盛的午餐，有的人还在五颜六色的独木舟上来了一场短途旅行。这一切就像一个很棒的假期，似乎没必要和世界的其他地区联络。

直到欧洲航天局的发射主管盖尔·温特斯（Gaele Winters）在第二道菜和第三道菜之间宣布，由于火箭上节的温度传感器出现了技术问题，发射不能按原计划在 2015 年 12 月 2 日凌晨进行。所有在场的记者都想马上打电话给编辑、更新博客、在脸书（Facebook）上发布信息，或者发送推文。但是这家酒店既没有 Wi-Fi（无线保真），也没有手机信号。

幸运的是，有人发现河畔有断断续续的信号。信号不超过一格，但足够满足大多数需求。所以我们在狭小的独木舟码头上挤在一起，将自己的手机高举在空中。那看起来一定很好笑。

火箭传感器的问题很快就被解决了，发射也仅推迟了一天，于当地时间

12 月 3 日凌晨 1:04 发射。借助小型织女星运载火箭，这台探测器呼啸着冲上夜空，它那发光的尾气在云层之间和我们玩起了捉迷藏。几分钟后它就消失在我们的视野里。这是一次成功的发射，伴随着火光、烟雾、咆哮声等。在控制室里，人们欢呼和互相拥抱，有些人已经为这个项目工作了不止 15 年。打开香槟，共同庆祝。当然，少不了喜悦的眼泪。[93]

就在三个月之前，我曾去往德国奥托布伦（在慕尼黑南边）IABG ① 公司的洁净室，近距离参观过"LISA 开路者号"探测器 [94]，它在那里接受测试。公司地址是爱因斯坦大街 20 号，对于一项即将启动的在太空中探测引力波的任务来说尤为合适。这台探测器的大小相当于一个热水浴池，它被金色的隔热层包裹起来后安放在推进舱中。在这间洁净室的另一边，一个即将被运往法属圭亚那的大木箱早已等候多时了。

我知道在 LISA 开路者号的深处是两个镇纸大小的、重且高度抛光的金—铂立方体，用于在发射几个星期之后完成不受干扰的自由落体运动。这台探测器还包括一个微型的干涉仪，有激光、镜子和光电探测器。我很难想象这台精密的仪器可以在用卡车运往英国（进行最后的准备），用安托诺夫运输机运往库鲁，用火箭发射到太空，以及最终到达绕日运行轨道的旅途中幸存下来。

"这是我们从太空中观测引力波的第一步。"欧洲空间研究和技术中心的项目科学家保罗·麦克纳马拉（Paul McNamara）说道，"LISA 开路者号正在开启通往未来的大门。"在发射成功之日，欧洲航天局科学项目委员会主席阿尔瓦罗·吉蒙兹（Alvaro Giménez）不胜欣喜地锦上添花："开辟新的路径""未知的领域""科学的新篇章"，以及我最喜欢的一句——"我相信爱因斯坦会为此感到欣慰"。我猜，爱因斯坦会目瞪口呆。

---

① IABG 是一家由德国航空航天产业协会和国防部共同出资成立的从事动力分析和检测的专业公司。——编者注

那么，LISA 开路者号的任务是什么呢？它的名字说明了一切，即为激光干涉空间天线开路。LISA 将成为 LIGO 的一个巨大的空间版本。通过镜子和望远镜，它将在三台相距几百万千米的探测器之间进行激光反射。灵敏的干涉仪会测量三台探测器内的两个立方体"试验质量"的微小变化，那是由低频引力波的传播所造成的。

没有人有在太空中探测爱因斯坦波的经验。如果不预先对必要的技术进行测试就建造和发射 LISA，将会是一种巨大的跨越，就像让奥维尔·莱特（Orville Wright）和威尔伯·莱特（Wilbur Wright）越过他们的莱特飞行器，直接开始建造一架波音 747 飞机一样。在某种程度上，LISA 开路者号就是空基引力波天文学的"莱特飞行器"。

在地基探测器上，由两条干涉臂末端的镜子充当试验质量。它们在引力波经过的时候会轻微地靠近或远离。正如我们所见，它们的间距变化极其微小，远小于一个原子直径。这就是为什么这些镜子需要与每一个可能的高频振动（可能是它们周围环境的产物）隔离开来。事实上，这是 LIGO 和 Virgo 这类激光探测器面临的主要挑战。

在太空中，没有驶过的卡车或者被重重关上的门，这是一个非常安静的环境。但即便如此，大量不受欢迎的力仍然存在。卫星受到恒星辐射的冲击，太阳光在其射中的任何表面上都施加了一个小而可测量的压力。微流星体以不规律的时间间隔自所有方向飞来。从地球和其他行星的大气中蒸发掉的少量气体粒子亦如此。带电粒子被太阳风吹到太空中，温度的微小改变，磁场，高能宇宙射线粒子……这一系列的干扰因子都可能毁掉我们的爱因斯坦波探测。

把你的试验质量与所有这些效应隔离开的最好办法，就是将其装入一个中空的飞行器。虽然太阳辐射压或者尘埃粒子的撞击可以导致飞行器偏离轨道，但它可以借助外部的推进器修正其相对于内部试验质量的位置。这样一来，试验质量便只受到太阳和行星的引力影响。事实上，那就是"自由落体"的内涵。

然而，事情并没有这么简单。即使是在中空的飞行器中，微小的力也会作用在试验质量上。总有气体原子存在，即便在最高品质的真空中。在试验质量上缓慢的电荷积聚会造成一个微小的偏移。来自飞行器自身的微弱引力也不可能完全对称。此外，这些引力还会随着时间而改变，因为推进器逐渐耗尽燃料。如果想知道你设计的试验质量的自由落体有多成功，那么你需要测量所有细微的力和加速度。当然，如果这个密封的飞行器总是"跟着"试验质量，就不可能完成测量，因为缺乏参考物。

这就是第二个试验质量存在的意义。我们追求的残留效应对两个试验质量来说不可能完全相同。如果它们都处于完美的、无干扰的自由落体状态，它们的距离和朝向都将保持不变。然而，微弱的力正在密封的飞行器中发生作用。因此，两个试验质量会相对于彼此缓慢地漂移。如果你能测量出那微小的漂移，就很好地展示了你所达到的"宁静"程度。

LISA 开路者号的主要目标是验证我们创造一个真正宁静、无干扰环境的能力。飞行器中的试验质量立方体的边长是 46 毫米，材质是 73% 的金和 27% 的铂组成的合金。之所以选择这种材料，是因为它的低磁化率和高密度，每个立方体重约两千克。类似的试验质量也会在 LISA 标准尺寸的探测器中使用。每个试验质量的成本约为 7 万美元（不考虑更加昂贵的精密加工费用），LISA 开路者号的试验质量很可能是进入太空的最昂贵的金属块。

这两块金—铂立方体将会在飞行器核心处单独的小室中飘浮。这些小室的钼制外壳相距 38 厘米，小室的形状也是立方体，边长为 54 毫米。当一块试验质量处在小室的中央时，两者的各个对应面间的距离仅为 4 毫米左右。小室是非常紧密的牢笼，当然，试验质量不能接触这些小室的内壁。

以下是 LISA 开路者号工程师做到这一点的过程。第一个小室的 6 面内壁上装有电容传感器。这些传感器可以精确地测量小室的内壁与立方体的面之间的距离，我们称它为试验质量1。只要立方体没有完美地居于中心（这极有可能，由飞行器外部的太阳辐射压或者一些其他外力导致），微型推进器就会释放少量氮气来修正飞行器的位置。结果，整个飞行器就在绕日轨道上"跟随着"试验质量1。到目前为止，一切顺利。

然而，试验质量1并没有处于完美的自由落体状态。如前所述，所有类型的微小效应都有可能发生。科学家们希望精确地量化这些效应，从而了解他们在创造无干扰环境方面有多成功。我们已经看到，残留效应在两个立方体上的作用有点儿不同。久而久之，试验质量1和试验质量2就会相对于彼此缓慢地漂移。由于飞行器跟随着试验质量1，试验质量2就会撞到它的小室内壁上。

诀窍在于，一旦试验质量2开始漂移，其小室内壁上的电容感应器便会主动迫使它回到原点。实现此目的所需的微小电流表明这两个立方体剩余的相对运动和加速度。需要的修正力越小越好。

图 15-1　欧洲航天局 LISA 开路者号飞行器的内部结构剖面图，展示了在钼制小室中的两块金—铂试验质量，两者之间是 LISA 开路者号的小型干涉仪

LISA 开路者号还装备了一台小型干涉仪，干涉仪包括两束激光、22 面镜子和分光器。干涉仪位于两个试验质量的小室之间，密切地监测两块金—铂立方体之间的距离和朝向的细微改变。这旨在证明在太空中和皮米水平上测量间距的可能性——干涉仪的灵敏度是电容感应器的几千倍。

事实上，开路者号正在测试 LISA 将会应用的几乎每项新技术。开路者号唯一不会做的就是真正探测引力波，它对于这个目标来说尺寸太小了。

但为什么要在太空中探测引力波呢？也许你还记得，像 LIGO 和 Virgo 这样的地基探测器对于爱因斯坦波的敏感频率范围大约是 10~1 000 赫兹。在地球上，你无法实现更低的频率：环境中的"振动噪声"在低于几赫兹的频率上实在太强了。而在太空的宁静环境中，我们完全有可能测量到这些低频波，如果干涉臂足够长。LISA 的干涉臂长将为几百万千米，这意味着它对 1/10 000 赫兹（100 微赫兹）至 1 赫兹频率范围的引力波敏感。事实上，LISA 将很好地填补地基干涉仪的高频观测和脉冲星计时阵的纳赫兹观测之间的空白。

那么，天文学家们期望探测到中频波段的时空涟漪吗？是的，毫无疑问。银河系中的白矮双星持续地产生这一频率范围的引力波，在碰撞和合并前几个月到几年的恒星级双黑洞也是这样。此外，太空天文台还能够观测到遍布宇宙各处的星系中的超大质量双黑洞的合并。请放心，天文学家们一直坚信人类有着进入太空的需求。

但仅凭信念并不足以让一项雄心勃勃且耗资巨大的太空任务顺利实施。LISA 项目的过去漫长而曲折，遭遇了很多阻碍和挫折，接下来的简史会一一展现。

◎

空基引力波探测器的最初想法可以追溯至 20 世纪 70 年代中期。那时 LIGO 还只是一个遥不可及的梦想，但是雷纳·韦斯已经在他 1972 年发表在麻省理工学院《季度进展报告》的论文中设计出了大部分基本元件。起初，他设想出一台地面上的 1 000 米长的激光干涉仪。不过，将它建造在太空中不是更好吗？在那里你无须太过担心外界的振动噪声和镜子的悬挂问题。

在 1974 年的一场晚宴中，韦斯和科罗拉多大学博尔德分校的彼得·班德（Peter Bender）讨论了这个问题。自那以后，班德就致力于将这个太空梦变为现实，他被公认为 LISA 项目的奠基人之一。顺便说一下，这项计划最初不叫 LISA，而叫 SAGA（Space Antenna for Gravitational-Wave Astronomy，引力波天文学空间天线）[95]。经过十多年的时间，关于 SAGA 的构思才发展成一个严肃的任务设想，叫作 LAGOS（Laser Antenna for Gravitational-Wave Observations in Space，引力波空间观测激光天线）。那时 LIGO 仍处于早期发展阶段。

LAGOS 的设想是三个独立的飞行器，组合在一起就会形成一个臂长 100 万千米的巨大"V形"，尾随地球绕日旋转。激光束在 V 形顶点处的"母亲飞行器"与两个"女儿飞行器"上的自由漂移的试验质量之间反射。借助激光干涉仪，我们可以探测到臂长的微小改变。这就像在太空中建一台巨型 LIGO 探测器。（干涉臂并非相互垂直而是成 60 度角。）多亏了绕日的轨道运动，对任意连续引力波波源的位置都将在一年的时间内进行精确的三角测量。总而言之，LAGOS 是一个非常强大和有野心的设想。然而，潜在的资助机构觉得这个计划太不成熟，风险太大，也太昂贵。

但是，科学家们一旦认定了一个想法的价值，他们便不会轻易放弃。德国物理学家卡斯滕·丹兹曼 1993 年向欧洲航天局呈交了一项新提案，这一年他从慕尼黑的马普量子光学研究所搬到了汉诺威，并在那里创建了一个新的引力波团队。当时欧洲航天局正在公开征集 Horizon 2000+ 太空计划的第三期中级科学任务（M3）的提案。丹兹曼认为他的项目可能很适合这个计划，时机也正好。就在一年前，即 1992 年，美国国家科学基金会与麻省理工学院、加州理工学院签订了建造 LIGO 探测器的合作协议。汉福德和利文斯顿已被选为建造地基干涉仪的台址。在意大利，Virgo 项目也刚刚获批。

LISA 比 LAGOS 更加雄心勃勃。丹兹曼的提案需要 6 个飞行器,三角形的每个顶点上各两个。此外,三角形的边长约 500 万千米。这些飞行器将会配备激光、分光器、望远镜、镜子和光电探测器。相干激光会从三角形的每个顶点,反射到另外两个顶点。所以,LISA 实际上包含三台巨大且重叠的干涉仪。这三台干涉仪一起工作,LISA 就能测量引力波的偏振——波的振幅在每个方向上不一样。这将提供有关相互绕转天体的辅助信息,包括它们在空间中的朝向和自转速率。

LISA 最终没有选中 Horizon 2000+ 的 M3,因为它的野心太大了。但是,丹兹曼和他的同事又一次提出申请,期待它能成为欧洲太空计划里的"奠基石任务"。然而,这个项目对于欧洲航天局来说太昂贵了,所以他们请求与 NASA 合作开展联合项目。各方分别支付总额的一半,预计为 15 亿—20 亿美元。1996 年,第一届两年一度的 LISA 国际研讨会在英国举行。两年之后,科学家们提出了 ELITE(欧洲 LISA 技术实验)。项目的发展势头还算不错,尽管比大多数人期望的要慢得多。

直到 2010 年,一份详尽的任务计划才最终完成,ELITE 提案演化成 LISA 开路者号。然而,发射时间已经严重延迟。至于 LISA 自身,6 个飞行器被削减为三个以节约开支。美国阿特拉斯运载火箭将于 2018 年载着这三个飞行器发射升空。

2011 年 2 月 3 日,LISA 项目小组在欧洲航天局法国巴黎总部的一次会议上介绍了他们的计划。他们希望欧洲航天局能够选择引力波项目作为"宇宙愿景 2015—2025"计划 [96] 中的第一个旗舰级任务。另外两个候选项目也是欧洲航天局和 NASA 的联合项目:木星冰卫星探测器,以及一个大型 X 射线天文台。在巴黎的会议和欧洲航天局空间科学顾问委员会建议的基础上,欧洲航天局本该于 2011 年夏天做出最终选择。

然而,灾难来袭。在巴黎会议后过了不到 6 个星期,NASA 于 2011 年 3 月 15 日撤出了与欧洲航天局的三项联合科学任务。主要原因在于美国的预算危机,以及哈勃望远镜的替代者——詹姆斯·韦伯太空望远镜的高昂成本。

LISA 项目在 2010 年 8 月的调查报告《天文学与天体物理学的新世界及新视野》(*New Worlds, New Horizons in Astronomy and Astrophysics*) [97] 中未能获得最高优先权，那是美国国家研究委员会（NRC）对 2012—2021 年美国在天文学和天体物理学领域的项目资助评估。

为了应对 NASA 的决定，欧洲航天局科学与机器人探索部门主任戴维·索斯伍德（David Southwood）决定延长第一个旗舰级任务的选拔时间，直到 2012 年春天。他希望这三个项目团队能有足够的时间拿出一个欧洲独立完成且造价更低的替代方案。几个月内，爱因斯坦波项目团队起草了一个名为 NGO（新引力波天文台）的新方案。干涉臂长被缩减至 100 万千米，相应地，望远镜和反射镜变小，激光功率减小，三个飞行器的体积变小，改用两个相对便宜的俄罗斯联盟助推器发射。此外，NGO 只有一台干涉仪，而不是三台。但就像 LAGOS 的设计一样，"母亲飞行器"将配备激光和探测器设备，两个"女儿飞行器"则刚好支撑干涉仪末端的镜子。

然而，当欧洲航天局科学项目委员会于 2012 年 5 月 3 日做出最终选择时，NGO 提案和 X 射线提案都不得不为木星冰卫星探测器 [98] 让路。木星冰卫星探测器将于 2022 年发射，用于研究木星的卫星"盖尼米德"（木卫三）——一个比水星更大的冰冷世界。它还将飞越卫星"欧罗巴"（木卫二）和"卡里斯托"（木卫四）。它预计在 2030 年到达木星系统，三年后进入木卫三轨道，成为有史以来第一个围绕另一颗行星的卫星转动的探测器。这当然是一个非常令人兴奋的任务，但却不是引力波科学家们所盼望的。

2012 年 5 月底第九届 LISA 研讨会在巴黎举行，会议的阴沉气氛对于 LISA 开路者号项目的科学家保罗·麦克纳马拉来说记忆犹新。NASA 不再参与其中，LISA 科学合作组织已被解散，开路者号将面临更久的延期，即使是更小、更便宜的 NGO 任务也没有落实。大家都很沮丧，"感觉就像在参加葬礼"，麦克纳马拉说。

但丹兹曼和他的同事们并没有放弃。毕竟，宇宙愿景计划将在 2028 年启动第二个旗舰级任务，在 2034 年启动第三个旗舰级任务。2013 年 5 月，丹兹曼团队发表了一份白皮书，提出了一项新提案。这个项目与 NGO 类似，名为 eLISA，其中"e"代表的意思是"进化版"。他们在文件的结尾部分写道："增加一个低频引力波天文台，有助于增加我们对宇宙的理解。eLISA 将成为有史以来第一个以引力波探测整个宇宙的太空任务，它将在 2028 年的天文领域发挥独特的作用。"

该团队持续不断的努力终于有了回报。2013 年 11 月，欧洲航天局宣布了第二个和第三个旗舰级任务的科学主题，分别是高能天体物理学（X 射线）任务和引力波任务。虽然正式的任务还要过很多年才能启动，但至少欧洲航天局已经承诺将资助这个特定的项目，空基激光干涉仪将成为现实。尽管要到韦斯和彼得·班德首次提出这个概念的 60 年后，它才能投入运行。即使 LISA 开路者号的发射时间再次被推迟到 2015 年年底，似乎也没有多大问题——我们有足够的时间。

2015 年 6 月下旬在韩国光州举行的第十一届爱德华多·阿马尔迪引力波会议上 [98]，空间科学家们的情绪是积极的。英国天体物理学家乔纳森·盖尔（Jonathan Gair）化用了马克·吐温的名言说道："关于 LISA 死亡的报告被极大地夸大了。"盖尔接着介绍了这个任务的巨大的科学潜力。爱因斯坦研究所的西蒙·巴克（Simon Barke）也对此抱持乐观态度。在幻灯片某一页，他将 eLISA 描述为"进化中的"（evolving），而不是"进化了的"（evolved）LISA。谁知道呢，它或许会提早 5 年发射，即在 2029 年，这样就可以赶上和爱因斯坦的 150 周年诞辰时间一致。巴克甚至暗示 NASA 可能重新加入该计划，尤其是当 LISA 开路者号发射成功的时候，或者当地基干涉仪抢先于他们完成第一次直接探测时。当然，那时他并不知道 GW150914 事件不到三个月便会发生。

顺便说一下，NASA 并没有完全置身事外。该机构曾表示有兴趣参与 eLISA 任务，最高可资助 1.5 亿美元。NASA 也参与了 LISA 开路者号计划。美国科学家有他们自己的无拖曳控制系统、姿态控制系统和微型助推器，它们被安装在同一个航天器上，使用相同的试验质量，使用的技术却有所不同。

如果你需要为一个巨大且昂贵的太空天文台做一项示范任务，那么以多种方法测试当然更有意义。

接着，2016奇迹年到来了。

1月22日，在成功发射7周后，LISA开路者号到达了它的指定运行位置，距离地球约150万千米。2月11日，LIGO和Virgo组织的科学家骄傲地宣布了GW150914的发现。于是，全世界都知道引力波的存在了。5天之后，开路者号的两个金—铂立方体被释放，开始在它们的小室内自由飘浮。定期的科学运行于3月1日开始。

之后，LISA开路者号的表现明显超出所有人的预期。其与外界隔绝的内部区域的确是太阳系中"最宁静"的地方。两个测试质量的剩余加速度竟然是地球重力加速度的 10^{17} 分之一。如果这个数字对你来说没什么概念，我可以告诉你，这相当于大肠杆菌的质量所产生的重力加速度。毫无疑问，这足够接近于一种不受干扰的自由落体运动状态，使低频爱因斯坦波的探测有了可能。此外，开路者号的激光干涉仪能够测量两个立方体之间的距离，精度达到35飞米 ①。

这些引人瞩目的初步成果发布于6月7日的《物理评论快报》[100]。大约两个星期后，NASA的第三个旗舰级任务研究小组在线发布了中期报告。该小组于2015年下半年成立，目的在于梳理出一份可能对欧洲航天局第三个旗舰级任务做出贡献的美国技术清单。该研究小组的发现之一是，"美国在第三个旗舰级任务的设计、开发和运行方面的有意义的参与，能够增强该任务的技术稳定性，使它更加胜任其科学使命"。该报告提出，NASA可作为次要合伙人重新加入这一项目。这与欧洲航天局的万有引力天文台顾问小组（GOAT）早先的报告结论十分吻合。

8月15日，项目得到了又一次重大推动，这次来自美国国家研究委员会。在《天文学与天体物理学的新世界及新视野》十年调查的中期评估报

---

① 1飞米 $= 10^{-15}$ 米。——译者注

告 [101] 中，作者团队强烈建议 NASA 在 10 年内恢复对 eLISA 的支持，并帮助该任务恢复到最初的体量。报告首页呈现了艺术家对引力波的印象，以及 GW150914 的波形。几周后，在瑞士苏黎世的一个会议上，蒙大拿大学的尼尔·科尼什（Neil Cornish）说："我们得确保把关键信息呈现在封面上。"

那次会议是第十一届 LISA 研讨会 [102]，在苏黎世联邦理工学院附近举行，爱因斯坦曾于 19 世纪末在此学习物理学和数学。如果说第九届 LISA 研讨会像一场葬礼，那么这次会议则更像一场重生派对。会议气氛非常活跃，特别是当欧洲航空局的科学项目委员会主席阿尔瓦罗·吉蒙兹宣布，第三个旗舰级任务召集将从 2018 年提前至 2016 年 10 月的时候。任务的提案预计于 2017 年 1 月完成，最终决定可能在 2020 年做出。"我们希望让你们梦想成真。"吉蒙兹在会议上对引力波科学家们这样说，"尽管 2029 年的愿景可能过于乐观，但我们也许能比原本计划的 21 世纪 30 年代初提前完成这一太空任务。"

NASA 天体物理学分部主任保罗·赫兹（Paul Hertz）表示全力支持。他承认，"2011 年，我们的 LISA 合作组织解散了，但现在我在这里推动它前进。"赫兹还表示，他非常肯定这项任务将在美国国家研究委员会的 2020 年报告中获得强烈的推荐，只要科学家们能拿出令人信服的提案。

9 月 7 日，eLISA 团队和 NASA 的第三个旗舰级任务研究小组举行了第一次联合会议，对调整和完善原任务计划的各种方案进行了讨论。NASA 的财政支持预计不会恢复到 50%，但即便只有几亿美元也会对项目产生很大的影响。可选择的方案很多：更大的望远镜，更强大的激光，更长的干涉臂长（200 万千米甚至是 500 万千米）。丹兹曼说："我们必须提出一个令人震撼的方案。"另外，恢复到三台干涉仪而不只是一台也是一件好事，通过在三个飞行器上分别安装激光器。他们还希望 eLISA 的 V 形双臂可恢复成一个完整的三角形。"我们希望第三条干涉臂回来，"丹兹曼热情满怀地说，"我们将努力让第三条干涉臂回来。"

自 1975 年以来一直从事该领域研究的麻省理工学院物理学家戴维·舒梅克（David Shoemaker），现在是高新 LIGO 的主管，他的脸上满是笑容。"这是一次非常重要的会议，"他说，"感觉就像 eLISA 的一个转折点。我建议从现在开始删掉‘e’，这样从头到尾就只有一个 LISA。"

离 LISA（任务方案于 2017 年 1 月 13 日提交 [103]）的设计最终确定还有一段时间。但有一件事是肯定的：在 21 世纪 30 年代初，激光束将在绕日旋转的三个飞行器之间来回反射，可能相隔几百万千米，可以探测到皮米量级的变化。最终，天文学家将能探测到毫赫兹频率的爱因斯坦波，监测致密的双星系统，甚至是可观测宇宙边缘处的超大质量黑洞并合。

而且，LISA 可能并不孤单。在苏黎世会议上，来自日本法政大学的佐藤修一（Shuichi Sato）就 DECIGO（分赫兹干涉引力波天文台）的情况做了报告。这一雄心勃勃的计划可以追溯到 2001 年。DECIGO 就像一个迷你版LISA，有三个相隔 1000 千米左右的小卫星。在未来 10 年内，一个臂长为100 千米的小型干涉仪（即 pre-DECIGO）将被发射到地球轨道上。完整的任务将在 21 世纪 30 年代展开。

图 15-2　LISA 的三个太空飞行器之一的效果图。太阳能电池板位于顶端；激光束在相隔百万千米的单个飞行器之间反射，以探测由引力波造成的路径长度的微小变化

与此同时，中国科学家也制订了两台空基干涉仪的建造计划。第一台名叫"天琴"，由广东中山大学的一个团队提出。它包括三个在地球轨道上的飞行器，以地球为中心组成一个巨大的三角形。干涉臂的长度约为 15 万千米。中国科学院正在制订另一个更大的名为"太极"的计划。它有 300 万千米长的干涉臂，三个飞行器绕日运行，与 LISA 非常相似。

◎

空间干涉仪将会观测到什么，每个人都在猜想。当然，也不完全是猜想——天文学家们对于太空中会发生的事情有些合理的推测，但细节比较粗略。我们以合并的超大质量黑洞为例。如果大多数星系的核心区域都有巨大质量黑洞，在星系发生碰撞后，它们的黑洞可能会在合并后的星系核心区域相互绕转。如第 13 章所述，它们只能发出纳赫兹引力波，这可以在对射电脉冲星的长期高精度的计时测量中被探测到。如果两个黑洞相互旋进，其轨道周期就会缩短，爱因斯坦波的频率则会增大。在它们发生碰撞、合并的前几年，LISA 就应该能探测到它们，不管它们距离我们有多远。

但是，由于光需要时间来穿越宇宙，所以数十亿光年远的星系被观测到的其实是它们数十亿年前的样子。因此，要想预测超大质量黑洞碰撞的概率，天文学家先要知道两个星系及其黑洞的演化史，还要知道超大质量双黑洞最终会发生碰撞的可能性。基于各种不同的天体物理学假设，理论学家们做出了各种各样的预测，但没有人知道正确答案。

当然，LISA 的伟大之处在于，通过探测引力波给出正确答案。任何关于星系和黑洞演化的理论都需要与观测到的合并概率相吻合。经过几年的运行，LISA 将会告诉我们哪些理论肯定是错的，而哪些理论可能是对的。

对于陷入单个超大质量黑洞的致密天体来说，情况更加不确定。星系核心区域的超大质量黑洞不时地吞噬着敢于靠近它的恒星或气体云。对于像银河系这样的普通星系来说，这种情况预计每过几百万年发生一次。而像太阳这样的正常恒星，几乎肯定会被黑洞的潮汐力撕碎。在其他星系中观测到的一些 X 射线爆发可能就是由这样的潮汐瓦解事件产生的。但像白矮星、中子星或质量较小的黑洞这样更致密的天体，则有可能承受得住潮汐效应。如果它们围绕超大质量黑洞越来越快地运转，这些在劫难逃的天体产生的引力波就可以被 LISA 探测到。这样的事件被称为"极端质量比例旋"（EMRI），因为贪婪的黑洞比它的下午茶点心要大得多。

问题是没有人知道极端质量比例旋的发生频率，估计值从每年零次到几千次不等。其中有太多未知数，比如超大质量黑洞的质量分布，星系核心区域致密天体的数量，精确的动力学等。也许致密天体最终不会绕着黑洞运行，而只是陷入沉睡。在此，LISA 的观测将再次为天文学家们提供答案。无论观察到的极端质量比例旋的发生频率如何，它都将揭示整个宇宙中的星系核心区域所发生的事情以及不会发生的事情。

对于银河系中的白矮双星来说，情况也是这样。正如你在第 5 章中读到的，每颗像太阳一样的恒星都会像白矮星那样结束自己的生命。白矮星和太阳质量相当，但体积却比地球大不了多少。由于银河系的大多数恒星都是双星或者多星系统的组成部分，你也会预期这里存在大量的白矮双星。如果它们足够近且快地绕转，就会不断地产生可被 LISA 探测到的爱因斯坦波。（如果它们位于其他星系，就可能因为距离太远而不能被探测到。）

在过去的几十年里，天文学家们发现了许多这样的系统。一颗特别有趣的白矮双星是 SDSS J065133.338+284423.37，简称 J0651。它位于双子座，距离地球约 3 500 光年。这两颗白矮星之间的距离只有 10 万千米左右，约为地球与月球之间距离的 1/4。它们每 12.75 分钟相互绕转一次，预计会产生频率为 2.6 毫赫兹的引力波，这恰好在 LISA 的可探测范围内。此外，天文学家们知道这一系统正在产生引力波：其轨道周期每年减少 0.29 毫秒。事实上，J0651 将成为 LISA 的检验源之一，和其他少数致密双星一样。

但是，没有人知道银河系中致密白矮双星的总数。LISA 计划进行一次普查，这会大大丰富我们关于双星演化的一般知识，尤其是白矮星的性质。

◎

接下来，你可能想知道 LISA 如何区分这些引力波波源，并获知它们各自的属性。发现孤立的事件对于 LISA 来说已经很难了，人们怎么可能理解数十个甚至数百个以各自的方式激荡时空的爱因斯坦波波源？如果 GW150914 是一个明显可辨的鞭子上的裂痕，那么遍布白矮双星的银河系就像一间吵闹的舞厅。难道你认为 LISA 探测器上的试验质量不会同时以不同的频率无规律地移动吗？

事实上，情况并没有这么糟糕。没错，大量同时产生的引力波信号会叠加在一起，但从看似混乱的波形中分解出正弦波成分还是比较容易的。其实，你的大脑一直在做这样的事情。你的耳膜同时接收到大量不同的声波，不过，你在区分人的声音、手机铃声和汽车的喇叭声方面没有任何问题。这只是一个数据分析问题。

有些波形当然更难辨识，原因很简单，即没人知道会发生什么。比如，宇宙学家们希望找到宇宙弦存在的证据。宇宙弦是奇怪的一维结构，具有很高的质量/能量密度，可能在宇宙中纵横交错。大爆炸理论预言了时空的拓扑缺陷，但没有人知道它们是不是真的存在，或者它们会产生什么样的引力波。无论如何，LISA 的数据库将成为天文学家、高能天体物理学家和宇宙学家们共同的信息宝藏。

在我看来，LISA 最了不起的用途之一是，它会提醒我们即将发生的黑洞碰撞。如果 LISA 在 2015 年就已投入使用，那么天文学家们将能提前知道 GW150914 出现的时间，且精确到几秒钟之内。而且，他们也会知道具体在什么位置寻找电磁对应体。所有地面上和太空中的望远镜都会监测这一灾难的发生地，看看是否会同时出现 X 射线、光学辐射或红外光。当然，每个人都会紧盯着 LIGO 控制室的电视屏幕。

这其实没有那么神奇。在两个恒星级黑洞相撞的前一刻，它们的轨道周期仅为几毫秒，这就是为什么它们会产生能被 LIGO 和 Virgo 探测到的高频引力波。但在这一宇宙事件发生前的几个月乃至几年时间里，它们的轨道周期要长得多，为几秒甚至几分钟。地基探测器无法观测到低频引力波，但LISA 可以，它能探测到数十亿光年远的引力波波源。

通过长期跟踪观测引力波波源，太空天文台得以在天空中进行三角测量。随后，大型地面光学望远镜可以尝试识别出双星系统所在的宿主星系，并确定其距离。同时，对波形的详细分析为天文学家们提供了有关这两个天体质量及其轨道演变的准确信息。早在它们碰撞和合并之前，就已经暴露了大部分秘密。当系统的轨道周期减少到只有几秒钟时，LISA 就无法再观测到它了。不过那时一台灵敏的地基干涉仪便会接手这项任务并见证合并阶段。

这只是一系列事情的开端。在世界各地的大学、研究所和实验室里，最聪明的头脑正在努力、热情地工作着，他们希望把 LISA 变为现实，并计划在 2031 年左右发射。从今天起大约十几年后，LISA 以及它的日本和中国版本，有可能彻底改变引力波天文学领域。

这并不意味着在接下来的十几年中就没有什么事情发生了。现在我们应该关注某些更迫在眉睫的事情，不是在太空中，而是在地面上，或者说在地面之下。

第16章　冲浪引力波天文学

在日本西部池野山深处的一个巨大山洞里，建筑工人正在建造一台大型激光干涉仪。KAGRA（神冈引力波探测器）的最初版本已于2016年3—4月建成并测试完毕。之后，开始安装该仪器的基准版本。额外的镜子，高大的悬挂系统，崭新的激光器，低温冷却装置……这是一项浩大的工程，人们希望能在2018年年底完工。如果不出现新的问题和阻碍，就没有问题。不过，在地下建造一台3千米的干涉仪谈何容易。

在此处往东约200千米的东京郊区，拉斐尔·弗拉米尼奥（Raffaele Flaminio）对该项目抱持乐观态度。问题确实不少，尤其是排出渗入洞穴和隧道的水，但它们都可以解决。弗拉米尼奥相信，KAGRA将于2019年与LIGO和Virgo联合起来，甚至更早一些。

弗拉米尼奥是一位意大利物理学家，也是日本国立天文台（NAOJ）引力波项目办公室主任。聘请一位意大利人做主任的好处是，他们的项目会议室里有美味的咖啡供应。弗拉米尼奥团队的办公地点位于一处美丽古迹中的一座丑陋的现代建筑里。在大泽丁目，走过一座小佛寺，可以看到古老的天文台建筑，周围有一座漂亮的日式花园，樱花盛开，美不胜收。周末，一些家庭会在这里野餐，但他们并不知道 20 年前这里是世界上最大的爱因斯坦波探测器所在地。[104]

这台探测器就是 TAMA 300 干涉仪[105]，建于 1997 年，早于 LIGO、Virgo 和 GEO600。当时它不仅是人类有史以来建造的最大引力波探测器原型机，也比约瑟夫·韦伯等人在 20 世纪六七十年代首创的共振棒探测器更灵敏。

弗拉米尼奥自 1990 年以来一直在为 Virgo 项目工作，他还主持了比萨东南部的 Virgo 干涉仪的建造和试运行工作。2004—2007 年，他担任欧洲万有引力天文台的副台长。那时，他多次参观 TAMA300，并爱上了这片土地。2013 年 9 月，弗拉米尼奥移居日本。

大型低温引力波望远镜（LCGT）的建造计划于世纪之交后不久首次被提交给日本政府。与此同时，LIGO 即将开始在汉福德和利文斯顿进行第一次观测，Virgo 则尚处于建设之中。许多人都意识到引力波天文学会有一个光明的未来，日本科学家也想在这个新领域中占有一席之地。他们的设想是在神冈矿山建造地下探测器，从而尽可能地消除低频振动噪声。而且，镜子会被冷却至非常低的温度水平（"低温"）以降低热噪声。由于温度极低，石英不再是镜面材料的最佳选择，改用超纯的合成蓝宝石水晶。

经历了多次失败的尝试，在菅直人就任日本首相后不久，该项目终于在 2010 年 6 月获批。但在建设工作启动之前，2011 年 3 月 11 日日本东北部的地震和随后发生的巨大海啸打断了这个计划。直到 2012 年，作为日本主要建筑公司之一的鹿岛公司才开始挖掘两条 3 千米的长隧道，即我们现在所知的 KAGRA。据弗拉米尼奥介绍，这项工作在两年内就完成了，是日本有史以来速度最快的挖掘项目。

与此同时，在附近的一个洞穴里，低温激光干涉天文台（CLIO）也在建造中。它是一台 100 米的原型机，用于测试低温镜面技术。KAGRA 真空系统于 2015 年完工，大部分的干涉仪设备在当年的晚些时候安装完毕。就在 LIGO 宣布发现 GW150914 的几周之后，第一代 KAGRA（或 iKAGRA）进行了第一次观测运行，尽管没有低温环境，也没有可以创造法布里 - 珀罗谐振腔以增加激光束的路径长度和功率的额外镜子。

⊚

　　从东京上野车站乘坐新干线"子弹列车"到富山，是一趟时长两小时的轻松之旅。抵达富山后，一辆早班车把我带到山上。沿着被薄雾覆盖的陡峭、杂草丛生的山路行驶，又是一趟时长 75 分钟的惊险之旅。我被告知在茂住邮局下车。茂住是岐阜市的一个小矿村，这里的采矿历史可以追溯到 8 世纪。

　　KAGRA 总部 [106] 位于一座可以俯瞰全村的新大楼内。日本国立天文台引力波项目办公室的麻生洋一（Yoichi Aso）带领我参观了小控制室，那里有一个时长 10 分钟的简单晨会，约 20 人参会。然后，他给了我一顶安全帽和一件荧光安全背心，然后我们开车行驶了大约 5 千米，来到峰顶下约 1 000 米的矿井入口。

　　神冈矿山在过去几十年里已经变成了一个多功能物理设施。1991 年，团队开始开凿一个巨大的山洞，它如今是超级神冈探测器 [107]——世界上最大的中微子探测器之一的家。它基本上是一个巨大的不锈钢罐，高 41.4 米，直径 39.3 米，装有 5 万吨超纯水。水罐的圆柱形内壁装有 11 000 根手动光电倍增管，每根管长约 50 厘米。它们记录下了由高能中微子与水分子的罕见相互作用所产生的微弱闪光。神冈天文台的其他地下物理实验还包括神光液体闪烁反中微子探测器（Kamland）和大质量粒子弱相互作用氙探测器（XMASS），它们正在寻找暗物质。

　　通过另一条水平隧道，麻生将我带到 KAGRA 干涉仪的中央区域，升级活动正在那里全面展开。这是一个令人印象深刻的场景：一个巨大的洞穴中充斥着明晃晃的真空罐、门式起重机、脚手架、叉车、带有巨大法兰螺栓的束管和电子架。粗犷的岩洞高科技设备之间形成了鲜明的对比，使得这里看起来像科幻电影中一些疯狂科学家的秘密地下实验室，非常超现实。

把引力波实验室建在地下的缺点也很明显。岩壁虽然已经过防尘涂层处理，但洞穴永远不如像 LIGO 或 Virgo 天文台的建筑那样干净。设备中最灵敏的部分都被安放在底部的"洁净室"——大型塑料超压帐篷里，过滤后的空气被输入进去。

一个更棘手的问题是水。任何洞穴学家都知道，洞穴是非常潮湿的。KAGRA 洞穴的相对湿度为 75%~100%。麻生解释说，山就像一块海绵，雨水通过山洞的墙壁和两条 3 千米长的隧道渗入观测站。由于地下水的压力，它甚至会通过隧道地面涌出。一个令人难以置信的事实是，平均每小时渗入约 500 吨水，这是神冈探测器体积的 1%。

图 16-1　2016 年 7 月，日本神冈引力波探测器的中央激光和真空设备区域的建设工作正在紧锣密鼓地进行。洞穴的墙壁已用防尘涂层处理过，并用塑料覆盖以防水滴落在设备上

麻生带我走到一条潮湿、昏暗隧道的末端。不锈钢束管可能不会受到太大影响，但是隧道地面积聚了一些小水坑，而且我可以清楚地听到滴水声。洞顶的某些部分被巨大的塑料布覆盖着。另外，为了便于排水，隧道不是完全水平的，而是倾斜了两度。因此，KAGRA 的镜面也必须略微倾斜，这又是

一项技术上的挑战。

洞穴中央的大部分墙壁也使用了塑料衬里。在这里，水也是主要的敌人。2015 年春天，这个问题尤为严重，山洞某些地方的地面积水达到 10 厘米，隧道地面也很潮湿。水从洞穴顶部滴落到洁净室，导致真空系统的安装工作不得不暂停几个月。那个冬天降雪很多，排水问题依然令人头疼。也许用炸药助隧道挖掘工作也增加了地下水渗出的压力。2016 年 7 月初我又一次参观了 KAGRA，这种情况有了大幅改善。

拉斐尔·弗拉米尼奥很清楚这个问题还没有得到完全控制。但他说，意大利大萨索山地下的粒子物理实验室也遇到过同样的问题。"施工刚刚结束，到处都是水。现在他们把这个问题解决了，我们肯定也能找到一个解决方案。"

基线 KAGRA（或 bKAGRA）探测器计划在 2018 年年底或 2019 年年初投入使用，届时将会有 4 台大型激光干涉仪一起工作。KAGRA 并不是 LIGO-Virgo 合作组织的正式组成部分，但未来其观测数据将会在美国、欧洲和日本的团队之间共享，以便进行联合分析。4 台探测器同时运行，可进一步降低误报率。而且，如果来自中子星或黑洞合并的爱因斯坦波被 4 台独立的仪器分别探测到，就可以以较高的精度确定事件在天空中的位置。

目前，印度正在建造第五台大型干涉仪。它被称为"LIGO-度"[108]，是 LIGO 项目的亚洲"前哨"。它的主要目标也是通过独立探测来提高引力波探测的可信度，并实现更好的波源定位。构建全球性的探测网络，一直是引力波国际委员会的一个主要工作目标。该委员会于 1997 年成立，旨在加强该领域的国际合作。2016 年 10 月初，位于孟买东部约 500 千米的兴格奥利镇附近的一个地方被选为印度干涉仪的台址。

印度引力波探测器项目可以追溯到 2009 年，当时物理学家们建立了印度引力波天文台组织（IndIGO）[109]。自 2011 年开始，他们就与 LIGO 组织讨论将美国的设备安置到印度。你可能还记得，汉福德 LIGO 天文台一开始的设计是建造两台独立的干涉仪：一台干涉臂长为 4 千米，一台干涉臂长为 2 千米。高新 LIGO 探测器也有同样的装配计划。如果第二台探测器能建在一个完全不同的地方作为第三个观测站显然更好，但这样成本也会更高。与此同时，印度原子能部和科技部——印度引力波探测器的主要资助机构——无力负担一个全尺寸的项目。那么，为什么不一起朝着 LIGO-印度的目标努力，可大致由印度政府为基础设施出资，由美国国家科学基金会为设备出资呢？

LIGO 和澳大利亚各所大学的物理学家们最初探讨过一个类似的合作项目，但是，澳大利亚政府决定优先支持平方千米阵射电天文台项目。2012 年夏天，美国国家科学基金会批准 LIGO 组织与印度合作。事实上，在我 2015 年 1 月参观汉福德 LIGO 天文台时，激光和真空设备区域不仅有高新 LIGO 的材料，还有大量将要运往印度的标有"备件"字样的大箱子，只等美国国家科学基金会点头同意了。

印度总理纳伦德拉·莫迪（Narendra Modi）于 2016 年 2 月 17 日批准了该项目，就在 GW150914 新闻发布会的 6 天之后。3 月 31 日，美国国家科学基金会主席克洛多瓦与印度代表签订了协议备忘录，LIGO-印度项目正式启动。最终，这台探测器将成为高新 LIGO 探测器的副本，干涉臂长 4 千米。LIGO-印度探测器有望于 2024 年投入运行。

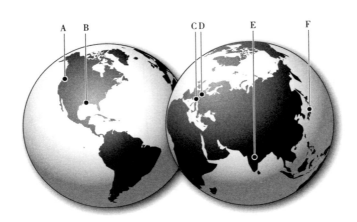

图 16-2　6 台地基激光干涉仪的位置图：正在运行的汉福德 LIGO（A）、利文斯顿 LIGO（B）、Virgo（C）和 GEO600（D），正在建设的 KAGRA（F），以及计划中的 LIGO-印度（E）

◎

预测是非常困难的，特别是关于未来的预测，丹麦科学家尼尔斯·玻尔如是说，他与阿尔伯特·爱因斯坦是同一时代的人。20 世纪 20 年代，这两位伟大的物理学家一直在争论现实的本质。他们不仅面对面讨论，还长时间通过信件交流。玻尔是量子物理学的先驱，而爱因斯坦对该理论的结论深表怀疑。他们都没有预见到，就在一个世纪以后，天文学家们会建立一个引力波探测的全球网络，以了解宇宙中的极端事件。通过爱因斯坦波研究黑洞碰撞，最终可能会揭示为什么爱因斯坦的广义相对论与量子场论在根本上是不相容的问题。

即使现在，我们也很难准确预测 21 世纪 20 年代中期引力波天文学的发展状况。到那时，5 台巨型探测器将会共同探测到时空中的微小涟漪。它们可能小到 10^{23} 分之一，仅持续几分之一秒到一分钟的时间。几十亿光年之遥的中子星和黑洞的碰撞、合并事件，我们很可能平均每星期就能探测到一次。5 台独立探测器上的信号到达时间之间的小差异，有助于我们对引力波的方向进行精确的三角测量；并通过快速跟踪观测对应体得到关于碰撞事件及其宿主星系的更多信息。同时，平方千米阵和其他射电天文台的脉冲星计时观测，将会揭示宇宙中超大质量黑洞碰撞产生的极低频爱因斯坦波背景。很多这种纳赫兹波都可以追溯到较为邻近星系中的怪异双星。对宇宙微波背景辐射的偏振测量可能会帮助我们发现大爆炸后的一瞬间产生的原始引力波的"指纹"。

这些都是爱因斯坦波天文学的"预期成果"。但是，我为写作这本书而采访的几乎所有科学家都强调，意想不到的结果可能是最具革命性和震撼力的。这就是探索科学的伟大之处：你无法预知你将发现什么。过去的经验表明，开辟一个新的研究领域总是会带来很大的惊喜。我们没有理由认为引力波天文学会成为第一个例外。

天文学有时被描述为最古老的科学。毕竟，我们远古的祖先已经开始观看星星，并追踪太阳、月亮和行星的运动了。但有时，我又觉得天文学才刚刚起步。几千年来，我们对宇宙的认知完全取决于我们用肉眼看到的东西。直到最近 4 个世纪，在汉斯·利伯希（Hans Lipperhey）发明望远镜后，天文学才真正开始蓬勃发展。在这 400 年的历程中，对恒星的研究推动革命性见解的更替，使新发现和技术上的突破成为可能，最终带来了航天和数字革命。

从威廉·赫歇尔 1800 年发现红外光，到观测高能伽马射线的太空望远镜的发射，一个反复出现的重要主题开启了电磁波谱中未被发现的新部分。今天，我们不再受限于人眼有限的敏感度，也不再受地球大气吸收长波辐射的影响。这是有史以来第一次，我们能够欣赏到辉煌多样的宇宙全景。

我喜欢比较传统的、望远镜发明前的天文学，它被监禁在地球上最壮观的景观之一的建筑物中。建筑物东面的墙上只有一条狭窄的裂缝，为我们提供了一个非常有限的外部世界景象。我们唯一能够辨认出来的就是前景中的草地或平原、远处山坡上的几棵树，以及蓝天上的白云。这可以让我们大致了解外面的世界有些什么，但肯定是很不完整的。这就是可见波段天文学。

探索电磁波谱的其他部分就像在墙上制造更多裂缝。不仅是狭窄的裂缝，还有大窗户。突然间，我们发现了南边令人印象深刻的瀑布、西边的活火山区域，还有河流、雪山和翻滚的乌云。我们有限的"狭缝视角"无疑仍然是这幅令人难忘的风景画不可分割的一部分，但我们第一次尝试了解它是如何融入我们新发现的景象的。于是，一切都开始变得意义非凡。

红外天文学让我们有机会深入气体云和尘埃的内部，解开恒星和行星诞生的秘密。紫外线天文学揭示了星系团内介质的存在，并向我们介绍了银河系中最热恒星的物理学原理。毫米波天文学让我们意识到大爆炸微弱余辉的存在，并为我们提供了有关星系起源和行星形成的线索。借助射电天文学，我们能够绘制出整个宇宙中的中性氢原子——最常见的宇宙组成成分，还认识了脉冲星和类星体等奇异天体。最后，X 射线和伽马射线天文学为我们了解时常发生恒星爆炸、星系碰撞、黑洞合并的炽热而激烈的宇宙打开了一扇窗户。

对新领域的探索一次又一次地为我们带来了意想不到的发现和革命性的见解。所以，引力波天文学只会给我们更多的理由期待惊喜的出现。因为我们不仅拓宽了宇宙视野，还拥有了一种研究宇宙的全新手段。

引力波物理学家伯纳德·舒茨（Bernard Schutz，1995—2014 年担任德国爱因斯坦研究所所长，现工作于英国卡迪夫大学）[110] 在对科学家、普通听众和学校孩童的生动演讲中，将今天的天文学与聋人在丛林中漫步进行了类比。他环顾四周，看到了树木、蕨类植物、藤蔓、昆虫、鸟类、蛇和猴子。如果他是一个细心的观察者，他会学到很多关于周围环境的知识甚至可能误以为他知道几乎所有的知识。

但是，一个仙女用魔法恢复了他的听力。突然之间，他被新信息所淹没，得到了一种全新的体验。丛林里的声音——鸟鸣声、树叶的沙沙作响声、树枝的断裂声等——为他能看到的东西提供了更多的额外信息。而且，听力也为他提供了有关视力看不到的东西的知识，比如一千米外树木倒下所发出的雷鸣般的撞击声，或者远处正在捕食的动物所发出的咆哮声。

舒茨说："我们的宇宙是一个充满'野生动物'的丛林。有了引力波，我们才第一次听到它们的声音。"引力波天文学通常被描述为"倾听"宇宙的一种方式。当然，爱因斯坦波与声音无关，尽管如此，这仍然是一个强有力和有价值的比喻。这一新领域的真正用途，实际上是发现根本无法通过研究电磁辐射观测到的天体和事件。引力波是新的宇宙信使，它有新故事要讲述。

人们希望，研究时空的微小振动也会有助于解开宇宙的一些不可思议的奥秘。比如，天文学家们已经找到了大量暗物质存在的间接证据。我们看不到暗物质，甚至不包含正常的原子和分子，但我们可以检测它的重力。星系的旋转速度比你基于可见物质的预期要快得多，星系团的速度也是这样。此外，由星系团产生的引力透镜效应（由星系团引力造成的星光偏折）只在周围有很多暗物质的情况下才能被解释。但问题是，没有人知道暗物质的性质，尽管粒子物理学家和宇宙学家等都付出了巨大的努力，但至今还没有发现暗物质的踪迹。

第二个重大谜题是暗能量。对宇宙膨胀历史的研究表明，太空已经加速增长了50亿年左右。常识告诉你，由于星系之间的引力，其扩张速度应该会减慢。但相反的是，它在加速膨胀。物理学家能够给出的唯一可能的解释是，空间中存在一种神秘的"排斥"能量。这个概念并不是全新的，它有点儿符合量子理论，爱因斯坦也在哈勃发现宇宙膨胀之前就在自己的方程中引入了一种类似于暗能量的"宇宙常数"。但是，暗能量只是人们的猜测。

当你意识到暗物质和暗能量共计占宇宙总质量/能量密度的96%时，问题的严肃性就显而易见了。换句话说，我们只知道宇宙里很少的4%，其余部分还是一个谜。而且，似乎没有简单的解决方法。对宇宙微波背景辐射和宇宙结构的详细研究都指向了同样的结论：除非宇宙的演化受到暗物质和暗能量的神秘力量支配，否则我们将无法理解宇宙。

引力波天文学未来的发展可能会提供更多线索，特别是关于暗能量。广义相对论可以准确地预测由致密天体碰撞产生的引力波振幅。根据观测到的波形，我们可以很容易地计算出两个合并天体的质量。接下来，广义相对论会告诉你爱因斯坦波的原始振幅。通过将这个值与地球上的探测器测得的更小振幅做比较，可以很容易地计算出这次合并事件的距离。

如果对应体搜寻工作确定了这次合并事件所在的宿主星系，光学望远镜就可以测定星系红移。正如我们在第9章所看到的，星系红移可用于衡量星系光线到达地球的时间。这样一来，我们就有可能将红移测量和星系距离估计结合起来，并用于大量星系。这将揭示宇宙膨胀的历史：任何减速或加速都将偏离距离和红移之间的线性关系。获得有关宇宙膨胀历史的详细知识，是深入了解暗能量的重要途径。

实际上，1998年关于暗能量存在的第一个间接证据，或多或少是以类似的方式发现的。天文学家们研究了一种特殊类型的超新星（所谓的"Ia型超新星"）爆发，它的真实能量输出是已知的。这类天体被称为"标准烛光"。

测量超新星的视星等可以得出有关距离的信息，然后可以将其与宿主星系的红移进行比较。这种方法的潜在问题之一是，遥远恒星爆炸的视星等也可能受到其他影响，比如星系尘埃。然而，对于引力波来说，所见即所得。宇宙对于时空涟漪是完全透明的，所以观测到的振幅可以很容易被转化为真实的距离。如果 Ia 型超新星是标准烛光，引力波就可以被描述为标准汽笛。

关于揭开暗物质的奥秘，爱因斯坦波的作用就不那么明显了。但是，未来对超大质量黑洞合并或者致密天体陷入黑洞所产生的引力波的探测，可能有助于我们了解宇宙历史中各个时期星系的聚集情况。结合对宇宙膨胀历史的更好了解，就可以得出有关暗物质空间分布的更详细信息，甚至是这些神秘物质的真实性质。

最后，物理学家们期待用新方法来验证爱因斯坦的广义相对论。引力波研究可以告诉他们在极端情况下物质和时空的行为，比如黑洞周围的强引力场，极端质量比例旋的观测结果尤其会包含大量关于所谓"强引力场环境"的有用信息。正如我之前提到的那样，广义相对论与量子场论是不相容的，所以大家期望这两个理论中至少有一个会在某个时刻站不住脚。它们不可能都是完全正确的。但最大的问题是，这两者中的一个何时何地将会出现第一道裂痕，以及物理学家们将如何修复它们。未来的引力波探测可能会为我们引路。

一些理论学家甚至怀疑，上述所有问题都是相互关联的。修正牛顿动力学（MOND）理论的拥护者认为，暗物质在很大程度上可能是我们对引力的误解所造成的幻觉。其他人则希望，真正的量子引力理论能够自动解决暗能量和宇宙加速膨胀的谜题。几乎所有人都相信，广义相对论和量子理论将帮助我们理解诸如黑洞、大爆炸和多重宇宙等神秘概念。在所有可能的频率上和宇宙的每一个角落中研究爱因斯坦波——可谓聆听丛林——是我们理解宇宙基本属性的下一个重要步骤。2015 年 9 月 14 日第一次直接探测到引力波，标志着天文学历史翻开了一个全新的篇章。

正如第 15 章所述，在太空中构建一台巨大的激光干涉仪将是引力波天文学领域一个非常重要的新发展。但并非所有的进程都将在地球大气层之外发生。LISA 只对低频波段的引力波敏感，这基本上是由它几百万千米的巨型规模决定的。为了持续监测中子星和黑洞合并最后阶段的高频波，小型仪器始终是必要的。从现在开始的 15 年或 20 年后，LIGO、Virgo、KAGRA 可能会被新一代地基探测器所取代。

在升级到高新 Virgo 之前，欧洲科学家就提出了第三代干涉仪的想法，被称为"ET"（爱因斯坦望远镜）[111]。就像 KAGRA 一样，ET 也有低温冷却镜面。它也与 LISA 一样有三角形布局，但臂长为 10 千米。它总共包含 6 台干涉仪，每个顶点都有激光器、分光器、反射镜和光探测器。6 台干涉仪中的 3 台（每个顶点一台）将对频率为 2–40 赫兹的引力波敏感，另外 3 台则对更高频率的引力波敏感。

由于欧洲人口密集，科学家很难为这样大型的探测器找到一个好台址，所以计划将其建在地下的洞穴或隧道中。这样做的额外好处是，地下探测器受低频震动噪声的影响较小。由于其臂长较长、噪声水平较低，而且是低温镜面，所以 ET 要比高新 Virgo 的敏感度高出几十倍。因此，它将能够探测到可观测宇宙中的所有中子星和黑洞并合，直至 130 亿光年远的距离。

2010—2011 年，在欧盟委员会"第七框架计划"的资金支持下，这一雄心勃勃的项目完成了初步设计。ET 已经被欧洲天体粒子物理研究网（ASPERA）推选为欧洲 7 类天体粒子物理项目之一。它可能将在 21 世纪 30 年代初投入运行，即 LISA 发射前夕。

当然，并不只是欧洲在考虑设计建造下一代探测器。2013 年，在意大利厄尔巴岛举办的一场引力波探测器研讨会上，一个美国科学家小组提出了一个更大的地基仪器计划：长超低噪声引力波天文台（LUNGO）。麻省理工学院的马特·埃文斯（Matt Evans）说，这个计划源自会议前一天的深夜谈话，然后他们就匆匆忙忙地为第二天的会议制作了一个幻灯片。[112]

自那时起，这个计划获得了相当多的动力。它现在的名字是"宇宙探索者"（Cosmic Explorer），另一个名字是"超级 LIGO"，因为它与 LIGO 都是 L 形，但它的干涉臂长 40 千米，而不是 4 千米。装配了低温冷却的镜子，"宇宙探索者"将比 ET 更灵敏。而且美国还有很多广阔的空地，所以它没有必要进入地下。据埃文斯说，内华达州卡森市东部的盐滩（以汽车和摩托车比赛闻名）是一个绝佳位置。当然，还有很多其他的选择。"在 2016 年高新探测器研讨会期间的一次深夜交谈中，我们甚至考虑过在海上建造'宇宙探测器'的可能性。"埃文斯说，"也许这并不疯狂。"

要把 Virgo 和 LIGO 放大到原来的 3—10 倍，显然所需的预算也会大幅增加。ET 和宇宙探索者的成本估计为 10 亿美元，与其他大型科学设施的造价相当，比如阿塔卡马大型毫米波 / 亚毫米波阵列、平方千米阵，以及欧洲极大望远镜（E-ELT）。大规模的国际合作可能是实现这些雄心勃勃的目标不可或缺的。在理想情况下，未来将形成一个第三代探测器的世界性网络[113]，可能包括欧洲的大三角形探测器、美国的 L 形干涉仪，还有南半球的另一台 L 形干涉仪。也许最新一台干涉仪会在西澳洲建成，毕竟珀斯的澳大利亚国际引力研究中心（AIGRC）仍然是 LIGO 科学合作组织的一个非常活跃的成员，尽管在 21 世纪初，一个小型的澳大利亚—LIGO 计划被搁置。

那么，ET 的位置呢？这在几年之内可能不会被选定。然而，参与该项目的一些科学家确实有自己的偏好。荷兰国家核物理和高能物理研究所的物理学家乔·凡登·布兰德（Jo van den Brand）出生于该国的东南部，接近荷兰、比利时和德国的交汇处。该地区因 20 世纪的煤矿开采活动而闻名，布兰德认为这是建造 ET 的理想地点。振动测试的结果显示地下的岩石结构非常稳定。与此同时，由风积粉土组成的黄土层是阻止表面振动的非常好的绝缘体。

匈牙利、西班牙和意大利撒丁岛的一些地方也在考虑范围之内，但爱因斯坦研究所倾向于选择荷兰—德国的边境地区。作为一名荷兰人，我觉得这很令人兴奋。

人类对宇宙的理解是一项永无止境的探索。科学的伟大之处就在于，每一个答案都会引发新问题，对更多更深层次知识的追求永远不会止步。寻找引力波是科学探索的教科书式范例，从最初的理论预测到第一次成功的直接探测，已经整整跨越了100年的时间。它一直是自信的先驱和执着的科学家的无常冒险：梦想与噩梦、挫折与成功、技术的挑战，以及坚定不移的激情和动力。

爱因斯坦说过："深入自然界，你就会更好地理解一切。"引力波天文学给我们的感觉亦如此，我们已经学会了在时空涟漪上冲浪。这一旅程远未结束，它才刚刚开始。

致谢

———

感谢以下科学家给了我采访他们的机会（无论是面对面采访还是电话采访）并作为本书调研的一部分：布鲁斯·艾伦、巴里·巴里什、埃里克·贝尔姆、乔伊·塞奇拉（Joan Centrella）、惠特尼·卡尔文、哈里·柯林斯（Harry Collins）、弗兰茨·克洛多瓦、卡斯滕·丹兹曼、马可·德拉戈、阿娜玛利亚·艾弗勒、马特·埃文斯、弗朗西斯·艾维特、拉斐尔·弗拉米尼奥、彼得·弗里切尔（Peter Fritschel）、尼尔·格瑞斯、乔·吉亚米、加布里拉·冈萨雷斯、保罗·格鲁特、文森特·艾克（Vincent Icke）、杰玛·扬森（Gemma Janssen）、曼西·卡斯利瓦（Mansi Kasliwal）、约翰·科瓦克、劳伦斯·克劳斯、阿维·勒布、杰斯·麦基弗（Jess McIver）、毛拉·麦克劳林（Maura McLaughlin）、保罗·麦克纳马拉、海斯·奈里蒙斯、斯特尔·菲尼（Stirl Phinney）、茨维·皮兰（Tsvi Piran）、克里斯廷·普利亚姆、弗雷德里克·拉布、克里斯蒂安·赖卡特（Christian Reichardt）、戴维·瑞兹、让－保罗·理查德（Jean-Paul Richard）、戴维·舒梅克、艾拉·索普（Ira Thorpe）、弗吉尼亚·特林布尔、安东尼·泰森、乔·凡登·布兰德、克里斯·凡登·布勒克（Chris Van den Broeck）、尤容·凡·登根（Jeroen van Dongen）、艾伦·温斯坦（Alan Weinstein）、乔尔·韦斯伯格、雷纳·韦斯和斯坦·惠特科姆。同样感谢以下各位对一些章节初稿的有益意见：迪克·凡·德尔夫特（Dick van Delft）和尤容·凡·登根（第1章）、乔尔·韦斯伯格（第6章）、乔伊斯·凡·赫宁根（Joris van Heijningen）、戴维·舒梅克（第7章和第8章）、加布里拉·冈萨雷斯（第11章）、海斯·奈里蒙斯（第12章）、杰玛·扬森（第13章），以及保罗·麦克纳马拉（第15章）。少数匿名评论者深思熟虑的评论帮我进一步完善了书稿。最后，感谢马丁·里斯男爵为这本书作序。

注释及延伸阅读

一

第1章

1　The movie *Interstellar,* directed by Christopher Nolan and starring Matthew McConaughey, Anne Hathaway, Jessica Chastain, and Michael Caine, was distributed in North America by Paramount Pictures and released in the United States on November 5, 2014.

2　A great overview of the history of astronomy is Timothy Ferris, *Coming of Age in the Milky Way* (New York: William Morrow & Co., 1988).

3　A good general and up-to-date introduction to the universe is Neil deGrasse Tyson, Michael A. Strauss, and J. Richard Gott, *Welcome to the Universe: An Astrophysical Tour* (Princeton, NJ: Princeton University Press, 2016).

4　See Albert Einstein, *Relativity: The Special and the General Theory* (London: Methuan & Co., 1920, originally published in German in 1916); George Gamow, *Mr. Tompkins in Wonderland* (Cambridge: Cambridge University Press, 1940); Eva Fenyo, *A Guided Tour through Space and Time* (Upper Saddle River, NJ: Prentice-Hall, 1959), and Kip S. Thorne, *Black Holes and Time Warps: Einstein's Outrageous Legacy* (New York: W.W. Norton & Co., 1994). A classic and humorous introduction to higher dimensions is Edwin Abbott Abbott, *Flatland: A Romance of Many Dimensions* (London: Seeley & Co., 1884).

5　Kip Thorne, *The Science of Interstellar* (New York: W.W. Norton & Co., 2014). See also Oliver James, Eugenie von Tunzelmann, Paul Franklin, and Kip S. Thorne, "Visualizing Interstellar's Wormhole,"

American Journal of Physics 83, no. 486 (2016) (doi: 10.1119/1.4916949) and, by the same authors, "Gravitational Lensing by Spinning Black Holes in Astrophysics, and in the Movie *Interstellar*," *Classical and Quantum Gravity* 32, no. 6 (2015) (doi: 10.1088/0264-9381/32/6/065001).

第2章

6   More about the Wall Poems of Leiden can be found here: http://www.muurgedichten.nl/wallpoems.html. The website for Museum Boerhaave, Leiden, the Netherlands, is http://www.museumboerhaave.nl/english.

7   I visited the depot of Museum Boerhaave in Leiden on April 7, 2016.

8   The movie of Apollo 15 astronaut David Scott dropping a feather and a hammer on the Moon can be found here: https://www.youtube.com/watch?v=KDp1tiUsZw8

9   The discovery of Neptune is described in Tom Standage, *The Neptune File* (London: Penguin Books, 2000).

10   Urbain Le Verrier's hunt for an intramercurial planet is described in Thomas Levenson, *The Hunt for Vulcan . . . And How Albert Einstein Destroyed a Planet, Discovered Relativity, and Deciphered the Universe* (New York: Random House, 2015).

11   The collected papers of Albert Einstein can be found here: http://einsteinpapers.press.princeton.edu

There are numerous biographies about Albert Einstein. One of the most comprehensive is by Abraham Pais, *Subtle Is the Lord: The Science and Life of Albert Einstein* (Oxford: Oxford University Press, 1982). Another great Einstein biography is Dennis Overbye, *Einstein in Love: A Scientific Romance* (New York: Viking Penguin, 2000). See also Brian Greene, *The Fabric of the Cosmos: Space, Time, and the Texture of Reality* (New York: Alfred A. Knopf, 2004).

第3章

12   I interviewed Francis Everitt at Stanford University, California, on June 20, 2016.

13   Gravity Probe B: http://einstein.stanford.edu

14   More on Arthur Eddington's eclipse expedition of 1919 can be found in Peter Coles, "Einstein, Eddington and the 1919 Eclipse," *Proceedings*

of International School on "The Historical Development of Modern Cosmology," Valencia 2000, ASP Conference Series (https://arxiv.org/abs/astro-ph/0102462).

15 Gaia mission: http://sci.esa.int/gaia

More on testing general relativity can be found in Amanda Gefter, "Putting Einstein to the Test," *Sky & Telescope* 110, no. 1 (July 2005): 33. See also Clifford M. Will, *Was Einstein Right? Putting Relativity to the Test* (New York: Basic Books, 1986; 2nd edition, 1993), and, by the same author, "Was Einstein Right? Testing, Relativity at the Centenary," *Annals of Physics* 15, no. 1–2 (January 2006): 19–33 (doi: 10.1002/andp.200510170).

第4章

16 I interviewed Tony Tyson at the University of California at Davis on June 20, 2016.

17 Dick Garwin is portrayed in Joel Shurkin, *True Genius: The Life and Work of Richard Garwin* (New York: Penguin Random House, 2017).

Joe Weber's early work on the detection of gravitational waves is described in Marcia Bartusiak, *Einstein's Unfinished Symphony: The Story of a Gamble, Two Black Holes, and a New Age of Astronomy* (New Haven: Yale University Press, 2017), and in Janna Levin, *Black Hole Blues and Other Songs from Outer Space* (New York: Alfred A. Knopf, 2016). A thorough introduction to the history of gravitational wave physics is Daniel Kennefick, *Traveling at the Speed of Thought: Einstein and the Quest for Gravitational Waves* (Princeton, NJ: Princeton University Press, 2007). A very detailed account of the origins of gravitational wave research, including Joe Weber's experiments, is Harry Collins, *Gravity's Shadow: The Search for Gravitational Waves* (Chicago: University of Chicago Press, 2004).

第5章

18 *Cosmos: A Personal Voyage* is a thirteen-part TV series written by Carl Sagan, Ann Druyan, and Steven Soter and directed by Adrian Malone. It was first broadcast by PBS between September 28 and December 21, 1981. The title of this chapter is also the title of the ninth episode. See the book as well: Carl Sagan, *Cosmos* (New York: Random House, 1980).

A good introduction to stellar evolution is James B. Kaler, *Cosmic Clouds: Birth, Death, and Recycling in the Galaxy* (New York: W.H. Freeman & Co., 1996); see also Kaler, *Stars and Their Spectra: An Introduction to the Spectral Sequence* (Cambridge: Cambridge University Press, 1989; 2nd edition, 2011), and Kaler,

Heaven's Touch: From Killer Stars to the Seeds of Life, How We Are Connected to the Universe (Princeton, NJ: Princeton University Press, 2009). A detailed but accessible introduction to neutron stars is Werner Becker, ed., *Neutron Stars and Pulsars* (New York: Springer, 2009).

第6章

19　Jocelyn Bell's own story on the discovery of pulsars can be read here: http://www.bigear.org/vol1no1/burnell.htm

20　Arecibo Observatory: http://www.naic.edu

21　I interviewed Joel Weisberg by telephone on August 2, 2016.

22　Nobel Prize in Physics 1993: https://www.nobelprize.org/nobel _prizes/physics/laureates/1993; Nobel Prize in Physics 1974: https://www.nobelprize.org/nobel_prizes/physics/laureates /1974

23　Marta Burgay et al., "An Increased Estimate of the Merger Rate of Double Neutron Stars from Observations of a Highly Relativistic System," *Nature* 426 (4 December 2003): 531–533 (doi: 10.1038/ nature02124).

24　Freeman Dyson's prediction of the production of gravitational waves by coalescing neutron stars was published in A. G. W. Cameron, ed., *Interstellar Communication. A Collection of Reprints and Original Contributions* (New York: W.A. Benjamin, 1963).

25　Joel M. Weisberg, Joseph H. Taylor, and Lee A. Fowler, "Gravitational Waves from an Orbiting Pulsar," *Scientific American* 245, no. 4 (October 1981): 74–82 (doi: 10.1038/ scientificamerican1081-74).

A good introduction to pulsars is Geoff McNamara, *Clocks in the Sky: The Story of Pulsars* (New York: Springer, 2008). See also Duncan R. Lorimer, "Binary and Millisecond Pulsars," *Living Reviews in Relativity*, 8 (2005): 7 (doi: 10.12942/lrr-2005-7).

第7章

26　My visit to the LIGO Livingston Observatory in Louisiana in the spring of 1998 was funded by the Dutch weekly magazine *Intermediair*.

27　I visited the LIGO Hanford Observatory (Washington) and interviewed Frederick Raab on January 14, 2015.

28   More on laser interferometry: https://www.ligo.caltech.edu/page
      /ligo-gw-interferometer. A nice movie by Marco Kraan of the
      Dutch National Institute for Subatomic Physics (Nikhef) on laser
      interferometry can be found here: https://www.youtube.com/watch
      ?v=h_FbHipV3No

第8章

29   I interviewed Rai Weiss in Seattle on January 6, 2015 and by tele-
      phone on June 29, 2016.

30   Interview with Rai Weiss by Shirley Cohen, Caltech Oral History
      Project: http://oralhistories.library.caltech.edu/183/1/Weiss_OHO.pdf

31   Rainer Weiss, "Electronically Coupled Broadband Gravitational
      Antenna," *Quarterly Progress Report,* Research Laboratory of Elec-
      tronics (MIT), no. 105 (1972): 54 (http://www.hep.vanderbilt.edu
      /BTeV/test-DocDB/0009/000949/001/Weiss_1972.pdf)

32   Cosmic Background Explorer (COBE): http://science.nasa.gov
      /missions/cobe. See also Charles W. Misner, Kip S. Thorne, and
      John Archibald Wheeler, *Gravitation* (New York: W.H. Freeman &
      Co., 1973).

33   Paul Linsay, Peter Saulson, Rainer Weiss, and Stan Whitcomb,
      A Study of a Long Baseline Gravitational Wave Antenna System
      (the LIGO Blue Book) (National Science Foundation: 1983)
      (https://dcc.ligo.org/public/0028/T830001/000/NSF_bluebook
      _1983.pdf).

34   Rochus E. Vogt, Ronald W. P. Drever, Kip S. Thorne, Frederick J.
      Raab, and Rainer Weiss, *A Laser Interferometer Gravitational-Wave
      Observatory: Proposal to the National Science Foundation* (California
      Institute of Technology, December 1989) (https://dcc.ligo.org
      /public/0065/M890001/003/M890001-03%20edited.pdf).

35   I interviewed Tony Tyson at the University of California at Davison
      June 20, 2016.

36   I interviewed Barry Barish at the California Institute of Technology
      in Pasadena on June 22, 2016.

37   Interview with Barry Barish by Shirley Cohen, Caltech Oral
      History Project: http://oralhistories.library.caltech.edu/178/1
      /Barish_OHO.pdf

38   I visited the Virgo detector at the European Gravitational
      Observatory in Santo Stefano a Macerata, near Pisa, Italy, and
      interviewed Federico Ferrini on September 22, 2015.

39 I visited the Albert Einstein Institute in Hannover, Germany, and interviewed Karsten Danzmann and Bruce Allen on August 4 and 5, 2016.

40 I visited the GEO600 detector in Ruthe, near Hannover, Germany, on February 9, 2015.

Website of LIGO: https://www.ligo.caltech.edu. Website of the LIGO Scientific Collaboration: http://ligo.org. Website of Virgo: http://public.virgo -gw.eu/language/en. Website of the European Gravitational Observatory (EGO): http://www.ego-gw.it. Website of GEO600: http://www.geo600.org. The history of LIGO is described in Marcia Bartusiak, *Einstein's Unfinished Symphony: The Story of a Gamble, Two Black Holes, and a New Age of Astronomy* (New Haven: Yale University Press, 2017). See also Harry Collins, *Gravity's Shadow: The Search for Gravitational Waves* (Chicago: University of Chicago Press, 2004), and Janna Levin, *Black Hole Blues and Other Songs from Outer Space* (New York: Alfred A. Knopf, 2016).

第9章

See the following books for more information: Joseph Silk, *The Big Bang* (New York: W.H. Freeman & Co., 1980; 3rd edition, 2001); Simon Singh, *Big Bang: The Most Important Scientific Discovery of All Time and Why You Need to Know about It* (New York: Fourth Estate, 2004); George Smoot and Keay Davidson, *Wrinkles in Time: The Imprint of Creation* (London: Little, Brown and Company, 1993), and Dennis Overbye, *Lonely Hearts of the Cosmos: The Story of the Scientific Quest for the Secret of the Universe* (New York: HarperCollins, 1991).

第10章

41 My visit to McMurdo Station and the Amundsen-Scott South Pole Station on Antarctica in December 2012 was organized and funded by the National Science Foundation, as part of their Antarctic Journalist Program.

42 E and B Experiment (EBEX): http://groups.physics.umn.edu /cosmology/ebex

43 IceCube: https://icecube.wisc.edu. South Pole Telescope: https:// pole.uchicago.edu

44 Background Imaging of Cosmic Extragalactic Polarization (BICEP): http://bicepkeck.org

45 Cosmic Background Explorer (COBE): http://science.nasa.gov /missions/cobe

46　Wilkinson Microwave Anisotropy Probe (WMAP): http://science.nasa.gov/missions/wmap. Planck: http://sci.esa.int/planck. Nobel Prize in Physics 2006: https://www.nobelprize.org/nobel_prizes/physics/laureates/2006

47　I visited the Llano de Chajnantor and the Atacama Large Millimeter / submillimeter Array (ALMA) (http://www.almaobservatory.org) in northern Chile in 1998 (facilitated by the National Radio Astronomy Observatory, NRAO), 1999 (sponsored by the European Southern Observatory, ESO), 2004, 2007 (funded by ESO and the Dutch Research School for Astronomy, NOVA), 2010, 2012 (sponsored by ESO), 2013 (sponsored by ESO), and in 2015 and 2017 (both as a tour guide for the Dutch monthly magazine *New Scientist*).

48　Atacama Cosmology Telescope (ACT): http://act.princeton.edu

49　BICEP2 press conference at the Harvard-Smithsonian Center for Astrophysics on March 17, 2014: https://www.youtube.com/watch?v=Iasqtm1prlI

50　I interviewed John Kovac by telephone on June 30, 2016; I interviewed Christine Pulliam by telephone on July 1, 2016.

51　The video of Chao-Lin Kuo bringing the BICEP2 news to Andrei Linde and his wife Renata Kallosh is here: https://www.youtube.com/watch?v=ZlfIVEy_YOA

52　BICEP2 science meeting at the Harvard-Smithsonian Center for Astrophysics on March 17, 2014: https://www.youtube.com/watch?v=0n9NPvEbJr0. P. A. R. Ade et al. (BICEP2 / Keck and Planck Collaborations), "Joint Analysis of BICEP2 / Keck Array and Planck Data," *Physical Review Letters* 114 (2015): 101301 (doi: 10.1103/PhysRevLett.114.101301).

For more information, see Alan H. Guth, *The Inflationary Universe: The Quest for a New Theory of Cosmic Origins* (New York: Basic Books, 1998).

第11章

53　I interviewed Marco Drago by telephone on July 11, 2016.

54　I interviewed Stan Whitcomb at the California Institute of Technology in Pasadena on June 23, 2016.

55　I interviewed Gabriela González in Zürich, Switzerland, on

September 7, 2016; I interviewed David Reitze in Amsterdam, the Netherlands, on March 2, 2016.

56 I interviewed Lawrence Krauss by telephone on July 29, 2016.

57 The two major blind injections in the LIGO and Virgo data are described in much detail in Harry Collins, *Gravity's Ghost and Big Dog: Scientific Discovery and Social Analysis in the Twenty-First Century* (Chicago: University of Chicago Press, 2011). More on blind injections can be found here: http://www.ligo.org/news /blind-injection.php

58 I interviewed Whitney Clavin at the California Institute of Technology in Pasadena on June 22, 2016.

59 More on the discovery of GW150914: *LIGO Magazine* 8 (March 2016) (http://www.ligo.org/magazine/LIGO-magazine -issue-8.pdf). B. P. Abbott et al. (LIGO Scientific Collaboration and Virgo Collaboration), "Observation of Gravitational Waves from a Binary Black Hole Merger," *Physical Review Letters* 116 (2016): 061102 (doi: 10.1103/PhysRevLett.116.061102).

60 Joshua Sokol, "Latest Rumour of Gravitational Waves Is Probably True This Time," *New Scientist,* February 8, 2016 (https://www .newscientist.com/article/2076754-latest-rumour-of-gravitational -waves-is-probably-true-this-time).

61 GW150914 press conference at the National Press Club, Washington, DC: https://www.youtube.com/watch?v=aEPIwEJmZyE

62 I interviewed France Córdova by telephone on June 28, 2016.

63 Special Breakthrough Prize in Fundamental Physics 2016: https://breakthroughprize.org/News/32. 2016 Gruber Foundation Cosmology Prize: http://gruber.yale.edu/cosmology/press/2016 -gruber-cosmology-prize-press-release. Shaw Prize in Astronomy 2016: http://www.shawprize.org/en/shaw.php?tmp=3&twoid =102&threeid=254&fourid=476. 2016 Kavli Prize in Astrophysics: http://www.kavliprize.org/prizes-and-laureates/prizes /2016-kavli-prize-astrophysics. 2016 Amaldi Medal: http://public .virgo-gw.eu/adalberto-giazotto-guido-pizzella-share-amaldi -medal

Two recent books that also cover the first direct detection of gravitational waves are Harry Collins, *Gravity's Kiss: The Detection of Gravitational Waves* (Cambridge, MA: MIT Press, 2017), and Marcia Bartusiak, *Einstein's Unfinished Symphony: The Story of a Gamble, Two Black Holes, and a New Age of Astronomy* (New Haven: Yale University Press, 2017).

第12章

64 The movie of the merging black holes that produced GW150914 is here: https://www.youtube.com/watch?v=Zt8Z_uzG7lo

65 B. P. Abbott et al. (LIGO Scientific Collaboration and Virgo Collaboration), "Astrophysical Implications of the Binary Black Hole Merger GW150914," *Astrophysical Journal Letters* 818 (2016): L22 (http://iopscience.iop.org/article/10.3847/2041-8205/818/2/L22). See also B. P. Abbott et al. (LIGO Scientific Collaboration and Virgo Collaboration), "Properties of the Binary Black Hole Merger GW150914," *Physical Review Letters* 116 (2016): 241102 (doi: 10.1103/PhysRevLett.116.241102).

66 Gabriela González, Fulvio Ricci, and David Reitze, "Latest News from the LIGO Scientific Collaboration," press conference from American Astronomical Society (AAS) 228th meeting, 15 June 2016, San Diego, California: https://aas.org/media-press/archived-aas-press-conference-webcasts. See also B. P. Abbott et al. (LIGO Scientific Collaboration and Virgo Collaboration), "GW151226: Observation of Gravitational Waves from a 22-Solar-Mass Binary Black Hole Coalescence," *Physical Review Letters* 116 (2016): 241103 (doi: 10.1103/PhysRevLett.116.241103).

67 I interviewed Gijs Nelemans at Radboud University in Nijmegen, the Netherlands, on July 14, 2016.

On black holes, see Kip S. Thorne, *Black Holes and Time Warps: Einstein's Outrageous Legacy* (New York: W.W. Norton & Co., 1994); Igor Novikov, *Black Holes and the Universe* (Cambridge: Cambridge University Press, 1995), and Clifford A. Pickover, *Black Holes: A Traveler's Guide* (New York: John Wiley & Sons, Inc., 1996). See also this interactive website on black holes: http://hubblesite.org/explore_astronomy/black_holes.

第13章

68 Parkes Observatory: https://www.parkes.atnf.csiro.au

69 Don C. Backer, Shrinivas R. Kulkarni, Carl Heiles, M. M. Davis and W. Miller Goss, "A Millisecond Pulsar," *Nature* 300 (December 16, 1982): 615–618 (http://www.nature.com/nature/journal/v300/n5893/abs/300615a0.html).

70 Aleksander Wolszczan and Dale A. Frail, "A Planetary System around the Millisecond Pulsar PSR1257+12," *Nature* 355 (January 9, 1992): 145–147 (http://www.nature.com/nature/journal/v355/n6356/abs/355145a0.html).

71 Parkes Pulsar Timing Array (PPTA): http://www.atnf.csiro.au /research/pulsar/ppta

72 European Pulsar Timing Array (EPTA): http://www.epta.eu.org. Westerbork Synthesis Radio Telescope: http://www.astron.nl/radio -observatory/public/public-0. North American Nanohertz Observatory for Gravitational Waves (NANOGrav): http://nanograv.org

73 International Pulsar Timing Array (IPTA): http://www.ipta4gw .org; Stephen R. Taylor et al., "Are We There Yet? Time to Detection of Nanohertz Gravitational Waves Based on Pulsar-Timing Array Limits," *Astrophysical Journal Letters* 819, no. 1 (2016): L6 (doi: 10.3847/2041-8205/819/1/L6).

74 Large European Array for Pulsars (LEAP): http://www.epta.eu.org /leap.html

75 Square Kilometre Array: https://www.skatelescope.org

76 Australian SKA Pathfinder (ASKAP): http://www.atnf.csiro.au /projects/askap/index.html. Murchison Widefield Array (MWA): http://www.mwatelescope.org/

77 I visited the Murchison Radio Observatory in Western Australia on November 28, 2012 together with Marieke Baan of the Dutch Research School for Astronomy (NOVA), and again on June 15, 2016 during a trip that was funded by the Australian Department of Foreign Affairs and Trade.

78 Hydrogen Epoch of Reionisation Array radio telescope (HERA): https://www.ska.ac.za/science-engineering/hera. MeerKAT array: https://www.ska.ac.za/science-engineering/meerkat. I visited the HERA telescope and the MeerKAT array in South Africa on November 24 and 25, 2016. See also Sarah Wild, *Searching African Skies: The Square Kilometre Array and South Africa's Quest to Hear the Songs of the Stars* (Sunnyside, South Africa: Jacana Media, 2012).

第14章

79 I visited the Roque de los Muchachos Observatory on La Palma, Spain on a number of occasions between 1996 and 2016.

80 Govert Schilling, *Flash! The Hunt for the Biggest Explosions in the Universe* (Cambridge: Cambridge University Press, 2002). Jonathan I. Katz, *The Biggest Bangs: The Mystery of Gamma-Ray Bursts, the Most Violent Explosions in the Universe* (Oxford: Oxford University Press, 2002).

81　I visited ESO's Paranal Observatory in northern Chile in 1998, 1999 (sponsored by the European Southern Observatory, ESO), 2004, 2007 (funded by ESO and the Dutch Research School for Astronomy, NOVA), 2010 (as a tour guide for SNP Natuurreizen), 2012 (sponsored by ESO), and 2015 and 2017 (both as a tour guide for the Dutch monthly magazine *New Scientist*).

82　I interviewed Paul Groot at Radboud University in Nijmegen, the Netherlands, on July 14, 2016.

83　MeerLICHT telescope: http://www.ast.uct.ac.za/meerlicht

84　Nial R. Tanvir et al., "A 'Kilonova' Associated with the Short-Duration γ-Ray Burst GRB 130603B," *Nature* 500 (August 3, 2013): 547 (https://arxiv.org/abs/1306.4971).

85　Swift gamma-ray burst mission: http://swift.gsfc.nasa.gov

86　Fermi gamma-ray space telescope: http://fermi.gsfc.nasa.gov. Panoramic Survey Telescope & Rapid Response System (PanSTARRS): https://www.ifa.hawaii.edu/research/Pan-STARRS.shtml. Dark Energy Camera: http://www.ctio.noao.edu/noao/node/1033

87　I visited the Palomar Observatory in California on June 21, 2016.

88　I interviewed Eric Bellm at the California Institute of Technology in Pasadena on June 22, 2016.

89　Zwicky Transient Facility: http://www.ptf.caltech.edu/ztf

90　BlackGEM: https://astro.ru.nl/blackgem. I visited the La Silla Observatory in northern Chile in 1987, 2004, 2010 (as a tour guide for SNP Natuurreizen), 2012 (sponsored by ESO) and 2013.

91　Large Synoptic Survey Telescope (LSST): https://www.lsst.org. Evryscope: http://evryscope.astro.unc.edu

第15章

92　My trip to Kourou, French Guiana, to attend the launch of LISA Pathfinder on December 3, 2015, was organized and funded by the European Space Agency (ESA).

93　LISA Pathfinder: http://sci.esa.int/lisa-pathfinder

94　I visited the LISA Pathfinder clean room at the Industrieanlagen-Betriebsgesellschaft in Ottobrunn, Germany, on September 1, 2015. I interviewed Paul McNamara in Zürich, Switzerland, on September 6, 2016.

95   Space Antenna for Gravitational-Wave Astronomy (SAGA): http://adsabs.harvard.edu/full/1985ESASP.226..157F

96   Cosmic Vision 2015–2025: http://sci.esa.int/cosmic-vision. New Gravitational-Wave Observatory (NGO): http://sci.esa.int/ngo

97   National Research Council, *New Worlds, New Horizons in Astronomy and Astrophysics* (Washington, DC: National Academies Press, 2010) (https://www.nap.edu/catalog/12951/new-worlds-new-horizons-in-astronomy-and-astrophysics).

98   Jupiter Icy Moons Explorer (JUICE): http://sci.esa.int/juice. Pau Amaro-Seoane et al., *Doing Science with eLISA: Astrophysics and Cosmology in the Millihertz Regime*, eLISA White Paper (https://www.elisascience.org/dl/1201.3621v1.pdf). Evolved Laser Interferometer Space Antenna (eLISA): https://www.elisascience.org

99   I attended the eleventh Edoardo Amaldi Conference on Gravitational Waves in Gwangju, South Korea, from June 22–26, 2015.

100   M. Armano et al., "Sub-Femto-g Free Fall for Space-Based Gravitational Wave Observatories: LISA Pathfinder Results," *Physical Review Letters* 116 (June 7, 2016): 231101. L3 Study Team Interim Report: https://pcos.gsfc.nasa.gov/studies/L3/L3ST_Interim_Report-Final.pdf. Gravitational Observatory Advisory Team, *The ESA L3 Gravitational-Wave Mission*, Final Report (http://sci.esa.int/cosmic-vision/57910-goat-final-report-on-the-esa-l3-gravitational-wave-mission).

101   National Research Council, *New Worlds, New Horizons: A Midterm Assessment,* (Washington, DC: National Academies Press, 2016) (https://www.nap.edu/catalog/23560/new-worlds-new-horizons-a-midterm-assessment).

102   I attended the eleventh LISA Symposium in Zürich, Switzerland, on September 6 and 7, 2016.

103   LISA Mission Proposal (January 2017): https://www.elisascience.org/files/publications/LISA_L3_20170120.pdf. Deci-hertz Interferometer Gravitational-Wave Observatory (DECIGO): http://tamago.mtk.nao.ac.jp/decigo/index_E.html

第16章

104   I visited the Mitaka campus of the National Astronomical Observatory of Japan (NAOJ) and interviewed Raffaele Flaminio in Tokyo, Japan, on July 6, 2016.

105   TAMA300: http://tamago.mtk.nao.ac.jp/spacetime/tama300_e.html

106 I visited the Kamioka Gravitational-Wave Detector (KAGRA) near Mozumi, Gifu prefecture, Japan, on July 7, 2016.

107 Kamioka Gravitational-Wave Detector (KAGRA): http://gwcenter .icrr.u-tokyo.ac.jp/en

108 LIGO India: http://www.gw-indigo.org/ligo-india

109 Indian Initiative in Gravitational-Wave Observations (IndIGO): http://www.gw-indigo.org/tiki-index.php

110 I attended a public talk by Bernard Schutz in Gwangju, South Korea, on June 25, 2015.

111 Einstein Telescope: http://www.et-gw.eu

112 I interviewed Matt Evans by telephone on June 30, 2016.

113 B. P. Abbott et al., *Exploring the Sensitivity of Next Generation Gravitational Wave Detectors,* LIGO Document LIGO-P1600143 (https://arxiv.org/pdf/1607.08697v3.pdf).

For more on dark matter and dark energy, see Robert P. Kirshner, *The Extravagant Universe: Exploding Stars, Dark Energy and the Accelerating Cosmos* (Princeton: Princeton University Press, 2002); Iain Nicolson, *Dark Side of the Universe: Dark Matter, Dark Energy, and the Fate of the Cosmos* (Bristol: Canopus Publishing Ltd., 2007), and Richard Panek, *The 4 Percent Universe: Dark Matter, Dark Energy, and the Race to Discover the Rest of Reality* (Boston: Houghton Mifflin Harcourt, 2011).

图片来源

—